彩图 1　马铃薯种薯切块

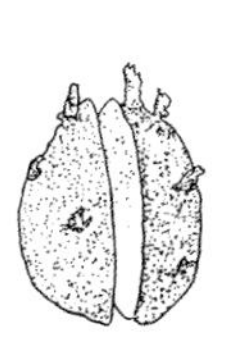
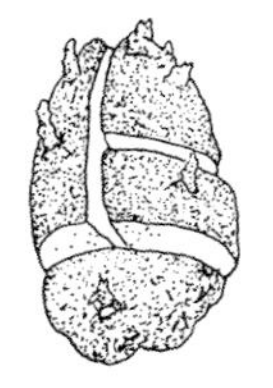
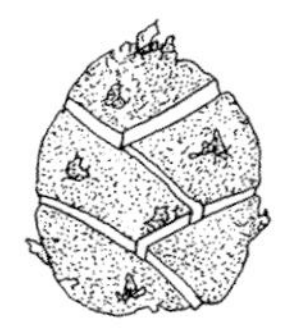

彩图 2　马铃薯切块示意图

彩图 3　马铃薯切块药剂拌种消毒

彩图 4　马铃薯脱毒苗

彩图 5　脱毒微型薯

彩图 6　马铃薯大棚栽培后期生长状况

彩图 7　脱毒费乌瑞它马铃薯

彩图 8　克新 4 号马铃薯

彩图 9　春马铃薯黑色地膜覆盖栽培

彩图 10　春马铃薯白色地膜覆盖栽培

彩图 11　春马铃薯露地栽培

彩图 12　秋马铃薯露地栽培

彩图 13　春马铃薯稻草覆盖栽培

彩图 14　马铃薯稻草覆盖栽培结薯状

彩图 15　春马铃薯用机械收获后的乱草覆盖出苗率差

彩图 16　春马铃薯稻壳覆盖与乱草覆盖效果对比图

彩图 17　马铃薯的花（淡紫色）

彩图 18　春马铃薯稻草上加盖地膜覆盖栽培

彩图 19　马铃薯花叶病毒病

彩图 20　马铃薯卷叶病毒病叶片

彩图 21　大棚马铃薯徒长苗

彩图 22　喷施多效唑后的马铃薯苗矮壮

彩图 23　只长秧不结薯的马铃薯苗拔出后情形

彩图 24　马铃薯除草剂药害

彩图 25　春马铃薯田杂草繁生影响产量

彩图 26　高温导致灼伤和块茎绿皮

彩图 27　马铃薯覆草过薄导致苗期受低温冻害

彩图 28　马铃薯早疫病田间发病状

彩图 29　马铃薯早疫病叶正面病斑上生黑色绒毛状霉层（微距）

彩图 30　马铃薯早疫病叶背面发病状

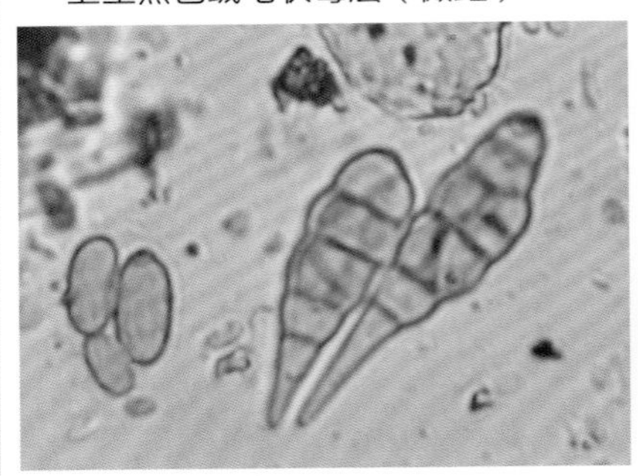

彩图 31　马铃薯早疫病分生孢子（400 倍显微）

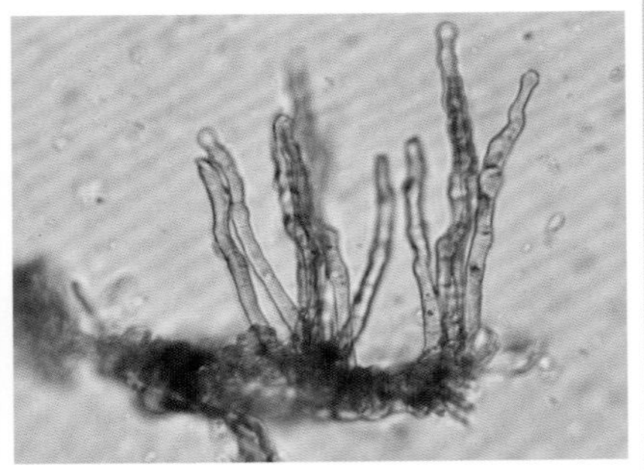

彩图 32　马铃薯早疫病病原分生孢子梗（400 倍显微）

彩图 33　晚疫病大面积发生

彩图 34　马铃薯晚疫病叶片典型症状

彩图 35　马铃薯晚疫病贮藏期烂窖状

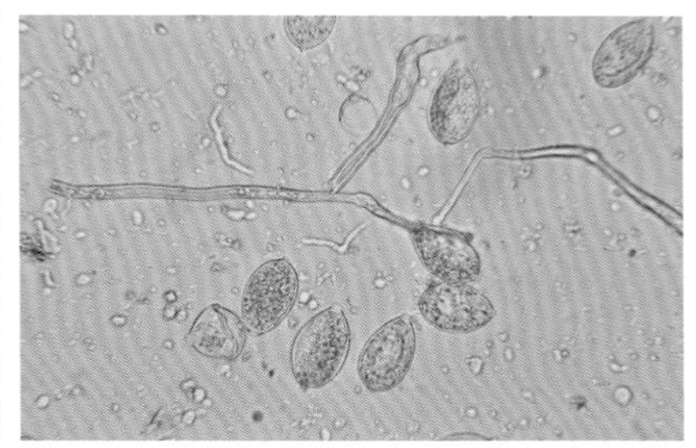

彩图 36　马铃薯晚疫病原孢囊梗和孢子囊（400 倍显微）

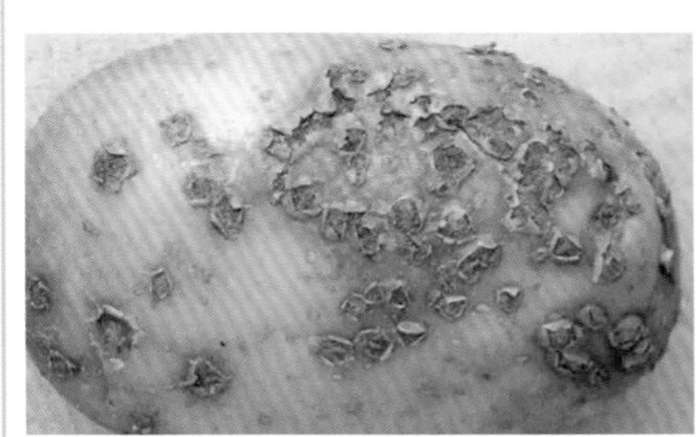

彩图 37　马铃薯粉痂病病薯

彩图 38　马铃薯枯萎病病株

彩图 39　马铃薯疮痂病发病薯块

彩图 40　马铃薯干腐病发病薯块

彩图 41　马铃薯白绢病块茎

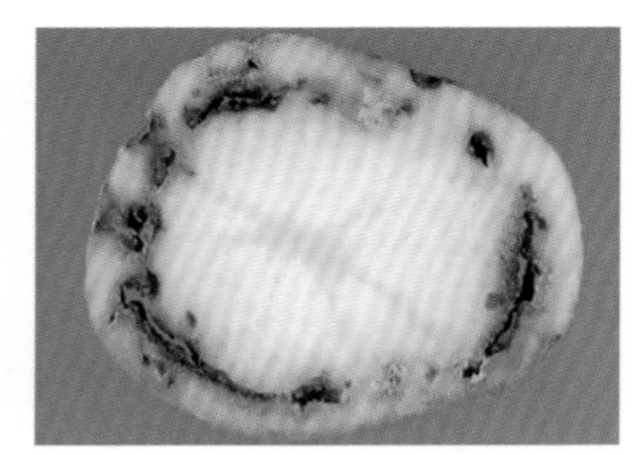

彩图 42　马铃薯环腐病病薯剖开状

彩图 43　马铃薯青枯病发病状

彩图 44　马铃薯黑胫病病株基部发病状

彩图 45　马铃薯黑胫病块茎发病状

彩图 46　马铃薯软腐病病株

彩图 47　马铃薯软腐病块茎发病状

彩图 48　马铃薯根腐线虫病危害植株造成植株矮及萎蔫状

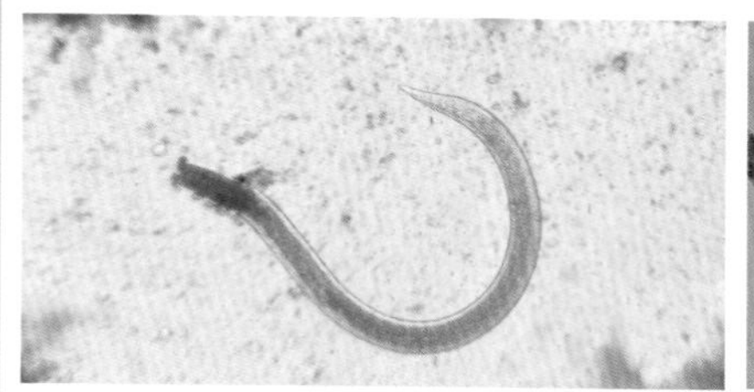
彩图 49　马铃薯根腐线虫（100 倍显微）

彩图 50　马铃薯绿皮薯

彩图 51　马铃薯畸形薯块

彩图 52　马铃薯二十八星瓢虫成虫

彩图 53　马铃薯二十八星瓢虫幼虫

彩图 54　马铃薯二十八星瓢虫危害叶片状

彩图 55　蚜虫危害马铃薯嫩叶造成卷曲状

彩图 56　马铃薯受蚜虫危害

彩图 57　危害马铃薯蚜虫的有翅蚜和无翅蚜

彩图 58　马铃薯甲虫成虫

彩图 59　马铃薯甲虫幼虫

彩图 60　马铃薯甲虫卵

彩图 61　地老虎幼虫

彩图 62　蛴 螬

彩图 63　马铃薯薯块受蛴螬危害状

彩图 64　蝼 蛄

马铃薯优质高产问答

第二版

王迪轩　何永梅　李建国　主编

化学工业出版社

·北京·

本书在第一版的基础上，根据近几年来马铃薯生产中出现的新品种和新技术，重点介绍了马铃薯品种选用和种薯处理，无公害、绿色、有机马铃薯栽培技术，马铃薯优质高产疑难解析，马铃薯病虫害全程监控技术等生产中经常出现的问题。全书图文并茂，内容新颖，操作性强。

本书适合广大农业科技人员、菜农、农资经销商阅读，可作为蔬菜阳光工程、蔬菜标准园建设、蔬菜合作化组织培训员工用书。

图书在版编目（CIP）数据

马铃薯优质高产问答/王迪轩，何永梅，李建国主编．2版．—北京：化学工业出版社，2016.8（2018.6重印）
ISBN 978-7-122-27451-9

Ⅰ．①马…　Ⅱ．①王…②何…③李…　Ⅲ．①马铃薯-高产栽培-问题解答　Ⅳ．①S532-44

中国版本图书馆CIP数据核字（2016）第145182号

责任编辑：刘　军　张　艳　　文字编辑：陈　雨
责任校对：宋　玮　　装帧设计：关　飞

出版发行：化学工业出版社（北京市东城区青年湖南街13号　邮政编码100011）
印　　装：大厂聚鑫印刷有限责任公司
850mm×1168mm　1/32　印张8¾　彩插4　字数236千字
2018年6月北京第2版第2次印刷

购书咨询：010-64518888（传真：010-64519686）　售后服务：010-64518899
网　　址：http://www.cip.com.cn
凡购买本书，如有缺损质量问题，本社销售中心负责调换。

定　　价：24.00元　

本书编写人员名单

主　　编　王迪轩　何永梅　李建国

编写人员（按姓氏汉语拼音排序）

陈自由　何永梅　李积才　李建国

李　荣　谭　丽　谭卫建　王　灿

王迪轩　王雅琴　王佐林　徐军辉

袁毅谦　张鹏程

前言

旱杂粮作物主要有玉米、红薯、马铃薯和大豆，旱杂粮既是重要粮食作物，也是加工食品与饲料的重要原料。近几年，我国不少省市已经把旱杂粮产业列入农业发展规划。如湖南省2010年马铃薯种植面积110万亩，比10年前增加约40万亩；到“十二五”期末，湖南省马铃薯种植面积达到300万亩。推广了脱毒良种和标准化生产，提高了单产与品质，适宜产区适度地发展了秋马铃薯生产。开展高产栽培技术研究的同时，进行推广应用。可见，马铃薯在农业生产中的重要性。而普及和推广应用马铃薯优质高产栽培是马铃薯产业健康、持续发展的重要推手。

自《马铃薯优质高产问答》于2011年出版以来，随着马铃薯产业的发展，出现了许多新技术、新问题，亟待及时修改和补充。第二版内容在保留了第一版主要内容的基础上，进行了修订。特别增加了设施栽培、绿色栽培、有机栽培等方面的疑难解析，充实了一些高清图片，力求内容更简捷，技术更实用，操作性更强。

在编、校整理过程中，特别感谢湖南中医药高等专科学校罗美庄教授、武冈市教育科技局副局长彭学茂等同志提供的帮助。由于时间仓促，编者水平有限，不妥之处在所难免，敬请读者批评指正。

编者

2016年10月

第一版前言

马铃薯是粮食、蔬菜、饲料和工业原料兼用的主要农作物，为解决我国经济欠发达地区的温饱和食物安全做出了重要贡献。马铃薯已成为我国包括大豆在内的第五大粮食作物，种植面积和产量分别占世界的1/4，是世界马铃薯第一大生产国，扩大马铃薯种植面积，提高马铃薯单产水平，充分挖掘马铃薯的增产潜力，有利于保障国家粮食安全、促进民族产业发展和推进农民增收致富，是应对农业长远发展的战略措施。

马铃薯营养丰富、全面、平衡、价值高，素有“地下苹果”、“第二面包”之称。据专家测算，一个148克的马铃薯可提供人体每天所需维生素C的45%、钾的21%。马铃薯具有粮食、蔬菜的双重优点，具有低脂肪、低热量的特点，是理想的食物来源。

马铃薯具有耐旱、耐寒、耐瘠薄的特点，对土壤和气候条件的要求不严格，是我国三北及西南地区的主要粮食作物、中部地区间作和南方地区冬种的粮经兼用作物，特别是利用冬闲田扩大马铃薯种植，可有效发挥温光等资源优势，优化农业区域布局，推进农业结构调整。同时，马铃薯生育期短，再生能力强，对风雹等自然灾害的抵抗能力强，是有效的抗灾救灾作物。

马铃薯作为重要的工业原料，加工形成的淀粉具有颗粒大、脂类化合物低、抗切割等特殊的理化性质，可广泛用于食品加工业、纺织、印染、造纸、医药、化工、建材和石油钻探等行业。马铃薯已开发出2000多种产品，产业链条长、市场需求旺、增值潜力大、种植效果好，是增加农民收入的重要途径。

马铃薯是世界上四大种植作物之一，种植的国家达148个，总面积1838万公顷，总产量近3亿吨。我国马铃薯种植面积居世界首位，但根据联合国粮农组织网站的数据，2006 年，中国马铃薯单产排在世界第 88 位，与世界平均水平相比还有一定的差距，与世界马铃薯生产发展水平较高的国家相比，差距更大。我国马铃薯生产不仅单产低于世界平均水平，而且质量和品质也差，产品在国际市场特别是在发达国家市场上的竞争力很弱。制约我国马铃薯秤和发展的主要原因为种薯质量差、品种单一、栽培技术落后。

近年来，随着马铃薯新品种的选育和推广、马铃薯规范栽培技术、地膜覆盖栽培技术、脱毒种薯高效栽培技术、马铃薯轮间套技术、马铃薯平衡施肥技术、马铃薯病虫害综合防治技术、南方冬闲田马铃薯高效种植配套技术等在生产上的应用，马铃薯的面积和单产日益提高。

编者在参考国内大量的马铃薯专著、相关报刊及网站的基础上，结合马铃薯生产中的实践，以解决生产中的疑难为重点，编写了本书，旨在为更好地推进马铃薯产业尽一份薄力。由于时间紧迫，加上编者水平有限，难免有不妥和错误之处，恳请专家和同仁不吝指教。

编者

2011 年 8 月

目录

第一章　马铃薯种子种苗处理技术　/ 1

第二章 马铃薯栽培技术 / 24

第三章　马铃薯优质高产疑难解析 / 95

第一章 马铃薯种子种苗处理技术

第一节 马铃薯品种的选留种

1. 马铃薯优良品种的标准有哪些?

(1) 块茎的产量高 高产是马铃薯优良品种应具备的最基本性状。马铃薯品种的丰产性是多种形态特征和生理特性的综合表现。一般高产品种既要有较高的物质生产量和经济系数，又要有合理的产量结构构成，如单株生产能力强，块茎个大，单株结薯个数适中等。

(2) 抗逆性和耐性强，稳产 马铃薯品种的稳产性是丰产的基本保证。品种的稳产性主要受其抗性的影响。马铃薯优良品种应该对当地的主要病虫害和自然灾害具有一定的抗性，即能抗病虫害，抗旱、抗涝、抗冻以及抗其他自然灾害，在不同的自然地理条件、气候条件及生长环境中，都能很好地生长。如在同样情况下，有些马铃薯品种感病轻，生产中遇到病害发生时，就会少减产或不减产。对不同土质、不同生态环境有一定的适应能力。

(3) 块茎的性状优良 随着人民生活水平的提高和市场经济的发展，品种的优质性将成为决定经济效益的重要因素。马铃薯的优质性状指标有很多方面，有形态指标和理化指标，有食用品质指标和营养品质指标，还有工艺品质指标和加工品质指标等。如薯形好、芽眼浅、耐贮藏等；干物质高，淀粉含量高或适当，食用性好，大中薯率高，商品性好。适合市场和人们选用要求的马铃薯品种，才能卖好价钱。

（4）早熟性好　早熟性不但有利于提高多熟制地区的复种指数，还可以避免或减轻自然灾害和某些病虫的为害。如种植极早熟马铃薯品种，既可以赶上市场行情最好的时候，又不耽误下一茬作物种植；还有选用早熟马铃薯品种，可以避开马铃薯生长后期高温引发的晚疫病等病害。

（5）适应性强　品种的适应性是决定品种种植范围大小的重要因素。要求马铃薯品种能适应较大地区范围的气候条件和土壤条件，以及适应不同的栽培条件。如马铃薯对不同土质、不同生态环境有一定的适应能力。

（6）有其他特殊优点　薯形长得特殊，如特别长，含还原糖低，非常适合油炸薯条用等。

2. 大田商品马铃薯可以用作种子吗？

马铃薯生产中，常常有菜农为了省种，把当年的春马铃薯商品薯留到秋季播种，结果田间出现许多病毒病株，给生产造成了较大的损失。因此，春播商品薯不宜用作秋播马铃薯生产的种薯。这是因为：

（1）种薯与商品薯的播种要求不同　种薯要求早种早收，一般来说，在二季作区秋季播种用的种薯，除要求品种休眠期较短外，还需要在春季生产种薯时早种、早收，这样在秋播时种薯才能通过休眠期。因为春季生产的种薯到秋季播种时，一般间隔时间较短，如不对种薯采取催芽处理，到播种时不发芽，就会延误生育期。所以，在二季作区生产种薯，春季应加盖地膜早种、早收，使种薯从收获到播种，中间有 2 个多月的时间。一般休眠期短的品种，在种薯收获后，于较高的温度下贮存 2 个月左右就可通过休眠期，加上催芽措施，就能达到全苗的目的。

（2）种薯与商品薯质量要求不同　种薯要与商品薯严格分开，尤其是二季作区，春季为商品薯生产的主要季节，商品薯生产以高产为主要目的，要求大块、晚收，而种薯则以质量好（健康）为主要目的，繁殖系数高，一般种植密度大，薯块小，要求早收。种薯早收可避免春季有翅蚜虫传播病毒。因此，种薯田和商品薯田在春季播种时应分开，这样才能保证秋季用的种薯质量。否则，春季种薯收获晚，有翅蚜虫大量迁飞后，种薯田植株可能全部被蚜虫传毒。有病植株生产的种薯会发生严重的病毒性退化和减产。

（3）商品薯作种易退化减产　在田间，病毒主要是由蚜虫传播的。当带毒蚜虫把病毒传播给植株时，病毒在植株体内增殖，经7～20天就可运转到地下块茎，使块茎也带毒。这样的块茎作种子就不是无毒种薯了。实践表明，用大田商品薯留种，产量每年要递减20%左右。产量的降低与气候有密切的关系，在全国各个地区差异很大，在黄河以南到南方热带地区，马铃薯退化很快，每年必须更换品种。而在北方气候冷凉地区，马铃薯退化则相对比较慢。因此，为了获得高产，不能用大田商品薯留种子，而必须每年更换脱毒种薯，才能保证年年高产稳产。

3. 如何选购春马铃薯种?

通常情况下，马铃薯的繁殖方式是无性繁殖。在我国，凡是北纬45°以南，海拔900米以下的广大地区，都能种植马铃薯。但又无一例外地存在着马铃薯的退化现象，在南方更加明显。为了防止或减轻马铃薯生产中出现的种性退化现象，保持马铃薯正常的产量和品质，最好是每年都换种，不要自留种。马铃薯选种，包括两层含义：一方面是指新品种的引进，另一方面则是指选择高质量的种薯。马铃薯选种应注意以下几个方面。

（1）注重种薯的制种方式　马铃薯常见的制种方式有以下几种：①在冷凉气候条件下制种。包括从高纬度和高海拔地区留种、用秋天栽植的马铃薯留种和保护地冬播留种。其共同特点是马铃薯生长期间气温较低，传毒昆虫危害小，马铃薯种茎感病毒较轻，种性退化慢，播种后产量高而稳定。②利用实生薯作种。马铃薯的病毒很少侵入花粉、卵和种胚，因而通过有性繁殖可汰除无性世代所积累的病毒，生产无病毒种子，利用实生苗、实生薯和实生种子生产种薯可以大大降低种性退化问题。③选用脱毒马铃薯，马铃薯的茎尖分生组织基本上不带病毒，通过茎尖组织培养获得脱毒苗或微型薯原种高倍繁殖技术，获得的种薯可排除多数病毒，从而防止马铃薯种性退化。第①②种不如第③种脱毒彻底，但是第③种在脱毒的过程中，往往伴随着其他种性的减退（如抗菌能力下降等），各有利弊。在选种时，不要购买不符合制种措施生产出来的所谓“种薯”。对于脱毒马铃薯来说，早代种薯脱毒后种植时间短，重新感染病毒机会少，种植后发病率非常低，与晚代脱毒种薯相比生长健壮，增产幅度大。因此，要尽可能购买早代脱毒种薯。

（2）选择优良品种　优良品种必须具备产量高、品质好、抗病能力强等条件，而抗病能力强则应优先考虑。选用抗病力强的品种，才能防止马铃薯种性退化，提高产量。多年来，经过农业科研技术人员的努力，我国培育了大批的马铃薯优良品种。在淘汰过时品种的同时，选择优良品种也需因地制宜，根据良种的适应性和当地种植用途而定，否则，盲目引种容易导致失败。同一品种的种薯，制种来源相同，质量也有优劣之分，种薯优劣的重要标志之一，就是块茎的大小，同样条件下种薯越大，产量越高。因此，马铃薯种薯的选择一定要选择块头大的马铃薯。同时种薯切块时也要尽量大。在制种过程中，薯种难免被昆虫（特别是有翅蚜虫）传毒，在马铃薯种薯生产上采取防蚜、避蚜的措施（如自然隔离、防虫网、化学防治等），生产出来的薯种，种性退化较轻，应优先购买。

（3）注意品种生育期　依生育期来划分，马铃薯品种有极早熟、早熟、中熟、晚熟之分。马铃薯对光敏感，但不耐高温。把它从长日照地区引种到短日照地区，它往往不开花，但对地下块茎的生长影响不是太大。而短日照品种引种到长日照地区后，有时则不结薯。温度对马铃薯生长关系极大，特别是在结薯期，如果土温超过25℃，块茎就会基本停止生长。因此引种时必须注意品种的生育期长短，特别是南方从北方引种，一定要引进早熟、中早熟品种，争取在气温升高之前收获。

（4）购种时应选择正规的种子经营单位和科研部门　目前，马铃薯的销售市场管理还不够规范，种子经营单位、集贸市场乃至个人都有销售薯种的，而且，所售薯种良莠不齐，引种或购种时，要问清所购买的种薯产地在哪里，是几代种，生产商是否有生产资质，是否有“种子合格证”、“种子检疫证”等，以免上当受骗。

（5）是否经过试种　在同一气候类型区内引进的品种，一般可以直接使用。在气候类型不一样，距离较远的地方，引进的新品种必须要经过试种。经试种确实在产量、质量、抗性等方面优于当地大田种植品种的新品种，才可扩大种植面积。未经过试种的新品种，一定要慎重购买。

4. 怎样精选种薯?

马铃薯块茎形成过程中，由于植株生理状况和外界条件的影响，不同块茎存在着质的差异。种薯传带病毒、病菌是造成田间发病的主要原因之一，为了切断病源，预防病害，提高出苗率，达到苗全苗壮，出苗整齐一致，为马铃薯高产奠定良好的基础，种薯出窖后，必须精选种薯。

种薯选择的标准是：具有本品种特征，表皮光滑、柔嫩、皮色鲜艳、无病虫、无冻伤的块茎作种。凡薯皮龟裂、畸形、尖头、皮色暗淡、芽眼凸出、有病斑、受冻、老化等块茎，均应坚决淘汰。如出窖时块茎已萌芽，则应选择具粗壮芽的块茎，淘汰幼芽纤细或丛生纤细幼芽的块茎。

5. 马铃薯秋播留种应注意哪些问题?

马铃薯秋播留种，就是把马铃薯的播种期由正常的春播推迟到夏末秋初再播种，使它躲过夏季高温，在冷凉的适宜条件下生长发育，提高马铃薯对病毒的抵抗力。秋播留种应注意以下几个问题：

（1）选用未退化的薯块作种薯。

（2）适时播种。播种过早，结薯期温度高，蚜虫多，易传播病毒；播种过晚，当年生长期短，产量低。一般在当地早霜来临前60～70天为秋播适期。

（3）喷药杀虫。可在播前将切好的种薯用浓度为0.5%的乐果进行拌种，出苗后用浓度为0.1%的药液喷洒1～2次，消灭蚜虫。

（4）拔除退化病株。留种田一定要做好去杂去劣工作，发现退化株立即拔除。

（5）加强田间管理。首先要选择土质疏松、肥力高、灌水方便的地块进行秋播；合理密植，一般每亩6000～8000株；早中耕、早追肥、早浇水，促进前期快速生长；早霜来临前2～3天浇水，可以减轻霜害；适当推迟收获，轻霜过后，马铃薯还可以正常生长，待枯霜后，茎叶全部枯死，地皮要结冻前再收获为宜。

6. 马铃薯二季留种是怎么回事?

二季留种技术，即一年种两茬马铃薯，实行春、秋两季留种。第一年春季马铃薯收获后，立即冷藏，于秋季播种；第二季秋马铃薯收获，供来年春季做种。

二季留种的目的是躲过夏季高温和减少病毒的危害。在气候凉爽的春季种植一季马铃薯，当蚜虫开始大量传播病毒，夏季高温来临前已经收获；高温过后，再用刚收获不久的春薯经催芽处理，进行第二季秋播留种，秋播留种所收获的薯块，第二年分成两部分，一部分供大田生产春播作种，另一部分继续进行二季留种。

二季作留种，春薯要提早催芽，适期早播。最好采用阳畦留种，即早春把无毒种薯切块，播前1个月催芽，2月上旬播种于阳畦，行距60厘米，株距10厘米，每畦种双行，可收获较多的小薯供秋繁田用。播种后覆盖塑料地膜，并注意浇水，大约5月初可收获，从出苗至收获60～65天，收后贮藏，用作秋播。

秋薯要催好芽，这时正是热天，雨水多，催芽不当会烂种。

7. 如何防止马铃薯混杂?

在有自留种薯习惯的地方，连续使用几年后的种薯，在田间所长出的植株除了出现退化现象外，还常常出现不同于原品种的植株。它们长相不一样，高矮不一致，叶色不相同，花色各相异，分枝有多有少，成熟有先有后，薯形也不同，单株产量多少不一，从而导致马铃薯产量下降、品质不理想、商品率下落、产值降低。田间品种混杂的主要原因是种薯的机械混杂。一般一个农户种植马铃薯都在两个品种以上，还常相邻种植，收获时虽分别收获，但稍一不注意，就会有少量掺混的可能。在贮藏过程中，混进几块不同品种的马铃薯也不可避免。下一年把它们种到地里，又不认真去杂，这样就越种越混，几年过后品种就变混杂了。

要解决品种混杂问题，第一，要定期选用种薯生产部门专门生产的种薯，更替旧种薯；第二，自己留种时必须在有隔离条件的地块单独建立留种田，在生育期中认真去杂、去劣、去病株，方可保证种薯的纯度，使田间不出现品种混杂的现象。

第二节　马铃薯种薯处理

8. 怎样打破马铃薯块茎的休眠?

一季作地区利用秋薯留种的薯块春播，或二季作地区利用刚收获不久的春薯秋播时，都会遇到种薯处于休眠期而不能发芽的问题。如果采用休眠状态的薯块播种，不仅会使出苗期延长，而且会造成缺苗断垄。如果催芽时种薯还没通过休眠，则可用物理方法或激素进行处理，提前发芽。生产上人为打破休眠的方法有如下几种：

（1）物理方法　用消毒的刀在整薯的芽眼旁划一刀，并漂洗（以减少脱落酸含量）。

（2）激素处理　马铃薯块茎收获后如果没有度过休眠期就不能自然发芽，如夏季刚采收的马铃薯种薯尚未度过休眠期，而又必须播种时，则需要用赤霉酸或硫脲等进行催芽处理，以打破休眠。催芽时，要严格掌握赤霉酸等激素的浓度和处理时间，浓度过高，催出的芽数多而细长，植株瘦弱，叶片很小，影响植株光合效率而造成减产；浓度过低则无效果。

配制赤霉酸时，需先用少量酒精溶解，然后再用水稀释至需要的浓度。赤霉酸的浓度一般为2～10毫克/千克，整薯催芽时，可用5～10毫克/千克的浓度，浸泡5～10分钟；切块时，赤霉酸的浓度要小些，即1～3毫克/千克。

硫脲的浓度为0.1%～0.3%，用溶液喷洒或短时间（5～10分钟）浸泡后，进行催芽。

液体浸种千万不能把带有青枯病、环腐病的块茎混入，否则浸种的溶液会变成病菌的接种液，可能使浸种的健康薯都变成病薯，后果不堪设想。为了防止这类情况发生，在病区用药液催芽，可改浸种为喷雾，即把赤霉酸或硫脲的溶液用喷雾器喷在催芽的块茎上，然后再埋入湿沙中催芽。这样既可避免种薯大量感病，又能起到药剂催芽的效果。

也可在马铃薯收获前2～3周，用15～50毫克/千克赤霉酸溶液喷洒植株，收获后的马铃薯也能提前萌发。

脱毒种薯生产中，用0.33毫升/千克兰地特（rindte，又名731，氯乙醇：二氯乙醇：四氯化碳＝7：3：1）熏蒸3小时脱毒小薯，可打破休眠，提高发芽率和发芽势。

（3）其他处理　用0.1%高锰酸钾溶液浸泡10分钟；把块茎在20℃下或调节氧气浓度到3%～5%，二氧化碳浓度增加到2%～4%，均可打破休眠。

9. 怎样对马铃薯进行催芽？

（1）催芽温度　马铃薯催芽的温度以15～20℃为宜，温度太低（低于10℃），芽眼萌动和出芽缓慢；温度太高（25℃），出芽虽快，芽子徒长、细长，播种易折断，且出苗瘦弱。当室内温度适宜，可在室内催芽；也可在屋前向阳地方做阳畦，将种薯排到里面，盖上草苫保持黑暗，畦口封闭薄膜，利用日光增温，进行催芽。

（2）催芽方法　种薯催芽有多种方法，常有用药剂催芽、温床催芽、冷床催芽、露地催芽及室内催芽等。催芽方法因栽培区域和栽培季节不同而异，一般早春栽培的种薯催芽正值冬季严寒时期，催芽难度较大，催芽一般在室内和塑料棚内进行。秋播马铃薯常用整薯，春播马铃薯常用切块。

① 马铃薯困种和晒种催芽　把出窖后经过严格挑选的种薯，装在麻袋、塑料网袋里，或用席帘等围起来，还可以堆放于空房子、日光温室和仓库等处，使温度保持在10～15℃，有散射光线即可。经过15天左右，当芽眼刚刚萌动见到小白芽锥时，再切芽播种。

晒种是把马铃薯摊开，如果种薯数量少，又有方便地方，可把种薯摊开为2～3层，摆放在光线充足的房间或日光温室内，使温度保持在10～15℃，让阳光晒着，并经常翻动，当薯皮发绿、芽眼睁眼（萌动）时，就可以切芽播种了。

② 直接堆积法　将浸种处理的种薯摊晾后，堆积催芽，每堆种薯约30千克，薯堆上面盖以湿润细沙（不可太湿和过干）2～3厘米厚，再盖草苫保墒，7～10天后检查薯堆，待芽长1～1.5厘米，使芽见光炼芽3～4天后，待芽变紫色时即可播种。如种薯较小或量较少时，也可用箱、筐盛放，放在温度较为适宜的大棚或室内，进行遮光保湿处理和催芽，待顶芽达1.0厘米左右时，从顶部纵切两块，用混入杀菌剂的草木灰拌种后，即可播种。

③ 硫脲催芽法　将薯块放在1%的硫脲水溶液中浸1～4小时，如果薯块表面没有裂痕或皮的擦伤，在薯块靠近匍匐茎的底端（即脐部或基部）用手刻出1～2个缺刻痕迹（或切伤）以帮助吸收药液。如果薯块是经过洗涤后的干净块茎，同一药液可以处理好几批块茎，处理之后，吹干表皮，贮存于18～25℃温度下，或放在湿沙中催芽，这一处理方法可以和其他打破休眠的方法复合使用，但必须在最后使用此方法，因为它需要在块茎上人为地制造缺刻伤口。尽管这一方法相当安全，却不太常用。赤霉酸和硫脲可混合使用，效果更好。

④ 赤霉酸催芽法　在种薯尚未发芽或未经暖种的种薯，采用切块催芽，赤霉酸溶液浓度为5～10毫克/千克，浸泡15分钟；如整薯催芽，赤霉酸溶液浓度为10～20毫克/千克，浸泡20～30分钟；脱毒微型薯应选用赤霉酸浓度为20毫克/千克，浸泡30分钟。浸泡捞出后，随即埋入湿沙床中催芽。沙床应设在阴凉通风处，铺

沙 10 厘米，1 层种薯 1 层沙，铺 3～4 层。经 5～7 天，芽长达 0.5 厘米左右即可炼芽播种。催芽时，应先用少量酒精将赤霉酸溶解后，加水稀释到所需的浓度，将种薯装入篓或网袋中再放入药液浸泡即可。种薯切一批浸一批，不可头天切第二天浸，以免伤口形成愈伤组织，降低浸种效果。

要注意赤霉酸溶液的配制一定要准确，因为马铃薯对赤霉酸很敏感，要先用酒精或高浓度白酒溶解，然后加水配成水溶液，配好的水溶液只能使用 1 天。购买赤霉酸溶液一定要注意厂家，要看清楚所标的有效含量，否则无法配制。比如配制 5 毫克/千克，如果有效成分含量为 85%，则 1 克赤霉酸粉剂应加水 170 千克，市场上出售的粉剂，赤霉酸含量 85%的较多；如含量为 100%，则应加水 200 千克；如含量为 50%，则加水 100 千克。马铃薯品种的休眠期越长，浓度越大，浸种时间越长。各个品种都有各自的适应浓度，处理前注意调查研究，切勿乱用。

⑤ 温室大棚催芽法　在塑料大棚内的走道头上（远离棚门一端），如果地面过干，喷洒少量水使之略显潮湿后，铺 1 层薯块，撒 1 层湿沙（注意药物消毒），这样可连铺 3～5 层薯块，最后上面盖草苫或麻袋保湿，但不能盖塑料薄膜。经 5～7 天，芽长达 0.5 厘米左右即可炼芽播种。

⑥ 育苗温床催芽法　可利用已有的苗床，也可现挖 1 个苗床。将床底铲平后，每铺 1 层薯块撒 1 层湿沙，铺 3～5 层薯块，最后在沙子上面盖 1 层草苫。苗床上搭好竹拱，盖严薄膜，四周用土压好。经 5～7 天、芽长达 0.5 厘米左右即可炼芽播种。在催芽过程中应坚持“五宜五不宜”，即薯块宜大不宜小、层数宜少不宜多、土（沙）宜干不宜湿、炼苗时间宜长不宜短、芽子宜短不宜长。此方法催芽过程中湿度不宜过大。盖种薯的沙子应先加水拌湿，然后撒在种薯上。不能先盖干沙子再泼水，这样会有大量的水渗到种薯上，造成湿度过大。沙子的湿度以用手握不出水为宜。催芽期间，只要沙子不是很干，一般不要浇水。如果催芽期间湿度大，很容易导致幼芽茎部生根，这些根在播种前炼芽阶段会因失水而干缩或死掉，因而影响播种后新根的发生。马铃薯适宜的播种芽长是 0.5～

1.0 厘米。当芽长达到 0.5～1.0 厘米时，将带芽薯块置于室内散射光下使芽变绿。幼芽变绿后，自身水分减少，变得强壮，在播种时不易被碰断，而且播种后出苗快、幼苗壮。

⑦ 阳畦催芽法　应在避风向阳处，东西向建床，一般苗床深 0.4～0.5 米、宽 1.3 米，北面筑一高 0.5 米的挡风土墙，东西两边各建一斜墙，床底中间龟背形，背高于底平面 0.1 米。苗床长度依催芽薯块的多少来确定。一般每亩大田需苗床长 6～8 米，堆薯块 4 层左右，每平方米可以堆 600～800 个薯块。床底铺一层酿热物，以马粪、麦秸、牛粪等为主，加水适量，含水量在 80%左右(以手捏有水而不滴为宜)，厚度为 0.2 米左右。摆种时要将薯块切面向下排列，块与块之间留点空隙，摆满后在薯块上均匀覆盖一层厚度为 2 厘米的湿润细碎熟土，或者河沙，然后按此法在其上再摆薯块，共摆 4 层左右，最后在上面覆盖一层 10 厘米厚的湿润细碎熟土，以利保墒。薯块摆好后，在熟土上铺一层地膜，四周压紧，然后在苗床上摆多个斜梁，梁上覆盖农膜，拉紧后四周压实，以利保温，温度控制在 12～14℃。若阳畦内温度高，则揭膜通风降温。当芽长至 1～2 厘米时，可移栽播种。

⑧ 乙烯氯乙醇　每千克水加 7 毫升乙烯氯乙醇，将干净、完整（不带伤)、木栓化好的块茎（连包装网袋一起）浸入溶液中，保证所有块茎均浸湿。将浸好的块茎放置在密封室内的架子上（防止薯块接触多余的溶液）2～3 天，风干后，移至 18～25℃下发芽。此法对 10 克以下块茎尤为有效。该化学物质有毒，操作时应戴口罩和手套并穿工作服。

⑨ 731　7 份乙烯氯乙醇＋3 份二氯乙烯＋1 份四氯化碳组成。此混合物挥发性强，有毒，有腐蚀性。操作时应戴口罩和手套并穿工作服，千万不能与皮肤接触。在 25℃和密闭条件下，处理 3 天，每天每立方米的空间用 70 毫升混合溶液。处理后打开处理室充分通风，人进处理室前需先用电扇将剩余气体吹干净，处理好后，将块茎移至 18～25℃下发芽。

⑩ 二硫化碳（CS_2）　该气体易燃有毒。每立方米使用 12.5～50 毫升都可取得较好效果。处理时间 3～15 天。温度 20～25℃。

（3）催芽标准　种薯催芽的标准，应使每个切块带有1～2厘米、短而粗壮的1～3个芽；小整薯带2～3个短壮芽。为避免播种伤芽，应将出芽的块茎或小整薯放在温度较低（10℃左右）的散射光下炼芽（主要是防止播种时伤芽），使芽变绿后，再播种。

（4）壮龄期（多芽期）的种薯不需要催芽处理　处于壮龄期（多芽期）的种薯，或休眠期短的品种，应及早出窖，不需要进行种薯处理，可摊晾在散射光下，保持15～20℃，直接催出短壮芽后，进行播种。

10. 马铃薯催芽后为什么要进行晒芽处理？

经过催芽的马铃薯种薯要进行10天左右的晒芽处理，使已萌发的薯芽变绿并略带紫色方可播种。

种薯晒芽的原因和目的：一是防止幼芽黄化徒长，避免栽种定植时易碰断薯芽；二是晒芽期间幼芽伸长基本停止，不断发生叶原基和叶片，同时发生匍匐茎和根原基，可促使提早发育；三是晒芽能抑制顶芽生长而促进侧芽的发育，使薯块上各部的芽都能大体上发育一致；四是晒芽能抑制或杀死种薯表面的细菌和真菌，防止“病从苗入”。

11. 春播马铃薯催芽有哪些注意事项？

利用秋繁马铃薯作春播马铃薯种薯，在进行催芽时，要注意如下几点。

（1）采用赤霉酸浸种催芽的，由于赤霉酸对薯块浸种非常敏感，必须按照一定的比例进行配制溶液，进行浸种，时间也必须严格控制。整薯与切块浸种浓度差异很大，要严格掌握。浓度大、浸种时间长都会造成苗子细弱，影响产量。

（2）种薯切块后，应使切面尽快愈合。切块催芽时，应先切块后催芽。切块的种薯应放于阴凉处，使切面尽快愈合，或由块茎顶端纵切，使基部联合，即两个半切块贴在一起，便于切面愈合。不要将切块放于日光下直晒，如放于日光下，不但影响切块的切面愈合，而且切块水分大量蒸发，致使切块边缘干缩，切面变黑，甚至发霉腐烂。

（3）种薯应散放催芽。种薯不能装在袋子里催芽，如在袋子里催芽，很难观察到催芽的情况，播种时，从袋子中取种薯，芽子极易折断。

如果房间的温度适宜，可放在浅筐中，或分层铺放在地面上进行催芽。

应避免在水泥地面催芽，因水泥地面不透水、不透气，催芽湿度大时，易引起烂种，最好在洁净的土面上催芽。如果是水泥地，可以在水泥地上铺2～3厘米沙后再进行催芽。

（4）薯块堆放以2～3层为宜　堆放太厚时，透气性不好，底层的薯块芽子会发得太长。

（5）防低温　春季播种前30天左右催芽，正是气温较低时期，要注意低温冻害。

（6）防雨　室外阳畦催芽，应注意防雨。

12. 马铃薯种薯如何进行正确切块?

由于目前我国种薯生产中还没有普遍采用小整薯生产技术，整薯播种的比例还很小，因此，通常需要将种薯进行切块。特别是当种薯块茎较大时，通过切块可以节省大量的种薯，提高繁殖系数。当脱毒种薯还没有完全普及，农民利用自留种时，应当留较大的块茎作种薯，因为大块茎带病毒的比例比中、小块茎要低。利用这些大块茎作种薯，必须对大种薯进行切块。切块最大的缺陷就是可传播一些病毒和类病毒病害以及细菌性病害。

用切块播种时，应先切块，后催芽，目的是打破顶端优势，使块茎所有的芽眼都能萌发。特别是生理年龄处于顶芽期的种薯，如不先切块，利用整薯催芽时，顶芽催得很长，切块中下部的芽却被抑制，很少萌发。用切块繁殖，可以减少用种量，一般将种薯切成20～25克的薯块（小薯不需要切块，可以直接播种），一个种薯可以切成3～5块。在同样条件下，切块催芽比整薯催芽发芽率高得多。也可打破休眠，提早发芽。

（1）切块时间　为了避免马铃薯种薯切块后腐烂，应在催芽后播种前 2～3 天切块。

（2）切块大小（彩图 1） 切块的大小对抗旱保苗、培育壮苗均有一定的影响。切块过大，用种量多，不够经济；切块过小、过薄，播种后种薯容易干缩，影响早出苗，出壮苗，或造成“瞎窝”。实践证明，种薯并非越大越好，用种必须经济合理。一般要求切块重量不低于 15 克，每块重量以 25～30 克为宜，每 500 克种薯可切 20～25 块。每个切块带 1～2 个芽眼。

（3）切块方法（彩图 2） 切块时应特别注意选用健康种薯。一般每块重量 30 克左右的小薯可不进行切块，用小薯播种；重 50 克以下的种薯可整薯播种；重 51～100 克的种薯，纵向一切两瓣；重 100～150 克的种薯，采用纵斜切法，把种薯切成四瓣；重 150 克以上的种薯，从尾部根据芽眼多少，依芽眼沿纵斜方向将种薯斜切成立体三角形的若干小块，每个薯块要有 2 个以上健全的芽眼。

（4）注意事项 只能切成块，不能切成片，要把薯肉都切到芽块上，不要留“薯楔子”，不能只把芽眼附近的薯肉带上，而把其余薯肉留下，更不能把芽块挖成小薄片或小锥体等。更不可削皮挖芽和去掉顶芽。

切块时应充分利用顶端优势，使薯块尽量带顶芽。切块时应在靠近芽眼的地方下刀，以利发根。切块时应注意使伤口尽量小。

为避免种薯切块后失水，可将种薯纵切一刀，使基部相连，两半个切块紧密贴在一起，相互保湿有利于刀口木栓化。到播种时，再将切块分开，如半个切块太大时，也可按芽眼将其再分切成小块。

13. 马铃薯切块时如何对刀具进行消毒？

通过切块，对种薯作进一步的挑选，发现老龄薯、畸形薯、不同肉色薯（杂薯），应随切随挑出去，病薯更应坚决去除。凡发现块茎表皮有病症的，应随时剔除。感染了青枯病、环腐病的种薯从表皮上是不易识别的，要在切开后才能发现病症。病薯一般均是沿着维管束形成黄圈并有锈点，薯尾较明显，严重时可挤出乳白色或乳黄色的菌脓，遇到此类病害的薯块时，一定要对使用过的切刀进行消毒。若不消毒切刀，继续切块就会造成病菌的大量传染，使切刀成为青枯病、环腐病传染的主要媒介物。

因此，马铃薯切块时，要多准备几把刀轮换使用，并应对切刀进行消毒，当用一把刀切块时，另一把刀浸泡于消毒液中消毒，每切完一个种薯换一把刀，以防止切块过程中传播病毒。切刀消毒的方法有以下几种：

（1）用0.2%的升汞水或3%来苏尔水，浸泡切刀5～10分钟即可达到灭菌效果。

（2）切块时烧一锅开水，并在开水中撒一把食盐，将切刀在沸水中消毒8～10分钟。

（3）切块时遇病烂薯时，及时把病烂薯淘汰，并把切刀插入炉火中消毒。

（4）用75%的酒精或0.5%的高锰酸钾溶液消毒，把切刀插入消毒液中，一般浸3～5分钟即可消毒。

实践证明，芽块最好随切随播种，不要堆积太长时间。如果切后堆积几天再播，往往造成芽块堆内发热，使幼芽伤热。这种芽块播种后出苗不旺，细弱发黄，易感病毒病，而且容易烂掉，影响苗全。

14. 马铃薯切块后如何防止薯块腐烂?

种薯切块后可用草木灰或药剂拌种防止薯块腐烂。

（1）草木灰拌种　种薯切块后，每50千克薯块用2千克草木灰和100克50%甲霜灵可湿性粉剂（或50%多菌灵可湿性粉剂、70%百菌清可湿性粉剂等）加水2千克进行拌种，拌种后不积堆、不装袋，置于闲房地面上24～48小时即可播种。拌种可使伤口尽快愈合，防止细菌感染，同时又具有种肥的作用。但在盐碱地上种植时，不可用草木灰拌种。

（2）药剂拌种（彩图3）　用2千克70%的甲基硫菌灵可湿性粉剂，加1千克72%的硫酸链霉素可溶性粉剂，均匀拌入50千克滑石粉混合成粉剂，种薯切块后，每50千克薯块用2千克混合粉剂拌匀，要求切块后30分钟内进行拌种处理。

也可选用58%甲霜·锰锌可湿性粉剂（切块重量的0.08%～0.25%）、70%代森锰锌可湿性粉剂（切块重量的0.15%～0.44%）、50%多菌灵可湿性粉剂（切块重量的0.25%～0.75%）、64%恶霜·锰锌可湿性粉剂（切块重量的0.08%～0.25%）现切现拌种。将切好的种薯放到塑料布、彩条布或类似材料上，加入拌好的药剂，来回抖动塑料布，使每个切块都能沾上药剂。随即播种，最好当天全部播种完。这对提高晚疫病防效、增加单株块茎数、提高单株生产力和商品率、减少薯块腐烂、增加产量等都有良好的效果。

但要注意的是，生产上要杜绝用三唑酮拌种，否则会造成伤芽绝苗。

15. 马铃薯不宜采用切块的情形有哪些?

存在以下情况之一时，种薯不宜切块。

（1）播种地块的土壤太干或太湿、土温太冷或太热时不宜切块。各地在正常的天气条件下，土温应该不存在问题，关键是土壤不宜太湿。

（2）种薯生理年龄太老的不宜切块，当种薯发蔫发软、薯皮发皱、发芽长于2厘米时，切块易引起腐烂。

（3）种薯小于50克的不宜切块。

（4）夏播和秋播因温度、湿度高，种薯切块后极易腐烂，一般不切块。

16. 怎样进行马铃薯的掰芽育苗繁殖?

（1）循环切芽快繁技术

① 催芽　挖宽1米、深50厘米的沟，沟底铺15厘米厚的湿秸秆，上面铺18厘米厚的马粪，再盖上15厘米厚的细土保温催芽，让芽长到2～3厘米时，在散射光下处理2～3天。

② 作畦　选择背风向阳不积水的地方，按宽1米，长依种薯量而定。挖深40厘米的池，下铺15厘米的腐熟马粪或干草，洒水使粪湿润，上面再铺3～5厘米混合土（1份有机肥，2份大粒沙子

均匀混合）浇湿后，将已催芽种薯尾部向下置于混合土上，种薯与种薯之间间隔1厘米。大小不同的种薯要分开。然后覆盖湿润的混合土10～12厘米。用竹片薄膜制作的小拱棚封闭。棚内温度25℃以下即可（地温15～20℃为宜）。注意浇水不可太湿。

③ 切芽移栽　当幼芽出土时，将种薯取出，切下5～6厘米（2～3节）的芽，栽入装满营养土（1份有机肥，2份风沙土）的营养钵置于小拱棚，芽顶叶和地平面一致，或直接栽入露地需补苗处，浇水保持湿度，温度不超过25℃。将母薯再栽入原池盖膜。约10～15天，再进行第二次剪芽，以此类推。一般用5～10千克种薯可繁殖4000株，种植1亩。

④ 掰芽移栽　为了简便也可采取掰芽的方法，即当幼芽出土时，将种薯取出，从幼芽基部带根毛一起掰下，栽入装满营养土（1份有机肥，2份风沙土）的营养钵，置于小拱棚，芽顶叶和地平面一致，或直接栽入露地需补苗处，浇水保持湿度，温度不超过25℃。将母薯再栽入原池盖膜。约10～15天，再进行第二次掰芽，以此类推。一般用25千克种薯可繁殖4000株，种植1亩。

露地切芽和掰芽移栽补苗时，要注意尽量多采用田间已发芽的幼芽长相健康的种薯，尽量保持在最短时间内补齐苗。

（2）分苗移栽技术　当田间苗高6厘米左右时，把植株基部的土扒开，将侧枝带根从基部掰开，移栽到准备好的地块，并立即浇水。分苗移栽最好选择在下午或者阴雨天进行，这样移栽成活率高。

（3）单芽繁殖　种薯催出芽后可将每个芽眼纵切2块后播种，这样比一般切块方法提高繁殖系数1倍，但大田栽培易引起缺苗，可以利用网棚进行种薯繁殖。

17. 马铃薯较好的留种方式有哪些？

马铃薯是无性繁殖作物，许多病害极易感染马铃薯并通过块茎世代传递并累积，扩大危害，使良种变为劣种，从而失去种用价值。因此，为了防止或减轻马铃薯生产中出现的种性退化问题，采用适宜的选留种措施是十分必要的。常用的留种方式有以下几种。

（1）高山留种　在各地选择海拔高、气候冷凉、风速较大的山地进行留种，可以减少薯块内病毒的含量。

（2）秋薯春播　将在秋季冷凉条件下生产、带病毒较少的择优薯块，作为第二年春薯生产用种。

（3）保护地冬播留种　利用温床或冷床在头年10月下旬至11月进行马铃薯冬播，将马铃薯的结薯时间调整到春季温度比较低的时间内，利用这些小薯块作为来年秋播的种薯，后代长势整齐、退化轻、产量高而稳定。

（4）从科研单位购买脱毒苗或微型薯原原种进行自繁原种和一代种薯。

（5）利用实生种子生产种薯　马铃薯实生种子具有摒弃若干病毒的作用，因此利用实生种子生产种薯可以大大降低种性退化问题。

18. 马铃薯留种的关键技术要点有哪些?

马铃薯留种除要求更严格的地块，肥水管理条件外，还要抓住以下几个关键。

（1）去杂去劣　在马铃薯整个生育期中一般要进行3次去劣去杂。第一次是在出苗后半个月，将卷叶、皱缩花叶、矮生、帚顶等病株拔除，这次病株拔除是至关重要的，因该阶段幼苗最易感染，早拔除病株可以早消灭毒源，防止扩大侵染。第二次是在开花期，拔除田间退化株、病株及花色、株型不同的杂株。第三次是在收获前，将植株矮小或早期枯死的病株拔除，连同病薯、劣薯以及不符合本品种特征特性的杂薯一起运走。

（2）单株混合选择　选符合该品种特征的性状，生长健壮，无退化现象的植株，做上标记，在生育期复查1～2次，发现植株出现异常的将标记去除。在收获时进行地下块茎选择，选结薯集中、薯块大小整齐、薯皮光滑的单株。单株选、单株收，混合保存，作为下季种子田用种。

（3）单株系选　单株系选也称株系选、系统选。因同一马铃薯品种单株间染病情况不同，从而在产量上表现较大差异。通过单株选择，单株保存，株系比较，选优去劣，优中选优，优系扩大繁殖，经过4～6代的对比选优及繁殖，可选出高产、退化轻、种性好、无病的株系。该方法既防止了退化、病害，又进行了品种复壮。其具体办法是：第一年进行单株选择，其方法与前述的单株混选相同。将收获的单株块茎分别装袋贮藏。第二年进行株系比较，连续进行2～3代比较。每个入选单株块茎种10～20株，形成一个株系（最好用整薯播种）。生育期间经常观察，淘汰感病株系，选择高产、生长整齐一致、无"退化"症状的株系作为下一代的入选优良株系。第三年或第四年将选得的优良株系块茎扩繁后作种薯。

（4）严格病虫防治，及早收获　留种地加强植株病虫害防治，力争不出病株或少出病株。及早防蚜，避免病毒传播。在保证适当产量的前提下较商品薯早收获20天左右，避免种薯受到高温或低温危害。

第三节　马铃薯脱毒种薯

19. 什么叫脱毒种薯？

马铃薯在栽培过程中易感染多种病毒和类病毒，产生卷叶、花叶、束顶矮化等复杂症状。马铃薯是营养繁殖作物，体内的病毒可逐代积累，造成病毒性退化而导致严重减产，一般减产40%，严重的达70%。

脱毒，即脱去马铃薯自身积累和感染的病毒。感染病毒的马铃薯植株，虽然体内含有大量病毒粒体，但生长点分生组织不含病毒。切取马铃薯幼芽茎尖生长锥0.2～0.3毫米进行组织培养，育成脱毒试管苗，进而结出无病毒的块茎，用做无病毒种薯，即为脱毒种薯。马铃薯脱毒种薯是马铃薯脱毒快繁及种薯生产体系中，各种级别种薯的通称。

（1）脱毒苗（彩图4）　应用茎尖组织培养技术获得的再生试

管苗，经检测确认不带马铃薯X病毒（PVX）、马铃薯Y病毒（PVY）、马铃薯S病毒（PVS）、马铃薯卷叶病毒（PLRV）等病毒和马铃薯纺锤块茎类病毒（PSTV），才确认是脱毒试管苗。

（2）脱毒试管薯　用脱毒试管苗在试管中诱导生产的薯块称为脱毒试管薯。

（3）微型薯（原原种）　利用茎尖组织培养的试管苗或试管薯在人工控制的防虫温室、网室中用栽培或脱毒苗扦插等技术无土栽培（一般用蛭石作基质）生产的小薯块称为脱毒微型薯（彩图5）。

（4）一级原种　用原原种作种薯，在防虫网棚或良好隔离条件下生产的种薯。

（5）二级原种　用一级原种作种薯，在良好隔离条件下生产出的符合质量标准的种薯。

（6）一级种薯　用二级原种作种薯，在良好隔离条件下生产的符合质量标准的种薯。

（7）二级种薯　由一级种薯作种薯，在良好隔离条件下生产出的符合质量标准的种薯。

脱毒种薯生产不同于一般的种子繁育，它有严格的生产规程要求，按照各级种薯生产技术的要求，采取一系列防止病毒及其他病害感染的措施，包括种薯生产田需要人工或天然隔离条件、严格的病毒检测监督措施、适时播种和收获、及时拔除田间病株、清除周围环境的毒源、防蚜避蚜、种薯收获后检验等，每块种薯田都要严格把关，确保脱毒种薯质量。

20. 如何选购脱毒种薯？

（1）早代脱毒种薯要比晚代脱毒种薯的种性更好　早代种薯脱毒后种植时间短，重新感染病毒机会少，种植后发病率非常低。即使发病，病情也非常轻。因而生长健壮，增产潜力大，增产幅度也大。而晚代种薯经过几次继代扩植，虽采取许多保护措施，仍避免不了被病毒再侵染，所以，种植后发病率相对比早代种薯要稍高一点。因此，在脱毒种薯定级标准上，早代的比晚代的要严格得多。但是，不同品种对病毒的抗病力不同，如“克新1号”抗病力较强，脱毒后再感染就比较慢。据调查，克新1号脱毒三级种薯，播种到大田，植株发病率仅有0.786%，而“费乌瑞它”情况就较差，其二级种薯的田间病毒发病率高达6.82%。

（2）根据种植目的来确定选用的级别　如果是以生产商品薯、加工薯为种植目的，可选用二级或三级脱毒种薯，只种一次，收获后全部出售或加工，不再留种薯，避免因病毒发病率增加而减产。若选用原种或一级种薯生产商品薯，价格高，提高了成本。如果有繁种条件，以繁殖种薯为生产目的的地方，就可以选用原种或一级种薯，按繁种程序种植，收获后留作种薯使用。

（3）根据种植的品种来确定选用的级别　比如计划种植克新1号，生产商品薯，就可以选用脱毒三级种，因为它抗病毒病，其种性能达到高产的要求；而种植费乌瑞它，应选用脱毒二级种薯，因为它不抗病毒病，退化较快，选二级种薯用于大田生产比较适宜。

（4）到正规脱毒种薯生产经营单位或科研部门购买　脱毒种薯的生产有特殊的要求，特别是基础种薯，一般地方是生产不出来的。另外，生产合格种薯需要有从正式渠道获得的基础种薯才行。而且对于脱毒种薯的真假，用肉眼是看不出来的，只有通过病毒检测才能确定，而检测过程又比较复杂，在当时还得不到结果。所以，要想买到真正够标准的脱毒种薯，就必须找正规种子经营单位或科研部门。同时还要问清所购买的种薯产于哪个脱毒种薯生产基地，是否有“种子合格证”、“种子检疫证”等。否则，容易上当受骗。

为了推广脱毒种薯，由国家及有关省、自治区投资，在高海拔、高纬度、低温度、交通便利和有技术条件的地方，分别建立了许多国家级、省（自治区）级马铃薯脱毒中心和种薯生产繁殖基地，专门负责马铃薯的茎尖脱毒和繁殖不同级别的脱毒种薯，并由种子部门调运经销，向马铃薯种植者提供种薯，形成了一个完整的生产、经营和供应体系。

21. 脱毒种薯的质量标准有哪些?

随着我国经济、国际贸易和技术合作的发展，我国已制定了国家马铃薯脱毒种薯质量标准，使之与国际标准接轨，该标准已于

2000 年颁布实施（GB 18133—2000）。

（1）各级别脱毒种薯田的植株带病指标应符合表 1 要求。

表 1　各级种薯带病植株的允许率

种薯级别	第一次检验					第二次检验					第三次检验				
	病毒及混杂株/%					病毒及混杂株/%					病毒及混杂株/%				
	类病毒植株	环腐病植株	病毒病植株	黑胫病和青枯病植株	混杂植株	类病毒植株	环腐病植株	病毒病植株	黑胫病和青枯病植株	混杂植株	类病毒植株	环腐病植株	病毒病植株	黑胫病和青枯病植株	混杂植株
原原种	0	0	0	0	0	0	0	0	0	0	0	0	0	0	0
一级原种	0	0	≤0.25	≤0.5	≤0.25	0	0	≤0.1	≤0.25	0	0	0	≤0.1	≤0.25	0
二级原种	0	0	≤0.25	≤0.5	≤0.25	0	0	≤0.1	≤0.25	0	0	0			
一级种薯	0	0	≤0.5	≤1.0	≤0.5	0	0	≤0.25	≤0.5						
二级种薯	0	0	≤2.0	≤1.0	≤1.0	0	0	≤1.0	≤0.5						

（2）一、二级种薯的块茎质量指标应符合表 2 的要求

表 2　种薯的块茎质量指标

块茎病害和缺陷	允许率/%
环腐病	0
湿腐病和腐烂	≤0.1
干腐病	≤1.0
疮痂病、黑胫病和晚疫病： 轻微症状(1%～5%块茎表面有病斑) 中等症状(5%～10%块茎表面有病斑)	 ≤10.0 ≤5.0
有缺陷薯(冻伤除外)	≤0.1
冻伤	≤4.0

22. 如何建立脱毒种薯繁殖田?

为了尽快普及推广应用马铃薯茎尖脱毒种薯，提高我国马铃薯生产水平，使马铃薯种植者都能方便、及时地获得真正够标准的脱毒种薯用于生产，在远离马铃薯脱毒中心和脱毒种薯生产基地的地方，可以建立脱毒种薯繁殖田。

在马铃薯种植较集中地区的有冷凉自然条件和技术力量的地方，由县、乡政府和村与科技户组织，选出一些地势较高、温度较低、具备一定隔离条件的地块，按照1亩繁种田可供10亩大田用种的标准，来计划繁种面积。用从临近马铃薯脱毒中心购进的一定数量的基础种薯，作为繁殖材料，按脱毒种薯繁种程序进行繁种。在种薯植株生长季节，请种子质量监督部门和植物检疫部门的人员，到田间进行检验和检疫。如果检验和检疫都合格，那么所收获的块茎，就可以供给农户做种薯使用了。

第二章 马铃薯栽培技术

第一节 马铃薯设施栽培

23. 马铃薯“大棚+地膜覆盖”促成栽培技术要点有哪些?

马铃薯采用大棚套地膜覆盖栽培（彩图 6），不仅可以避免病虫害，提高产量、品质，而且能够在春节前后上市，比春马铃薯提早两个多月采收，效益较好。露地冬种马铃薯常年易发生霜冻侵害，大棚设施创造了一个相对稳定的生态环境，克服了霜冻对马铃薯生长的影响，播种时间可提早一个多月，商品薯提早上市并有效避免烂种、烂薯等情况的发生，同时避免了因不利环境引起的表土板结，保持了土壤良好的透气性，有利于根系生长和薯块的膨大。

有条件的，可覆盖黑色地膜，膜下铺设灌溉和施肥用的滴灌带，效果更佳。黑膜具有防旱、保水、保温的作用，促使出苗整齐，薯苗粗壮，长势旺盛。与畦面覆盖白膜相比，可明显提高地温，抑制杂草的生长，且可降低结薯后因块茎露光导致的青薯率和裂薯率，收获时薯块色泽光亮，薯性好，有效提高了马铃薯的品质和商品率。

（1）选地选茬　马铃薯是块茎植物，它的块茎是在土壤里形成和长大的，所以要求土壤疏松肥沃，土层深厚，土壤沙质，中性或微酸性（pH＝5.8～7.0），地块排水通气良好，具备良好的排灌功能。马铃薯不耐连作，前茬选玉米、小麦、谷子茬。特别是马铃薯与葱、蒜一类蔬菜轮作，不仅可调节土壤养分，提高产量；而且这些蔬菜作物能分泌一些植物杀菌素，有杀死晚疫病及其他病菌的作用。忌同甜菜、萝卜、胡萝卜等块根作物轮作，它们一样消耗土壤中大量钾，会导致土壤钾肥不足，同时发生共同病虫害。严禁选择喷施过阿特拉津、普施特、氯磺隆等除草剂的茬口，否则会造成严重减产。

（2）整地作畦　马铃薯属于深耕作物，要求有深厚的土层和疏松的土壤。深耕有利于根系的生长发育和块茎的形成膨大，同时还使土壤疏松，消灭杂草，增强通气性，促进微生物活动，增加土壤中的有效养分，提高抗旱排涝能力。所以，整地时提倡深耕细耙，要求深耕 20～25 厘米，然后耙细耢平，达到上松下实，无坷垃，为马铃薯生长、结薯、高产创造良好的土壤条件。

播种前 10 天左右，应扣好大棚膜，整地作畦施基肥。一般施有机肥 3000～5000 千克/亩、三元复合肥 50～60 千克/亩、硫酸钾 15～20 千克/亩；或尿素 20～25 千克/亩（或碳酸氢铵 50～70 千克/亩）、过磷酸钙 50～70 千克/亩、硫酸钾 40～50 千克/亩。缺锌地块还应施入 2 千克/亩硫酸锌，缺硼地块则应施入 1 千克/亩硼砂。畦宽 1.5 米（包沟），畦沟宽 30 厘米、深 20 厘米。

若利用原有大棚种植马铃薯，每应施生石灰 100 千克/亩，进行闷棚杀菌消毒后再播种。

如果大棚是建在旱地上的，每应先施油茶枯饼 15 千克/亩，以防蝼蛄、蚯蚓等地下害虫的危害，防治效率 70%左右。

（3）品种选择　应选择结薯早、块茎前期膨大快、产量高、大中薯率高的极早熟、早熟或中早熟品种。根据市场情况因地制宜选择合适品种。薯条薯片加工要求专用品种。必须选择脱毒优良种薯。无霜期较长的城市附近，一般选择在早春播种生育期较短的品种，如费乌瑞它（彩图 7）、早大白、超白、中薯 3 号、克新 4 号（彩图 8）和东农 303 等。

（4）种薯处理　播种前必须对马铃薯进行种薯处理。首先将种薯在晴暖的中午晾晒 1～2 天，并剔除病薯、烂薯、畸形薯和过小种薯（薯块 20 克以下）；小于 50 克的种薯不切块，提倡整薯播种。100 克以上的薯块需切成小块，每块至少带 2 个芽眼。切刀用高锰酸钾消毒后再用。种薯切块后，用混有杀菌剂的草木灰拌种，以防止切块腐烂。

在播种前要进行消毒处理，首先，可用甲醛 100 倍液浸种 20～30 分钟，捞出后闷 6～8 小时。其次，用赤霉酸处理打破休眠，即整薯用 5～10 毫克/升的赤霉酸浸种 30 分钟，切开的薯块用 0.5～1 毫克/升浸 10 分钟，晾干表面水分后置于湿沙土中催芽。一般一层种薯一层沙土，堆放 2～3 层，上部覆盖稻草并加盖薄膜，保持 15～20℃的温度。沙土应干湿适宜，掌握“手捏成团，撒手即散”的原则，严禁湿度过高和积水。一般 10 天后就能出芽。芽长 1～2 厘米左右将种薯取出，在有光的地方放置 3～5 天，使芽变绿、粗壮，然后播种。

（5）适时播种　当棚内气温达到 5℃以上，10 厘米地温稳定在 0℃以上时即可播种。一般长江以南地区可在 10 月中旬至 11 月中旬播种，长江以北地区可延迟 20～30 天，北方地区宜元月下旬～2 月上旬。播种时，选择无风、无寒流的晴天进行。

一般每亩用种量为 150～200 千克。株行距为（20～24）厘米×（55～60）厘米，每亩种植 5000 株左右。经过预处理的种薯芽长1～2 厘米时即可播种，可穴播或开沟播种。播种后覆盖草木灰或其他质地疏松的面肥（如砻糠灰与细土的混合物、木屑），然后喷雾 33％二甲戊灵乳油等除草剂，每亩 60～70 毫升，对水 40～50 千克喷雾，喷雾时要喷均匀，不要漏喷，然后再覆盖地膜，原则上白膜或黑膜均可，以黑膜为佳。有条件下的可在膜下铺设灌溉和施肥用的滴灌带。可每 2 畦再建小拱棚 1 个。达到 3 膜：地膜、普通小棚膜、大棚膜。

（6）田间管理

破膜引苗：马铃薯播种后，一般在 30～40 天左右开始出苗，此时，要派专人在田间检查，发现幼苗出土及时将农膜抠破，如果抠膜不及时，很容易造成膜内幼苗因高温而灼伤。抠膜后，将苗扶出膜外，并扶正，在苗四周用沙土围实。

温度管理：通过大棚揭膜通风，调节棚内温度。播种后到出苗前首先要闷棚10天左右，将棚内温、湿度管理好，以促进早出苗，一般播后20～25天即可齐苗。薯块出苗后，若外界气温较低，小拱棚应用遮阳网、无纺布等进行多层覆盖保温。当白天大棚内温度在20℃以上时，应在每天上午9时开始在拱棚两端通风，若温度还高，再在中端揭开通风，使白天温度控制在22～28℃，夜间12～14℃范围内，下午3点左右封闭风口，大风天拱棚要背风通风。当气温逐渐稳定时，可对拱棚进行昼夜全揭膜，全揭膜前3～4天，要白天揭，晚上盖。

生长调控：冬季马铃薯在施足基肥后一般不再追肥，保持适宜的土壤湿度即可。但在生长期间，由于白天大棚内温度较高，马铃薯生长迅速，很易出现地上部分生长过旺，节间伸长，茎秆较细，株高显著高于品种的正常高度，即出现徒长现象，可在株高20厘米时，用50毫克/升烯效唑或用100毫克/升多效唑叶面喷洒，当株高约30厘米时，再喷一次多效唑溶液。生长前期发育迟缓时可喷施生命素（腐殖酸叶面肥）1000倍液促苗，现蕾时适量叶面喷施膨大素可利于结薯。

水分管理：从播种至出苗主要靠母薯供给水分，但仍需保持土壤水分，出苗才能整齐。从幼苗期到块茎形成期，马铃薯需水少，土壤含水量保持在15%左右为宜，该时期如果水分太多反而会妨碍根系发育，降低后期抗旱能力；如水分不足，幼苗发育受阻，生长缓慢，株矮叶小。从块茎形成期到块茎膨大期，马铃薯需水敏感，土壤含水量控制在20%左右，保持畦面湿润状态。该时期缺水干旱，块茎即停止生长，但灌溉后植株恢复生长，块茎易出现二次生长，形成串薯等畸形薯块；水分太多，会使块茎气孔开裂外翻，易感染病菌，甚至积水导致块茎缺氧腐烂。需要补充水分时，可适当浇水或沟中淌水，浇水不要浸过垄顶。水分的补充必须在晴天中午进行，并加强通风降湿。使用滴灌栽培更容易做到科学管水。结薯后期，则应控制水分，保持畦面干燥，防止土壤水分过多。

平衡施肥：冬季栽培马铃薯一般不进行追肥，长势弱的可结合幼苗期到块茎形成期浇水进行，长势强的可结合块茎形成期到块茎膨大期浇水进行。一般追施尿素 15～20 千克/亩。采用滴灌系统追肥的，前期宜施用高氮易溶冲施复合肥，后期选择高钾易溶冲施复合肥。在收获前一个月结合病虫害防治，叶面喷施 0.3%的磷酸二氢钾，施用 60～70 千克/亩，每 7～10 天喷一次，连续 2 次。

病虫害防治：在播种前，可用 5%毒死蜱颗粒剂结合基肥施入犁沟内而后覆土。出苗后若发现地下害虫为害，可用敌百虫毒饵诱杀或用 2.5%溴氰菊酯乳油 3000 倍液喷雾，蚜虫可用啶虫脒可湿性粉剂 2000～3000 倍液喷雾；苗期可选用百菌清、氰霜唑、嘧菌酯等防治早、晚疫病；生长中后期主要防治晚疫病，发病初期及时选有霜脲·锰锌、恶唑·霜脲氰、氟啶胺、氟菌·霜霉威等喷施，每隔 7～10 天喷一次，连续喷 2 次。细菌性青枯病、疮痂病等可选用氢氧化铜 3000 倍液进行防治。

（7）及时采收　当马铃薯叶色由绿变黄逐渐枯萎，块茎脐部着生的匍匐茎容易脱落，块茎表皮较厚、韧性较大、色泽正常时即达生理成熟。收获前 10～15 天，应停止浇灌水，以促进薯皮老化，降低块茎内水分含量，增强其耐贮性。

选晴天收获，挖薯时把薯块放在地里稍微晾晒再装框，防止碰伤薯块和擦伤薯皮，影响薯块的外观和品质。挖出的薯块应及时储藏，不可长时间在强光下照射，使薯块表皮变绿，影响商品价值。

24. 马铃薯“小拱棚+地膜覆盖”早熟高产栽培技术要点有哪些?

马铃薯“小拱棚＋地膜覆盖”栽培，是在地膜上每 2 垄或 4 垄再加一层小拱棚，可减少早春早霜的危害，有一定的保温性能。目前马铃薯小拱棚覆盖栽培在长江下游的江苏、浙江，中原二作区的山东、河北、河南较普遍。

（1）整地、施肥　选择土层深厚、有机质含量高的沙壤土，最好在冬前进行深翻或初春解冻后施肥，深耕细耙。结合整地每亩施有机肥 3000～4000 千克、硫酸钾 50 千克、尿素 5～10 千克、过磷酸钙 20～30 千克。施肥方法是将 2/3 的有机肥于整地时撒施，1/3 播种时开沟集中沟施。化肥也于播种时全部集中沟施。同时将化肥与土壤充分混匀。在播种前，可喷一次免深耕土壤调理剂，每亩用免深耕土壤调理剂 200 克对水 100 千克，喷布地表，约 20 天后，50～100 厘米深的土壤即可疏松通透。

（2）选用脱毒种薯　脱毒马铃薯以早熟为主的，可选用早大白、东农 303 等，在保证适合本地区种植外，还应保证所选品种的纯度和繁殖代数。

（3）切块、浸种、催芽　切块前先晒种 2～3 天，剔除病残薯，切刀用酒精消毒。切块重一般在 20～25 克，切块应带有 1～2 个芽眼，大薯按螺旋状向顶斜切，最后把芽眼集中的顶部切成 3～4 块，发挥顶端优势。切好的薯块用 0.5 毫克/千克的赤霉酸溶液浸泡 10～15 分钟，沥干水后即可在日光温室、暖炕或室内催芽。催芽时间一般在播前的 25～30 天。用沙或草帘覆盖，催芽的适宜温度为 15～25℃，创造黑暗条件约 15～20 天。当芽有 1 厘米左右长时，放在散射光下摊开晾芽，使其粗壮。

（4）及时播种、合理密植　在小拱棚内 10 厘米深地温稳定通过 5℃以上方可播种。播种方式有 2 种：一是单垄双行播种，垄距 80 厘米，小行距 20 厘米，大行距 60 厘米，株距为 25 厘米，每亩种植 6500 株左右。二是单垄单行播种，垄行距均为 60 厘米，株距为 18～20 厘米，每亩种植 6000 株左右。

播种时先开沟 8～10 厘米深。如果墒情差，可先浇水，水渗下后芽向上播种，然后盖土封沟，起垄覆土 8～10 厘米，垄顶耥平后覆盖地膜和加盖小拱棚。

（5）田间管理　播种至出苗前不通风，以提高地温，有利于幼苗出土。播种后 20～30 天，待出苗率在 50％以上时，及时破膜引苗。在马铃薯生长中后期棚内白天温度控制在 22～28℃，夜间 16～18℃，达到 28℃以上要及时通风降温，温度超高 35℃时就要拆除拱棚。

因拱棚内不便追肥，应在播种前一次性施足基肥。出苗后、团棵期、封顶后分别浇水一次。薯块膨大期要保持土壤湿润。浇水不要漫过垄顶，保持土壤通气性，促进薯块膨大。生育后期不能过于干旱，否则浇水后易形成炸裂薯，降低商品率。

如果植株有徒长现象，高度达 60 厘米以上时，可喷施浓度为 100 毫克/升的多效唑，抑制植株的营养生长，一般能增产 10%左右；另外根据土壤墒情分别在出苗后、发棵期、显蕾开花期进行浇水，促使薯皮老化，减少皮伤，提高其商品性。

其他管理参考大棚栽培技术。

25. 马铃薯地膜覆盖栽培技术要点有哪些?

我国地膜覆盖栽培马铃薯（彩图 9、彩图 10）主要在二作区春作栽培和北方干旱地区，采用地膜覆盖，主要是为了提高地温、减少地面蒸腾，最大限度地利用地下水分，抑制杂草生长，减少风蚀侵害，达到早出苗、早结薯、早上市的目的。一般可增产 20%～50%，大中薯率提高 10%～20%，并可提早上市，调节淡季蔬菜供应市场，提高经济效益。

（1）选种及种薯处理

① 选种　一般带病种薯在覆膜栽培条件下，极易造成种薯腐烂，影响出苗。故最好选用优质脱毒种薯。春薯栽培，选用休眠期短、抗晚疫病、耐高温、不易退化、早熟高产的品种，如东农 303、克新 4 号等。由于地膜覆盖促进了生长发育，具有明显的早熟增产效果，一般可提早 6～10 天成熟，因此，作为秋薯栽培时，要选用比露地栽培生育期长的品种，才能发挥地膜覆盖的增产作用，若作为早熟早收栽培时应选用结薯早、块茎前期膨大快、产量高、大中薯率高的优良早熟品种。

② 消毒　为防止种薯带病传染，对疮痂病、黑痣病及黑胫病等可用不加温的甲醛 200～250 倍液浸种 20～30 分钟，浸后捞出闷 6～8 小时，或用 50℃温度，甲醛 120 倍液浸 2～3 分钟杀菌。

③ 切块　生产上多采用切块下种，每次用消毒切刀切块，每块重量不少于 20 克，三角形，芽眼靠近切口，每块上有 1～2 个芽眼，放入清水中洗去表面淀粉后沥干，待伤口愈合，每亩用种量 100～125 千克。

（2）播种育苗

① 播期　春薯覆膜栽培在 1 月下旬至 2 月初播种，秋薯适播

期为9月上中旬。

② 育苗　秋薯育苗，先对切块用赤霉酸打破休眠，0.5～1毫克/千克浓度浸泡5～10分钟。捞出后采用高畦催芽，先在高畦上铺一层河沙，浇透水放一层切块，切口向下，盖一层沙子，再铺切块，共放2～3层，最上面再盖4～7厘米河沙，并浇透水，架设荫棚，防高温、防雨和保湿，床温22～25℃，经7～8天，当芽长出3～4厘米时，扒出薯块，见光绿化2～3天后可移植。

春薯育苗，可用整薯或切块，用赤霉酸打破休眠，整薯5～15毫克/千克溶液浸种1小时，切块用0.5～1毫克/千克溶液浸泡5～10分钟。然后将处理过的种薯，在铺有湿润疏松细土的苗床上放一层，用沙或细土盖没种薯后再放第二层，一般为二层。最后盖上草帘防寒保暖，待芽长1厘米左右，于白天取下草帘使其见阳光，苗高10～15厘米时定植，定植前应炼苗。

（3）整地施肥　应进行3～4年轮作，且不能与同科的番茄、茄子及辣椒连作。选择地势平坦、耕作层深厚、疏松、湿润的沙壤土。深耕25～30厘米，细犁细耙，疏松结构，同时达到土碎无坷垃，干净无杂物。细耙作畦，高垄栽培。地膜覆盖后生育期间不易追肥，必须在覆盖地膜前结合整地把有机肥和化肥一次性施入土中。一般每亩施腐熟的堆肥、厩肥和人畜粪等有机肥2500～3000千克、磷肥30千克、草木灰100千克、硼砂1.5千克、硫酸锌1.5千克，结合作垄深施在10厘米以下垄土中。下种时，每亩再用人畜粪尿1000千克或尿素3～4千克作种肥。有条件的地方建议推广测土配方施肥。为防治地下害虫，每亩应施40%辛硫磷乳油0.25千克，配水5千克，拌锯末25千克或细沙土50千克。

选用透明无色地膜覆盖栽培，容易滋生杂草，又因地膜覆盖不能中耕除草，常会造成杂草丛生，甚至顶破地膜，降低地膜的增产效果。因此在精细整地的基础上，覆膜前最好喷施除草剂。常用除草剂有：48%甲草胺乳油，覆膜前每亩用100～150克，对水50～70升。也可用50%乙草胺乳油100毫升或33%二甲戊灵乳油100毫升，加水50千克喷雾，喷药后30分钟覆膜。

（4）覆盖地膜

① 覆膜方式　覆膜方式有平作覆膜和垄作覆膜 2 种。

a. 平作覆膜多采用宽窄行种植，宽行距 65～70 厘米，窄行距 30～35 厘米。选用膜宽 70～80 厘米的地膜顺行覆在窄行上，一膜覆盖 2 行。此法操作方便，保墒防旱抗风效果好，膜下水分分布均匀。但膜面易积水淤泥，影响地温升高。

b. 垄作覆膜须先起好垄，垄高 10～15 厘米，垄底宽 50～75 厘米，垄背呈龟背状，垄上种 2 行，选用 80～90 厘米宽的地膜覆盖两行。此法受光面大，增温效果好，而且地膜容易拉紧拉平，覆膜质量好，土地也比平作覆膜的疏松。但如果土壤墒情不足时，膜下中心区易出现“旱区”，影响马铃薯的生长。

② 覆膜时间　有播前覆膜和播后覆膜 2 种。

a. 播前覆膜　即在播前 10 天左右，在整地作业完成后立即盖膜，防止水分蒸发。播种时再打孔播种。其好处是省去了破膜放苗的工序，也不会因为破膜放苗不及时，发生膜下苗子被高温灼死的现象。但播前覆膜的地膜利用率低，在出苗之前的提温保墒作用没有播后覆膜的好。

b. 播后覆膜　一般是播种后立即在播种行上覆膜。播种的同时覆膜，操作方便，省时省工也便于机械作业，并且出苗期保水增温效果明显，能做到早出苗、出全苗、出壮苗。一般可比播前覆膜早出苗 2～5 天。缺点是幼苗出土后，放苗时间短促，容易出现“烧苗”现象，且破膜放苗费工费时。

③ 覆膜方法　分为人工覆膜和机械覆膜 2 种。

a. 人工覆膜最好 3 人操作，1 人展膜铺膜，2 人在覆膜行的两边用土压膜。覆膜时膜要展平，松紧适中，与地面紧贴，膜的两边要压实，力求达到“紧、平、直、严、牢”的质量标准。沙壤土更需要固严地膜。

b. 机械覆膜时，播种覆膜连续作用，行进速度要均匀一致，走向要直，将膜展匀，松紧适中，不出皱折，同时膜边压土要严实，要使膜留出足够的采光面，充分受光。

无论采用哪种覆盖方式，都应将膜拉紧铺平铺展，紧贴地面，膜边入土 10 厘米左右，用土压实。膜上每隔 1.5～2 米压一条土带，防止大风吹起地膜。覆膜7～10天，待地温升高后，便可播种。

（5）播种定植　播期以出苗时不受霜冻为宜。一般比当地露地栽培提前10天左右。在每条膜上播2行。按照计划好的株行距用打孔器交错打孔点播，孔径8～10厘米，孔深10～12厘米，把土取出放在孔边，然后播种。播后再用原穴挖出的湿土将播种孔连同地膜一齐压严，并使地面平整洁净。播种时可1人打孔，1人播种，1人覆土。如果先播种后覆膜，播种技术完全与露地栽培相同。如果土壤墒情不足，播种时应在播种孔内浇水0.5升左右。

（6）田间管理

① 破膜放苗　在先播种后覆膜的地块上，当子叶出土展开后要及时破膜放苗，否则幼苗紧贴地膜高温层易被灼死，失去再生能力，造成缺苗。放苗时间以上午8～10时，下午4时至傍晚为好。放苗时可用一刀在播穴上方对准苗划“十”字口，划口不宜太大，以放出苗为度。划好后将膜下小苗细心扒出，然后在放苗部位把破口四周的膜展开，并用细潮土封严放苗孔，防止揭膜降温和草荒。在先覆膜后播种的地块上，若因缺苗弯曲生长而顶到地膜上，亦应及时将苗放出，以免烧苗。播后要经常到田间检查，发现地膜破损或四周不严，用土压实压紧，以防止草荒并确保地膜覆盖的增温保墒效果。

② 查苗补苗　在缺苗处及时补苗，可在临近多株苗的穴中选择生长健壮的植株，带根掰下，在缺苗处坐水补栽。

③ 追肥　在施足基肥和种肥的情况下，生育期间一般不再追肥。如果基肥不足，可在幼苗期追施速效氮肥，结合灌水每亩施腐熟粪肥300千克、硫酸铵15千克，发棵期每亩施草木灰100千克、粪肥200千克，促进结薯，结薯期再施一次草木灰、过磷酸钙等，可喷一次1%的硫酸铜或硫酸镁及硼酸混合液作根外追肥。

④ 灌水　在出苗前结合追肥少量灌水，保持土壤疏松透气，保证土温适宜，消灭杂草，出苗后注意浇水，保持土壤湿润，早中耕，发棵期至结薯期不能缺水，结薯盛期后保持土壤湿润为宜，到收获前应停止浇水。如果是足墒覆膜，由于地膜的保水作用，出苗后一个多月不会缺水，如果播后久旱不雨，有灌水条件的可在宽行

间开沟灌水。

⑤ 防寒　春马铃薯出苗后如遇6℃以下低温易冻害，可用砻糠灰培土覆盖幼苗，低温过后将幼苗轻轻扒出，如幼叶受冻，天气转暖后及时追肥一次，每亩用复合肥10～15千克或人粪1000～1500千克。

⑥ 中耕除草　生育期间在宽行间中耕除草培土，以达到疏松土壤，保墒、除草。

⑦ 去蘖摘蕾　苗高6～10厘米时，及时去除幼弱分蘖，每窝留1～3个壮枝。对开花结果的，在现蕾时及时去除花蕾，以减少养分消耗，改变营养分配，促进薯块膨大。

⑧ 及时去膜　春薯地膜覆盖时间一般为40天左右，当地温达25℃时，应及时去膜。

⑨ 激素处理　为控制秧苗徒长，促进早熟增产，花期叶面喷施0.2%的矮壮素1～2次，或于初花期叶面喷施15%多效唑可湿性粉剂溶液（50克原粉兑水30千克）。

（7）收获　春马铃薯以提早上市、提高效益为主，当块茎充分膨大时即可采收。秋马铃薯需冬贮，不宜过迟采收，避免产生薯结薯现象；且收获过晚易受冻，降低品质，影响贮藏。当田间植株表皮粗糙老化、茎叶逐渐枯黄时应及时收获。收获后要认真清除地膜，防止白色污染。

26. 马铃薯膜下滴灌栽培技术要点有哪些？

（1）土壤选择与整理　选择疏松、平坦、通透性好的轻质壤土或沙壤土地，土壤pH值在5.6～7.8范围内。深耕30厘米左右，旱地要随耕随耙耱、精细整地。

（2）集中施肥　基肥要结合秋耕整地施入优质有机肥，基肥充足时，将1/2或2/3的有机肥结合秋耕施入耕作层，其余部分播种时沟施。基肥用量少时，集中施入播种沟内，每亩2000～4000千克。用化肥作种肥，以氮、磷、钾配合施用效果最好，一般每亩用尿素5～10千克、过磷酸钙30～45千克、硫酸钾25～30千克。

（3）种薯处理　种薯在播前15～20天出窖进行严格挑选。将精选好的种薯摊放在温暖向阳的室内，温度保持在15℃左右，每隔3～5天翻动一次，一般10天左右待芽萌发后再精选一次。播前2～3天进行切块，切块大小以50克为宜，每个切块至少带1～2个芽眼。

（4）及时播种　土壤10厘米深处地温稳定在7℃以上时可以播种，注意先覆膜后打孔。每亩种植3000～3500株，大行距75～80厘米，小行距30厘米。平作，土壤墒情好时浅一些5厘米左右，墒情不好时8～10厘米。

（5）田间管理

① 出苗前管理。播后常检查，发现地膜破损的及时用湿土封固压实。及时进行膜间中耕除草。

② 查苗放苗。出苗期间要关注出苗情况，锄净垄背杂草，拔除垄眼杂草。

③ 中耕培土。在整个生育期进行2～3次中耕，第二次中耕可在苗高10厘米时进行，第三次在现蕾期结合培土进行。结合中耕锄草，拔除感病植株，注意不要把土培到膜下毛管上，在浇水时进行中耕培土较好。

④ 适时浇水。栽培在肥沃的土壤上，每生产1千克马铃薯约耗水97千克；栽培在贫瘠的沙质土壤上，每生产1千克马铃薯需耗水约172.3千克。

⑤ 追肥。现蕾期结合灌溉每亩追施硫酸钾10千克、尿素10千克。块茎膨大期根据长势每亩可追施尿素5千克，现蕾期和开花初期每亩喷施多元微肥200克，开花盛期喷施磷钾肥。

⑥ 适时收获。当大田70%的植株茎叶枯黄后，即马铃薯已正常成熟时收获。收获前要先把毛管等回收并妥善保存。

27. 马铃薯喷灌栽培技术要点有哪些?

（1）选地整地　选择土层深厚、土壤疏松、质地为沙壤土或壤土，有机质含量在1.2以上，土壤pH值在5.4～7.8范围内。在播种前20天开始耕地，土壤耕深30～35厘米。

（2）种子处理　一般在播种前10天左右种薯出库，放于通风、保温良好、有散射光照条件的地方对种薯进行催芽。种薯切块重量以50克为宜，每块留有1～2个芽眼，切面和每个薯块的个体差异越小越好。种薯拌药，可选用70%甲基硫菌灵粉剂：滑石粉：种薯=4：100：10000的比例进行拌种。也可按种薯：滑石粉：多菌灵（百菌清或甲霜灵锰锌）=1000：15：(0.4～0.5) 进行拌种。

(3) 及时播种　一般在当地10厘米土层地温保持在6～7℃时进行播种。微型薯每亩一般为4500～5000株，原种为3500～4000株。播种深度掌握在8～10厘米，深浅浮动2～3厘米。

(4) 田间管理

① 中耕培土。喷灌马铃薯全生育期进行两次或一次中耕均可。第一次中耕一般掌握在全田出苗20%～40%时进行，覆土厚度2～4厘米。第二次中耕在马铃薯植株高度达到15～20厘米时进行，此时中耕要除掉大部分杂草，覆土到马铃薯茎基部，切勿埋苗。中耕培土要做到均匀一致，如边角地培土有遗漏则需人工完成。

② 水肥管理。将所需氮、钾肥的1/2作为追肥，分4～5次完成。马铃薯播种后如土壤墒情好，凭种薯内储备的水分便能正常发芽，如果播前土壤墒情差要提前足量灌溉。苗期保持土壤田间最大持水量的50%～70%，出苗率达到20%～40%和苗高15～20厘米时结合追肥进行中耕；块茎形成至块茎增长期应保持田间最大持水量的75%～85%，到收获前15天左右停止浇水。

③ 病虫害防治。马铃薯虫害主要是蚜虫等，用矿物油、氯氰菊酯或三氟氟氰菊酯乳油即可有效防治。喷灌马铃薯以防早疫病、立枯丝核菌病为主。早疫病防治可以通过适当调整播期、培养健壮植株、药剂保护和防治进行。早疫病防治前期将保护性药剂和内吸性药剂交替使用，后期将二者混合使用。

④ 适时收获。在收获前15天进行杀秧，将茎叶打碎还田，阻止病害侵入薯块，同时便于机械收获。收获前先用喷灌机按80%的速度浇一遍水，使土壤水量达到50%左右。

28. 马铃薯全膜覆盖双垄集雨栽培技术要点有哪些?

旱地马铃薯全膜覆盖双垄集雨栽培技术，是在推广玉米双垄全膜覆盖集雨沟播技术的基础上，通过改进形成的。双垄全膜覆盖后在田间形成了较大的集雨面，使垄上降水向垄沟内聚集叠加，可以聚小雨为大雨，聚无效雨为有效水。特别是在干旱情况下，对春季一次保本苗的作用非常突出，从而为马铃薯生长发育创造了一个相对稳定的农田生态环境，综合协调了影响产量的各主要因子，使马铃薯具有良好的生长环境，提高产量。

双垄全地面覆盖地膜，充分接纳马铃薯生长期间的全部降雨，特别是春季5毫米左右的微量降雨，通过膜面汇集到垄沟内，有效解决旱作区因春旱严重影响播种的问题，保证马铃薯正常出苗。

全膜覆盖能最大限度地保蓄马铃薯生长期间的全部降水，减少土壤水分的无效蒸发，使降水利用率达到90%左右，生育期内20厘米土壤含水量提高3%左右，保证马铃薯生育期内的水分供应。

全膜覆盖能够提高地温2～3℃，使有效积温增加，延长马铃薯生育期，有利中晚熟品种发挥生产潜力，具有明显增产效果。

投资少，每亩在其他措施相同的情况下，比常规覆膜栽培多投入地膜1.5～2.0千克（常规覆膜栽培用地膜3.5～4.0千克/亩），见效快，当年投资，当年见效，且效益明显。

技术操作简单，不需要大型农机具，农民易接受，便于大面积推广。

（1）土壤整理　宜选择地势较为平坦、土壤肥沃、土层较厚的地块，前茬以豆类、小麦等为佳。用木棍或木条制作一个划行器，在田间规格划行。距地边25厘米处先划出第一个大垄和一个小垄，小垄40厘米，大垄70厘米，大小垄总宽110厘米。

（2）施肥覆膜　基肥：常以草木灰或有机肥与复合肥混合后施用，可起到防病、防虫，增加钾素，改善品质的作用。全膜马铃薯将腐熟好的有机肥、复合肥做基肥一次性施入。

种肥：在划好的大垄中间开深约10厘米的浅沟，播种时将氮、磷、钾复合肥配合集中施入大垄的垄底。这样增产效果更佳。

划行：然后用步犁沿划线来回耕翻起垄，用手耙整理形成底宽约70厘米、垄高15～20厘米的大垄，并将起大垄时的犁壁落土用手耙刮至小垄间，整理成垄底宽40厘米、垄高10～15厘米的小垄。要求垄沟宽窄均匀，垄脊高低一致。

最后用120厘米的地膜全地面覆盖。两幅膜相接处在小垄中间，用相邻的垄沟内的表土压实，每隔2米横压土膜，覆膜后一周左右，地膜紧贴垄面，或在降雨后在垄沟内每隔50厘米打孔，使垄沟内的集水能及时渗入土内。为保冬春的墒，起垄覆膜时间可提早，一般在解冻后就可进行，也可在上年秋季进行秋覆膜，但冬季要注意保护好地膜。

地下害虫防治：地下害虫为害严重的地块，整地起垄时，用48%毒死蜱乳油等加细沙土15千克，制成毒土后撒施。

膜下除草：起垄后用50%乙草胺乳油全地面均匀喷雾，然后覆盖地膜。土壤湿度较大、温度较高地区每亩用本剂50～70克，对水30千克，寒冷地区每亩用本剂150～200克，对水40～50千克。为提高药效，不要全田喷完后再铺地膜，一般喷两垄，覆盖地膜后再喷两垄，以此类推。

(3) 种薯处理　选择高产、抗逆性强的品种：无病虫伤害和严重的机械损伤，没有感染当地的主要病毒病，不宜选择畸形、尖头、裂口、表皮粗糙老化、芽眼凸出等不良性状的块茎。

播前催芽：提前打破休眠，缩短芽条生长期，利于早出苗，且苗齐、苗壮，比直播增产效果显著。催芽方法为：在播前15天左右，将种薯平摊在有散射光的屋内，温度保持在10～15℃，块茎堆放以2～3层为宜，隔几天翻动一次薯堆，使发芽均匀粗壮，催芽不能过长，一般芽长1～2厘米即可切芽播种，切种时采取纵切方式，将顶芽优势分摊于每个芽块，保证每个芽块带有1～2个芽眼，芽块大小不能小于30克。

切刀消毒：种薯切块不宜过小，切块重量不低于30克，每块带有2个以上的芽眼。切块时如发现病薯、烂薯，立即扔掉，并进行切刀消毒，以防切刀传染病菌。一般准备两把切刀，消毒可用盐水、石灰水、高锰酸钾溶液、75%酒精、火烧或沸水消毒，按农户条件选择其中之一。

(4) 及时播种　用打孔点播器种植，密度根据地域条件进行控制，肥力较高的地块，株距为25～30厘米，每亩保苗4000～4800株，肥力较低的旱坡地可适当放宽到30～35厘米，每亩保苗3400～

4000株。播深8～12厘米。亩播量130～150千克。行距70～80厘米，株距25～30厘米。先用点播器打开第一个播种孔，将土提出，放在旁边，孔内播切块，打第二个孔后，将提出的土放在第一个孔口，撑开手柄或用铲子轻轻一磕，覆盖了第一个孔，以此类推，这样播种，对地膜的破损较少，膜面干净没有浮土，且播种深度一致，出苗整齐均匀，提高工效。

（5）田间管理

① 苗期管理。出苗期间注意观察，如幼苗与播种孔错位，应及时放苗，以防烧苗，播种后遇降雨，会在播种孔上形成板结，应及时将板结破开，以利出苗；出苗后查苗、补苗和拔出病苗。

② 发棵期。花期及结薯期管理，封垄前，根据长势每亩施尿素10千克或碳酸氢铵30千克。追肥要视墒情而定，干旱时少追或不追，墒情好、雨水充足时适量加大。同时根据地下害虫发生情况，结合施肥拌入毒死蜱进行防治。

③ 现蕾期。及时摘除花蕾，节约养分，供块茎膨大。马铃薯对硼、锌微量元素比较敏感，在开花和结薯期，每亩用0.1%～0.3%的硼砂或硫酸锌、0.5%的磷酸二氢钾、尿素水溶液进行叶面喷施，一般每隔7天喷一次，共喷2～3次，每亩用溶液50～70千克。

④ 初花期。根据马铃薯的长势情况，在初花期每亩用尿素0.5千克＋磷酸二氢钾0.1千克＋水50千克进行叶面追肥，一般喷洒3～4次。

⑤ 结薯期。该期如气温较高，马铃薯长势较弱，不能封垄时，可在地膜上盖土，降低垄内地温，为块茎膨大创造冷凉的土壤环境。

第二节 马铃薯常规栽培

29. 春马铃薯露地高产栽培技术要点有哪些?

（1）整地与施肥　马铃薯是不耐连作的作物，种植马铃薯的地块要选择3年内没有种过马铃薯和其他茄科作物的地块。马铃薯对连作反应很敏感，生产上一定要避免连作。马铃薯与水稻、玉米等作物轮作增产效果较好。马铃薯块茎膨大需要疏松肥沃的土壤，因此，轻质壤土最适于马铃薯种植，一般选择质地疏松、易灌易排地块。

深耕20～25厘米，冬季开好三沟，做好双行垄畦，畦宽95厘米，沟宽25厘米，深25厘米。播种前一次性施足底肥，结合整地将肥施在畦心。一般每亩施腐熟牛栏粪（或沼渣）1500～2000千克、三元复合肥15千克、硫酸钾15千克。

（2）种薯选择与处理　春马铃薯露地栽培（彩图11）应选择特早熟和早熟无病伤脱毒品种，如东农303、中薯2号、早大白（菜用型）、费乌瑞它、郑薯5号（出口型）、大西洋（加工型）等。上述品种一般亩产1500千克左右，高产可达2000～3000千克，齐苗后60～80天即可收获。注意不能用自留种，更不能用自行留种多年、品种老化、种性退化严重的本地种。种薯大小以50～100克为宜。播种前10～15天种薯还未通过休眠的要打破休眠，方法如下。

① 切块　将种薯从顶部纵切成块，每块有芽眼1～2个，切口要贴近芽眼。

② 浸种　即采用赤霉酸浸种，打破休眠促进发芽。浸种分整薯和切块两种。整薯可用10～20毫克/升的赤霉酸浸种30分钟；切块用5～10毫克/升的赤霉酸浸种10分钟。赤霉酸配制方法：先用少量酒精或白酒将其溶解后对水，1克赤霉酸配100千克水，即为10毫克/升。浸种前要用清水将切口处淀粉清洗干净，浸后捞出薯块放在阴凉处晾4～8小时，切不可在阳光下曝晒，以免烂种。赤霉酸液可重复浸种4～5次，但切忌浓度太大，以免造成苗期徒长。

③ 催芽　选用冷床、温室或塑料大棚均可。地面铺干净湿沙（以手捏成团、手松即散为宜）厚约10厘米，床宽1米，种薯块洗净晾干后均匀摊于苗床上，不使重叠，芽眼朝上，将沙土盖没薯块，照此放置2～3层，最后拍紧床面。催芽期间采用薄膜保温，

维持 25～28℃。保持沙土湿润、面沙不发白为好。芽长 1～2 厘米时，即可栽植。

（3）适时栽植

① 播种期　确定马铃薯播种适期的重要条件是生育期的温度。原则上要使马铃薯结薯盛期处于日平均温度 15～20℃条件下，而适于块茎持续生长的这段时期愈长，总重量也愈高。

马铃薯块茎在地面下 10 厘米深的温度达 7～8℃幼芽即可生长，10～12℃幼芽茁壮成长，并很快出土。因此，南方播种期可在 1～2 月上旬，如已大量发芽的种薯，宁稍晚而勿过早，确保在终霜后齐苗即可。如过早播种，植株易遭 3 月下旬和 4 月上旬的晚霜和倒春寒危害，导致茎叶冻死，造成减产；若播种过迟，植株营养生长期缩短，不利于块茎膨大，也达不到优质高产的目的。冬季从播种到齐苗约需 30 天。

② 播种　一般采用宽窄行种植，大行距 80 厘米、小行距 35～45 厘米，穴距 18～20 厘米，播种深度 7～9 厘米，每亩播种 5000～6000 株，播种时保持田间湿润。为防草害，可在播种覆土后每亩用 50％乙草胺乳油 75～100 毫升对水 40～50 千克，全田细喷雾。施药时要求土壤湿润，田面平整，以提高除草效果。

③ 覆盖　有条件的应进行单膜或采用地膜加小拱膜“双膜”覆盖栽培，大中薯率提高 10％～30％，并可提早上市 10～20 天。

（4）田间管理

① 查苗补苗　马铃薯出齐后，要及时进行查苗，有缺苗的及时补苗，以保证全苗。播种时将多余的薯块密植于田间地头，用来补苗。补苗时，缺穴中如有病烂薯，要先将病薯和其周围土挖掉再补苗。土壤干旱时，应挖穴浇水且结合施用少量肥料后栽苗，以减少缓苗时间，尽快恢复生长。如果没有备用苗，可从田间出苗的垄行间，选取多苗的穴，自其母薯块基部掰下多余的苗，进行移植补苗。

② 中耕培土　中耕松土，使结薯层土壤疏松通气，利于根系生长、匍匐茎伸长和块茎膨大。出苗前如土面板结，应进行松土，以利出苗。齐苗后及时进行第一次中耕，深度 8～10 厘米，并结合

除草。第一次中耕后10～15天，进行第二次中耕，宜稍浅。现蕾时，进行第三次中耕，比第二次中耕更浅。并结合培土，培土厚度不超过10厘米，以增厚结薯层，避免薯块外露，降低品质。

③ 肥水管理　出苗前一般不浇水，雨后土壤板结，应耙破土壳，保证通气。出苗后早追肥、早浇水、早松土。齐苗后追施促棵肥，每亩用尿素5千克对水浇施或用腐熟人粪尿浇施。春马铃薯发棵期应结合中耕浅培土，薯块膨大期结合清沟，中耕大培土，特别是“费乌瑞它”品种，注意用稻草覆盖，以防青头。同时，防止田间积水，否则块茎容易腐烂。

④ 合理化调　马铃薯施氮过多，易发生徒长，在现蕾期用15%多效唑可湿性粉剂15克，对水45千克喷施，或5%烯效唑可湿性粉剂30克对水50千克喷雾，可控制地上部徒长，多结薯块。盛花期喷施0.2%～0.3%磷酸二氢钾溶液50千克，可促进薯块膨大。

⑤ 防治病虫　马铃薯主要病害为晚疫病，在雨水偏多和植株花期前后发生严重，应及早用25%甲霜灵可湿性粉剂800倍液喷雾；主要虫害有蚜虫、蛴螬、大小地老虎、二十八星瓢虫等，蚜虫发生初期用2.5%溴氰菊酯乳油2500倍喷雾，蛴螬用90%晶体敌百虫500克加水溶解喷雾35千克细土上撒于沟内。

（5）收获　一般情况下，植株达到生理成熟期即可及时收获。生理成熟期的标志是大部分茎叶由绿变黄，块茎停止膨大，块茎容易从植株上脱落。实际上马铃薯的收获期并不严格，不像禾谷类作物那样必须等到生理成熟才能收获，而是可以根据栽培目的、品种成熟度、市场需求、经济效益情况而决定收获期。达到生理成熟期的马铃薯抗不良环境能力很差，遇到大雨浸泡会发生大量烂薯，不好贮藏。所以，马铃薯应在雨季到来之前尽早收获。

30. 秋马铃薯露地栽培技术要点有哪些?

（1）播种季节　秋马铃薯露地栽培（彩图12），播种不宜过早过迟。播种过早，温度高幼苗徒长而细弱，且由于多雨，极容易烂薯缺苗，病毒病和疮痂病严重；播种过迟，生育期受霜期限制而缩短，霜来了还未形成产量，因而总产量低。在湖南，宜于8月上、中旬用赤霉酸浸种，种薯摊放在阴凉的地方，8月下旬种植于大田。秋季马铃薯采用育苗移栽效果最好，9月上旬栽种到大田。

（2）品种选择　选用耐高温干旱、结薯早，块茎膨大快，产量高，商品性好，对光不敏感，休眠期短的品种。早熟品种有费乌瑞它，东农303；中迟熟品种有大西洋、克新4号和克新1号（紫花白）。

（3）种薯处理　8月上旬选择单个重30～50克，无病害、无虫伤和无机械损伤的小整薯，放入浓度为200毫克/升的赤霉酸药液中，浸泡30分钟，捞出置于室内阴凉处摊开，厚度不超过15厘米，上覆湿沙或湿草苫，10～15天可出全芽。

（4）播种方法　种薯切块播种易腐烂，严重的会造成绝收，故应选用经处理后，薯芽0.2厘米以上的单个小整薯播种，薯芽朝上。提倡浅开沟浅播种，培高垄，覆土8厘米以上。一般每亩栽5000～5500穴，行株距50厘米×25厘米。播后遮阴覆盖。可在5月中旬播种玉米，在玉米行间留马铃薯播种行，利用间作玉米遮阴避开高温，效益更佳。

（5）施足基肥　一般亩施腐熟禽畜肥1500千克左右、磷肥30～50千克、草木灰150～200千克，或45%硫酸钾型复合肥50千克，或专用复合肥50千克，开沟条施后覆土，注意种肥隔离。

（6）追肥抗旱　视其土壤湿度与苗情浇水或浸灌，保持湿润，浇水时可配合追肥。遇雨或浇水后及时中耕除草，看苗追肥和培土，一般情况每亩追施尿素15～20千克，旺长苗可适当少追或不追。对肥水过大造成徒长趋势的，可喷施0.1%的矮壮素溶液或50～100毫克/升的多效唑溶液。

31. 马铃薯秋延迟高产栽培技术要点有哪些?

马铃薯秋延迟栽培就是露地种植的马铃薯于早霜来临前，扣棚盖膜，使其免受早霜危害，充分利用晚秋光照条件，延长马铃薯的生育期，可以延迟到12月底收获，大大提高产量，并且此时正值深冬，各种蔬菜比较紧缺，马铃薯又是比较受欢迎的蔬菜，所以销量大、价格高。每亩可增产500～750千克，提高商品品质，获得高产高效。

（1）选地　选择土壤疏松微酸性，富含有机质，耕层深厚，易排灌的地块。前茬作物以麦类、玉米为好，蔬菜类前茬最好是葱、大蒜、芹菜，切记不能重茬和前茬是茄科作物的地块，以减少马铃薯的病害和缺素症。

（2）种薯处理

① 选种　要求种薯具有本品种特性，30～50克脱毒小整薯，无畸形、病烂。整薯播种有抗旱、苗全苗壮、充分发挥种薯的顶端优势，获得高产，减少病害传播等优点。

② 催芽　一般在播种前30～40天进行催芽，可以在室内或温室大棚进行，地面先铺1层湿河沙，沙上摆放2～3层种薯，种薯上盖1层湿沙，沙的湿度以手握成团、撒手即散为标准，温度保持15℃左右。芽长1～2厘米左右即可播种。

（3）播种

① 施肥整地　播种前结合耕地施用基肥，亩施充分腐熟的有机肥3000千克，复合肥50千克、硫酸钾25千克、硼砂1.5千克、硫酸锌1.5千克、辛硫磷1千克。干旱时应浇水保墒，保证出苗前用水，土壤整平耙细，以利于播种。

② 播种时间　立秋后一周左右，如果气温仍然很高，则推迟几天播种，播种过早，气温、地温太高，易造成烂种、死苗，且虫害严重，出苗不齐；播种过晚，有效生育期缩短，影响产量。

③ 合理密植　定植密度与土壤条件和水肥条件密切相关，一般土壤条件好、水肥条件高的地块，可适当增加密度，反之则适当降低密度，一般每亩应在5000株左右。每亩低于4500株则容易产生比例较大的大薯，而且大薯容易空心。

④ 播种　要平地开浅沟播种，然后覆土起垄，使种薯处于垄的中上部，减少垄沟积水对种薯的浸渍，起垄有利于浇水降温或排涝。覆土不宜过厚，深度为8～10厘米，使马铃薯尽快出苗。播种后将垄整光滑保墒，喷施除草剂乙草胺。

（4）田间管理

① 浇水培土　在现蕾期进行第一次中耕，并结合除草培土，要求高培土，防止马铃薯出现绿头现象，彻底拔除病株和杂株，进行第一次浇水。在开花期植株封垄前完成培土，并根据降雨情况在盛花期浇第二次水，促进植株提早进入结薯期，稳定地供给马铃薯生长所需的水分养分是保证马铃薯高产和高效的重要措施，否则很容易造成空心和二次生长。生育期如果下大雨应及时排水，并且立即松土锄草，使土壤疏松透气。收获前一周停止浇水。

② 扣膜时间　在早霜降来临前，白天气温低于15℃，夜间低于7℃时扣膜。为了抵御大雪和大风，一般采用钢管结构，棚膜选用一般农膜。

③ 控温通风　根据天气变化情况适当通风，当白天棚外温度高于20℃、夜间高于10℃时，要昼夜通风，保持棚内白天20～25℃、夜间10～15℃。当棚外白天温度15℃左右、夜间7℃左右时，夜间不通风，以避免冻害。若棚内湿度大时，白天及时通风。

（5）采收　出苗后100天左右，根据商品薯大小要求及天气情况，适时采收。要求晴天收获，薯块稍晾干后，捡除病、虫、烂、畸形、青、开裂薯块，再分级包装。

32. 马铃薯高山栽培技术要点有哪些?

（1）栽培季节　马铃薯喜冷凉，怕炎热天气，高山气候非常适合其生长，因而栽培季节长，应根据市场情况来安排其播种期。高山栽培主要有春马铃薯和秋马铃薯两种栽培形式。春马铃薯又有两个栽培季节：一是生长期在3～7月份，即3～4月份播种马铃薯，6～7月份收获；二是生长期在11月至翌年5月下旬，即播种期在11～12月份，翌年5～6月份收获。而秋马铃薯的栽培期在8～11月份，即8月上中旬播种，10～11月份采收上市。

（2）品种选择　可选用克新4号、费乌瑞它、东农303、克新0号、中薯3号、中薯2号、郑薯5号和郑薯6号等品种。

（3）种薯处理　选择块茎肥大、表皮光滑、芽眼明显和健壮无病虫害的种薯，每亩约需种薯150千克。定植前，将种薯进行分拣，已发芽的种薯，在切薯后可进行栽植。未萌发的种薯，切薯后需进行催芽后再种植。

① 种薯切块 一般每千克种薯可切成 40～50 块，每块种薯重 20～25 克，带有 3 个左右的芽眼。切薯时刀要消毒，刀口要锋利，切面要平滑；刀口要尽量靠近芽眼，而又不伤芽眼，以利于提早出苗。切好的薯块要沾以用石灰粉和草木灰按对半比例混合而成的“黑白粉”，进行消毒。也可用浓度为 0.2%的多菌灵或百菌清溶液，对薯块喷洒消毒，喷湿即可。然后栽植。

② 催芽 播种前 15～20 天催芽，可在室内干燥通风处进行，用清洁的河沙或湿润疏松的细土做催芽床，一层种薯，一层湿沙或细土，厚度约 3 厘米。一般铺放 2～3 层，最上层用细土或河沙盖没种薯。然后用稻草覆盖保暖。经常检查沙土的湿度，过干时可喷水以保持堆内的湿润度，但底部不能积水。待 7～8 天后，大部分种薯已萌发出芽，当芽长 1 厘米左右时，揭去稻草见光，使芽体转绿粗壮后播种。

（4）整地与栽植 种植马铃薯的田块，最好选择前作未种过茄果类、薯芋类作物的地块，以土层肥沃疏松、排灌方便的沙壤土地块为佳。在选好的地块上施足基肥，每亩施入充分腐熟的农家肥 2500～3000 千克。施肥后进行翻耕整地与做畦，畦宽（包沟）1.3 米左右。栽植规格为：春播行距 40～50 厘米，株距 20～25 厘米；秋播行距 35～45 厘米，株距 20～25 厘米。

栽植时，按上述规格先开好栽植沟，沟深 10 厘米，于栽植沟内浇入粪水后，按株距芽眼向上地摆放好种薯。然后，每亩用 150 千克生物有机肥加 30～40 千克复合肥所混合的肥料，施于每行的两个种薯之间，不要沾靠种薯。覆土后整平畦面。再用芽前除草剂如 96%精异丙甲草胺等进行畦面喷施，防除杂草。秋栽马铃薯还可在畦面上用遮阳网进行浮面覆盖，实行降温保湿，待出苗后及时撤去。

（5）田间管理

① 追肥管理 高山马铃薯栽培多选用早、中熟品种栽培，生育期短，生物产量较大，需肥量也大，应施足基肥，并注意及时追肥。在出齐苗后，要尽早追施提苗肥，每亩用人粪、尿肥水 300～

400千克，或尿素10千克进行浇施。进入发棵中期（即将现蕾时），结合培土每亩施复合肥15～20千克。结薯期还应追施1次肥，每亩用复合肥15千克进行浇施。

② 水分管理　要保持土壤湿润，以促进植株生长。在幼苗期，土壤湿度以田间持水量的50%～60%为宜。在结薯期，土壤含水量应达到80%～85%。如果结薯期土壤水分不匀、水分时高时低等，则容易导致薯块畸形生长。高山区春季雨水较多，应做好清沟排水工作。夏、秋季土壤较干时，应及时灌水保湿。马铃薯收获前，应停止浇水。

③ 中耕除草与摘蕾　没有喷施除草剂的田块，前期要中耕1～2次，以轻锄为主，促进发芽出苗。中后期中耕主要是除草和培土，防止薯块外露转绿。在出苗约一个月后，马铃薯即进入块茎膨大与开花的旺盛时期，要及时摘除花蕾。

④ 控苗　如果植株生长过旺时，可用15%多效唑可湿性粉剂50～100毫克/升溶液，在初花期喷雾，能抑制地上部分生长，促进块茎的膨大，提高产量。

（6）采收　块茎膨大成熟后，通常表现为植株枯黄，可及时采收。选择晴天土壤干爽时采收，先割去植株，然后挖掘收薯。

第三节　马铃薯栽培新技术

33. 冬闲稻田免耕覆草春马铃薯栽培技术要点有哪些？

马铃薯稻田免耕覆草栽培技术，简称马铃薯免耕栽培技术，是根据马铃薯在温湿度适宜条件下只要将植株基部遮光就能结薯的原理，在晚稻等前作收获后，未经翻耕犁耙，直接开沟成畦，将薯种摆放在畦面上，用稻草等全程覆盖（彩图13），配套适当的施肥与管理措施，收获时将稻草扒开，在地上捡薯的一项轻型高产栽培技术。

用此法种出的马铃薯薯块整齐、表面光滑、薯块鲜嫩、破损率低、商品性好（彩图 14），不仅解决了稻草还田的难题还避免了焚烧稻草带来的环境污染，而且简便易行，省工省力，同时免除了用药防治地下害虫的隐患，改善了马铃薯的品质，显著提高了经济、社会、生态效益。

（1）选用良种　要根据当地生产条件和市场需求，选择适销对路的高产优质、抗逆性强、适应当地栽培条件、商品性好、生育期适中的各类专用品种。可使用优质脱毒一级、二级种薯，避免使用带病种薯和商品薯做种薯，而且要选择休眠期已过的种薯。以中、早熟品种为好。适合湖南省作稻田免耕栽培的高产马铃薯品种有大西洋、费乌瑞它、东农 303 和克新 4 号等。

（2）免耕整畦　选择地势较高、耕层深厚、土壤肥沃、质地疏松、排水良好、富含有机质的带沙性的中性或微酸性的冬闲稻田。为有利于高质量的摆种，水稻收割时稻桩不宜过高（不宜超过 12 厘米），以齐泥留桩为好。开好“三沟”（围沟、主沟、厢沟），做到排水畅通，雨住田干。播前先划畦开沟，可用拖拉机或牛按沟宽 20～30 厘米，沟深 20 厘米，畦宽 1.4～1.6 米的规格，犁松排灌沟，畦面宽度可根据土质、排水情况而定，土质疏松、排灌良好的田块可宽些。开沟时挖出的泥土要均匀铺于畦面填平低洼处，将畦面整成龟背形，以利沥水、爽土、防渍。免耕畦面如有杂草，应人工铲除，不可施用除草剂。

（3）种薯处理

① 种薯消毒　一般按每亩大田用种 150～200 千克提前准备好种薯。为防止种薯带菌传播病害，播前要认真做好种薯消毒。一般用 0.3%～0.5%的甲醛浸泡 20～30 分钟，取出后用塑料袋或密闭容器密封 6 小时左右；或用 0.5%硫酸铜溶液浸泡 2 小时进行消毒；也可以选用 50%多菌灵可湿性粉剂 500 倍液，或 72%霜脲·锰锌可溶性粉剂 100 克，或 37.5%氢氧化铜悬浮剂 100 毫升，或 72%硫酸链霉素可溶性粉剂 20 克等药剂，对水 50 千克浸种 15～22 分钟。

② 种薯切块　播前切块，每块重 20～30 克，每个切块上保留

1～2个健壮芽苗或芽眼，切口距芽眼1厘米以上，种块不能太薄。切块时每人准备2把切刀、2块切板，切种薯用的刀具一定要锋利、干净，绝对不能带油腻，切刀、切板可置于0.5%肥皂水溶液中浸泡，使用前用清水冲洗干净。每使用10分钟后或在切到病、烂薯时，轮换1次；或每使用10分钟后或在切到病、烂薯时，用5%高锰酸钾溶液浸泡1～2分钟，或用75%酒精擦洗消毒。特别是遇病、烂薯时应将其弃除，并马上更换切刀和切板。

试验证明，马铃薯的尾芽成株后，产量仅是顶芽或侧芽成株苗的1/3，因此在切种薯时应对尾芽弃除不用。

③ 切块消毒　种薯切块后立即用含霜脲·锰锌（约为种薯重量的0.1%）、甲基硫菌灵（约为种薯重量的0.3%）、多菌灵（约为种薯重量的0.3%）、新植霉素（约为种薯重量的0.01%）的中性石膏粉或双飞粉拌种消毒（消毒药剂可以单用，也可以选择2～3种混用），并摊开晾干，使伤口愈合。也可采取在种薯切面沾上草木灰，或放置两天待切面伤口干后再栽植。

④ 种薯催芽　将已过休眠期或接近结束休眠期且经过消毒、切块的种薯，放在垫有干净细土或稻草的室内黑暗处进行催芽，不要堆放过厚，以10～15厘米厚为宜，上面盖稻草等遮光。催芽要在室内干燥、通风处进行。当大部分种薯的芽长至0.5～1厘米时，揭开稻草将种薯暴露在散射光下炼芽，使芽变成紫色。催好芽后，根据种薯芽的长短、粗壮程度进行分级带芽播种。在催芽过程中淘汰病、烂薯和纤细芽薯。催芽时要避免阳光直射、雨淋和霜冻等。

（4）施足基肥　马铃薯免耕覆盖栽培全生育期较短，在生长前期和中期需肥量较大，应重施基肥。一般每亩可施三元复合肥60千克（含盖种用肥，下同），有条件的也可施农家肥2500～3000千克、磷肥50千克、钾肥15千克（或草木灰100～200千克），将肥料充分混合拌匀后施用。开沟后将沟土打碎整好畦面，复合肥、农家肥要均匀施在栽植行之间。有条件的最好进行配方施肥。

（5）适时播种　春马铃薯当外界温度稳定在5℃以上即可播种，湖南省冬闲免耕覆盖栽培马铃薯，适宜播种期为立春前后，条件允许的地方，适当提前播种，可提早鲜薯上市的时间，有利于增加种植效益。春马铃薯可采取地膜覆盖方式，争取适时早播，提早上市。最好上市时间为 5 月 1 日前后。播种前，要做好种薯挑选，最好选用 20～25 克的小薯播种。据试验，小整薯播种比大中薯切块播种能增产 15％～27.4％。

播种方法：将经过处理的种薯直接摆放在整理好的畦面上，每畦种 4～5 行，畦边留 20 厘米，并严格按行距 25～30 厘米、株距 20～25 厘米，在肥料两旁按"品"字形摆放，密度为每亩 5500～6500 株，可根据品种特性与土壤肥力水平决定，长势旺盛、肥力水平高的要适当稀植。播种时将种薯稍微用力向下压一下，芽眼向下，与土壤充分接触，也可在种薯上盖一些细土，以利尽快发芽扎根。应注意种薯摆放在两行肥料之间，绝不能与化学肥料接触，以防烂种。可一行肥料摆两行种薯，也可一行肥料摆一行种薯或两行肥料摆一行种薯。

（6）覆盖稻草　播种后每亩用灰肥（草木灰、焦泥灰）拌腐熟的猪粪 1500 千克盖种，以盖没种薯为度，再在畦面撒施复合肥 30～40 千克，然后，整齐覆盖 8～10 厘米厚稻草。注意机械收获的杂乱稻草不能作为覆盖物，否则会导致马铃薯无法出苗，或出苗效益差（彩图 15），稻草应与畦面垂直，按草尖对草尖的方法均匀覆盖整个畦面，随手放下，不压紧，不提松，不留空隙，以防止杂草生长。栽培 1 亩马铃薯需 2 亩左右稻田的稻草。稻草覆盖要均匀，并盖到畦边两侧。稻草覆盖好后要再进行一次清沟，用沟中清理出来的泥土在稻草上压若干个点，以保护覆盖物，防止种薯外露。但要防止压泥过多。播种后若遇天旱，要用水浇淋稻草保湿；如遇大风要用树枝压住稻草，以免被大风吹走。

如果没有稻草或稻草不足的，也可以使用甘蔗叶、玉米秆、木薯皮等覆盖或加盖黑地膜。湖南省益阳市赫山区农民利用当地资源稻壳（彩图 16）代替稻草覆盖栽培春马铃薯效果好，出苗率高。因此，各地在无稻草的情况下，可利用当地资源代替稻草进行覆盖栽培。

（7）田间管理

① 清沟引苗　播种后及时清理排灌沟，将清理出来的沟土直

接压在稻草上。如果稻草交错缠绕，有时会出现“卡苗”现象，应进行人工引苗。

② 水分管理　利用稻草覆盖种植马铃薯，在马铃薯生长发育期间，必须保证有足够的水分，整个生长期土壤含水量应保持在最大持水量的60%～80%，以湿润灌溉为主。一般情况下出苗前不宜灌溉。块茎形成期及时适量浇水。由于新稻草吸收水分少，吸收速度慢，而且容易干燥，使薯苗受旱，现蕾以后地上部蒸腾旺盛，地下茎生长也极迅速，这时需水量也多，应采用小水顺畦沟灌，使土壤经常保持湿润状态，降低土温，有利于块茎膨大，同时也有利于加快稻草的腐烂。

干旱时，应采取小水顺畦沟灌，不能浸泡到种薯，使水分慢慢渗入畦内，不可用大水漫灌，并及时排水落干，以免造成畦面土壤板结，土壤中缺乏空气，妨碍根系生长，并易受晚疫病危害。

在多雨季节或低洼地方，应注意防涝，要及时清理排水沟，做好排渍工作。春季雨水较多，加之板田水分渗透性差，因此田间管理的重点是要抓好水的管理，及时做好清沟排水工作，严防田间积水，造成渍害。马铃薯生长前期发生渍害，易导致种薯腐烂和烂根死苗；中后期发生渍害，会影响马铃薯的正常生长和块茎的形成和膨大。

收获前7～10天停止灌水。

③ 追肥管理　农家肥、氮肥、钾肥、磷肥全部在播种时一次性施足。生长前期可施1～2次肥水，生长中后期脱肥的可用150克磷酸二氢钾或250克的尿素对清水50千克进行2～3次叶面喷施。

在施足底肥的情况下，从展叶起，每10天用0.1%硫酸镁、0.3%磷酸二氢钾、1000倍三十烷醇混合液喷叶片1次，连喷3～5次，能显著提高产量。

④ 控制徒长　马铃薯稻草覆盖栽培，因根系入土浅，薯块也长在地表，无附着力，故植株主茎支撑能力弱，极易发生倒伏。因此，中后期要注意严格控制氮肥的施用量，防止地上部分生长过旺。对于栽种密度偏高、品种长势旺盛、土壤肥力水平高的田块，

可以喷施多效唑或烯效唑等植物生长调节剂抑制地上部分旺长。

马铃薯使用多效唑，应在马铃薯进入盛薯期时，每亩用15%多效唑可湿性粉剂50克，对水60～70千克，均匀地喷施于马铃薯的叶面上。马铃薯喷施多效唑要适时均匀，浓度不宜过高也不宜过低，同时不可与碱性物质混用。

若使用烯效唑，宜于初花期喷施，浓度为60克/升，能有效抑制地上部分的生长，降低株高、增加茎粗，促进地上部光合产物向地下部的分配和转移，提高商品薯率。

⑤ 去花蕾（彩图17） 马铃薯可供利用的部分是地下的块茎。它并不需要开花授粉，且孕蕾开花要消耗大量的养分。要想获得高产，必须见花蕾就掐去，以节省养分促进块茎的生长。

⑥ 视情盖膜 也可在稻草上覆盖地膜（彩图18），覆盖地膜能增加地温，防止稻草被风吹散。黑色地膜防止杂草的效果更好。盖地膜后可将沟再修光1次，并将光沟时产生的泥土用来镇压地膜，千万要做到地膜不被风吹起。但覆盖地膜的，应在马铃薯苗长到5厘米左右时，及时破膜放苗，否则膜内高温高湿，易使苗徒长，影响植株健康，放苗时在出苗口放点泥土压住地膜，防止地膜被风吹起。

⑦ 预防霜冻 合理选择抗霜冻品种和种植时间，通过调整播种期，尽量避开霜冻危害。生长期间出现霜冻天气，应在上风位置堆火烟熏防霜冻，并注意浇水，保持土壤湿润。也可以通过施用抗冻剂或复合生物菌肥以及覆盖农膜等来减轻霜冻危害。

⑧ 病虫害防治 马铃薯田容易侵染晚疫病，在出苗率达到95%时，要及时喷施70%代森锰锌可湿性粉剂等保护性药剂进行预防。当田间出现晚疫病中心病株时，要及时施用68.75%氟菌·霜霉威、72%霜脲·锰锌或52.5%恶唑·霜脲氰等治疗性药剂进行防治，每隔7～10天喷1次，连续4～5次。田间若发现马铃薯叶片萎蔫、卷叶、皱缩花叶，应及时将病株拔除，并带出田块及时烧毁，防止病原传播。

（8）适时收获 一般在5月份，当马铃薯茎叶呈黄色时，标志薯块成熟，即可分期、分批收获。收获过早，产量不高，食味不佳；收获过迟，易受高温影响，疫病蔓延，烂薯多，同时，因为稻草进一步腐烂，使马铃薯外露形成“绿薯”，品质变劣，商品性差。小面积种植的，可先收获大薯，把小薯留下，用稻草覆盖起来让其继续长大。稻草覆盖栽培马铃薯，有70%的薯块生长在地面上，块茎很少入土，收获时只要将覆盖的稻草翻开，收捡薯块即可，可随翻随捡。稻田免耕栽培收获的马铃薯，其薯块表皮光滑、薯形圆整、干净无泥、大小一致、破损率低。

春薯收获时气温较高，应选择晴天早、晚进行，使薯块清洁，耐贮藏。收获时先割去茎叶，如有晚疫病的茎叶应割下移出地块及时烧毁，清洁薯地，以免污染薯块。薯块拣取后，随即收集运到阴暗通风场所，薄摊晾干。在装运过程中，应尽量减少损伤，保持薯皮完整。覆盖在畦面上的稻草，经过一个生长季节的日晒雨淋，大部分腐烂，可直接翻入稻田做肥料。对少数未腐烂的稻草，则可收集起来堆放在田头地角制作堆肥，供下季作物利用。

34. 二作区秋马铃薯稻草覆盖栽培技术要点有哪些?

种植秋马铃薯是二季作地区为了防止种性退化，解决就地繁种留种问题所采用的一种耕作制度。在秋薯播种期间，正是二季作地区高温多雨季节，所以，栽培技术也与春播马铃薯有所不同。

（1）选用良种　稻草覆盖秋播马铃薯应选用东农303、中薯2号、克新4号等薯块膨大快、结薯早、产量高、较耐高温干旱、经济效益较好的品种。

（2）浸种催芽　秋马铃薯生产容易发生环腐病和青枯病等造成烂薯死苗，所以一般提倡采用小整薯播种。如选用当年春播收获的马铃薯做种薯的，在播种前7～10天应选用浓度为3～5毫克/千克的赤霉酸液浸种0.5～1小时，取出晾干后再进行催芽。催芽必须选择在地势较高，通风凉爽，没有阳光直射的地方进行，苗床的标准是宽1米、高0.2米，长度根据种薯多少而定。将苗床整平后先在地面铺上3～4厘米厚的湿沙，再在湿沙上铺上种薯（每块薯重20～25克）并铺第二层湿沙。如此铺2～3层种薯和沙（最上面一层湿沙厚4～5厘米）后再盖上草帘。如遇到下雨要用薄膜盖严，防止雨水进入苗床。经过6～7天种薯就能发芽，然后根据芽的长短，粗壮程度进行分级播种。

（3）播种覆草　稻田免耕覆盖种植秋马铃薯一般在8月底至9月初播种。播种过早，前期遇到高温，烂种缺苗较为严重，对产量影响很大；播种过迟则在生长后期易碰到低温早霜的危害，造成营养生长期缩短，也不利于块茎膨大和高产。播种时稻田要整平、开沟、整畦，一般畦宽（连沟）1.6～1.8米，沟深0.15～0.2米，并将开沟挖起来的泥土敲碎均匀地铺在畦面上，使畦面呈弓背形，以利于排水。如果土壤过分干燥，还要灌水使土壤湿润。于次日上午9时前，趁土温凉爽时进行播种，阴天则可全天播种。播种时将种薯直接摆放在畦面，稍压实，并在种薯上盖些细土，使之与土壤充分接触，促使早发根，早出苗。播后将栏肥和复合肥施于行间，再盖上8～10厘米厚的新鲜干稻草。

（4）合理密植　稻草覆盖种植的秋马铃薯，生育期较短，单株结薯数较少，因此，必须适当提高播种密度。一般行距40～50厘米、株距15～20厘米为佳，每亩种植5500～6500株为好。

（5）施足基肥　稻草覆盖种植秋马铃薯，由于出苗后不再中耕追肥，所以播种时必须一次性施足基肥。一般每亩施优质农家肥1000～1500千克，腐熟人粪尿肥500～700千克，三元复合肥50～60千克。农家肥可撒施在畦面上，也可作盖种肥，而复合肥则应施在离种薯7～8厘米的行间，不能直接与种薯接触，以防伤苗。农家肥一般作为盖种肥，集中施用增产效果较好。有机肥一定要充分腐熟，否则在高温下不腐熟的有机肥易发酵发热而烧伤幼苗造成缺苗。

（6）加强管理　秋马铃薯出苗后必须及时做好抗旱保苗工作，遇到严重干旱时必须浇水或灌跑马水；遇到暴雨要及时清沟排水，以防渍害。

在生长期内一般不需中耕除草，也不必追肥。在生长后期如发现有叶片早衰的植株，需用0.2%磷酸二氢钾和0.5%尿素液进行1～2次根外喷施。秋播马铃薯因生长期间温度较高，容易发生蚜虫和病毒病危害，必须勤检查、细防治。

（7）及时收获　秋马铃薯应在初霜来临前收获，若收获过早，块茎尚未充分膨大，将会严重影响产量。但种用薯必须适时早收获，若收获过迟，种薯易受冻，失去种用价值。

35. 春马铃薯速生栽培技术要点有哪些?

（1）种薯育苗

① 精选种薯　选择符合本品种特征的幼龄薯、壮龄薯作种薯，将老龄薯、畸形薯、病薯、虫薯剔除不用。单个种薯以 20～40 克为好。如果单个种薯过大超过 50 克，应切块至 25～30 克。

② 打破休眠　种薯为上年秋薯，必须用赤霉酸打破休眠。春季气温较低，使用赤霉酸浓度应高一些，浸泡时间应长一点。150～200 千克未切块的种薯需要用赤霉酸 2 克兑水 100 千克，浸泡 20 分钟。

③ 播种育苗　按每亩大田需种薯 150～200 千克、需苗床 20～30 平方米。马铃薯露地春播时间为 2 月上中旬。将经过赤霉酸处理过的种薯条播在大棚内苗床上。条播时芽眼向上，紧密有序地摆放，然后用等量的多菌灵和吡虫啉 500～1000 倍液泼浇在种薯上，起浇水和消毒的作用。最后均匀撒上干细土，厚度为 1～2 厘米，盖上地膜，四周压实。

④ 苗床管理　每天检查苗床墒情，视墒情中午浇小水，待 70%芽长出地面，揭去地膜，让芽充分见光变绿长粗。当芽长到 3 厘米时，即可定植大田。

（2）选地作畦

① 选择大田　马铃薯食用部分是地下块茎，且根系分布浅，所以对土壤要求特别严格。栽培大田应选择富含有机质、肥力较高、土层深厚、微酸性的沙质壤土。

② 配方施肥　以中等肥力土壤每亩生产鲜薯 2 吨计算，春播马铃薯需每亩全田撒施优质有机肥 1000 千克，尿素 24 千克，过磷酸钙 35 千克，硫酸钾 40 千克，锌、镁、锰微肥各 1 千克作底肥。

③ 整地作畦　前茬收获后，及时深翻 30 厘米，晒田、耙碎，平整，然后开厢作畦。畦宽 120 厘米（包沟），畦沟深 25 厘米、宽

25 厘米。要求土块细碎，畦平沟直。

（3）适时定植　春播马铃薯露地定植时间为 2 月下旬至 3 月上旬，要求马铃薯芽长 3 厘米以上，茎深绿粗壮。每畦栽植 2 行，内行距 35 厘米，株距 25 厘米，定植密度以每亩 4500 穴（株）为宜。

定植前 4 小时苗床浇透水，起苗时，带种薯，尽量少伤根系，每个种薯选留 1 个粗壮芽，其余的全部抹去，并且按芽的长短进行分类。定植时以种薯上覆土 5～6 厘米为宜。如果将芽露地地面，虽有利于马铃薯植株快速生长，但应随着芽的生长增加培土 1～2 次。定植后浇定根水，畦面覆盖谷壳或稻草，以利于保湿增温增肥。

（4）田间管理

① 除萌定苗　马铃薯定植后，由于薯块有芽眼 10 个左右，部分种薯还会长出 2～3 个芽，为结大薯，应于齐苗后 10 天内，选择最粗壮的 1 株定苗，其余的弱小芽从种薯基部拔除。

② 培土除草　马铃薯整个生育期培土 2 次，第一次在齐苗后 5～10 天，苗高 15～20 厘米时重培土，厚度为 5～7 厘米，畦面不留空白；第二次在封行前进行，重点是对第一次培土厚度不够的部位或被雨水冲刷的部位补土。培土应尽量避免泥土盖住叶片或伤害茎秆。

③ 巧施追肥　马铃薯追肥在齐苗后至开花初期进行，共 3 次。第一次在齐苗时，每亩追尿素 5～10 千克；第二次结合培土在畦中间沟施硫酸钾型复合肥 15～20 千克；第三次在开花初期结合防病喷施 0.3%磷酸二氢钾 1 千克。

④ 注意排水　马铃薯要求田间持水量 60%～80%。长江流域春雨较多，基本能满足马铃薯的生长需要。水分管理的重点是开好厢沟、腰沟、围沟，避免积水，做到能排能灌。如果春雨较少，土壤过于干旱，采用沟灌方式，灌水高度不应超过 1/2 畦高，保留时间最长 1 小时。

⑤ 摘除花蕾　马铃薯不进行摘心和打杈，但对于长出的花蕾应及时摘去，以免消耗养分。

⑥ 控制徒长　马铃薯氮肥过量易徒长，在发棵中期和现蕾期，

喷施0.1%矮壮素或50～100毫克/千克多效唑，既可抑制植株徒长，又可促进块茎增大。

（5）病虫害防治　马铃薯病害主要有晚疫病、环腐病和病毒病等。病害要以预防为主，在晚疫病发病初期可用68.75%氟菌·霜霉威悬浮剂500倍液和58%甲霜·锰锌可湿性粉剂500倍液交替喷雾2～3次防治。环腐病可用硫酸链霉素4000倍液和77%氢氧化铜可湿性粉剂500倍液交替喷雾2～3次防治。病毒病主要是杀灭病毒传播媒介蚜虫。虫害主要有蚜虫和地老虎等，可用黄板和频振式杀虫灯进行诱杀。

（6）及时采收　露地春播马铃薯在4月下旬就可以根据市场行情随时采收，上市期1个月左右。如果贮藏，应选晴天或多云天气收获，避免雨天采收。采收后在通风处散射光下晾干，15～20天后方可入窖贮藏。

36. 马铃薯抱窝栽培技术要点有哪些?

马铃薯“抱窝”栽培，即利用马铃薯的腋芽在适合的土壤条件下都有可能转化成匍匐茎、膨大结薯的特性，在栽培技术上采用小整薯育苗移栽或是培育大芽（短而粗壮的芽）直播，深栽种、浅盖土，出苗后及时浇水，多次培土，适时晚收获。这种栽培法增厚了马铃薯结薯层次，使匍匐茎及块茎数目增多，大中薯率提高，比一般切块直播的产量增加1倍以上。抱窝栽培主要是从栽培措施上创造有利条件，充分发挥单株增产潜力，促使多层结薯，达到单株增产，进而保证群体高产。

（1）精选种薯　选用增产潜力大、退化轻、生活力旺盛、健康的中熟或中晚熟高产种薯。最好采用脱毒种薯。

（2）培育壮芽　种植有三种方式，即育苗移栽、短壮芽直播和育大芽移栽。

① 培育冬前短壮芽　种薯收获精选后，立即放在阴凉通风的室内，下垫木板或秸秆等物，种薯平铺2～3层，经常翻动，接受阳光散射，注意不要碰坏幼芽。育芽初期（8～9月），保持室温20℃左右，进行通风透光处理。种薯数量较少时，可以在出芽后，

选留上部壮芽 3～4 个，其余用小刀挖掉，使养分集中供应顶端壮芽，充分发挥顶端优势。

② 培育早春短壮芽　由于冬前芽培育的时间较长，工序复杂，推广过程中，经过改进简化成为在早春培育短壮芽，一般叫早春芽。即在早春播种前 2 个月左右，取出种薯，先在 15℃左右的地方捂出小芽，出芽后再进行散光照射，经常轻轻翻动，使种薯受光均匀、发芽整齐，使所有的种薯都能催出短壮芽。现在各地应用的都是这种早春短壮芽。

短壮芽早期分化根点，播种后接触到湿润的土壤，会很快伸长、发育成根系，吸收水分和养分，这是培育壮苗的基础。壮苗节间短而节多，经过多次培土，能够形成较多的匍匐茎，达到多层结薯。

③ 苗床（冷床）育大芽　在城市郊区的菜区，可以利用苗床培育出带有根系的白色大芽（3 厘米左右），提早移栽，也可获得与短壮芽直播抱窝相似的增产效果。方法是：先将整薯育出小芽或培育成短壮芽后，在移栽前 15～20 天，将苗床土均匀拌粪，踩平床面，浇透底水。水渗后摆 1 层种薯，芽朝上，覆土 3 厘米左右。然后盖上玻璃或塑料薄膜，晚间加盖草帘防寒，白天保持床温 15℃左右。育芽中、后期，根据外界气温变化，揭盖玻璃，调节床温，最高不要超过 25℃。幼芽刚拱土未露出土面时，仔细扒出种薯，避免伤根，带芽移栽露地。

④ 育苗移栽的育苗方法　冬前选择背风向阳的地方，挖好苗床，避风防寒。床面盖上玻璃或塑料薄膜烤床，提高床内土温。苗床结构与蔬菜育苗床相同。定植前 20～30 天，开始育苗，将已育好短壮芽的整薯，芽朝上立摆床内。摆薯时要求上齐下不齐，使幼苗生长一致。薯间隔 4～5 厘米，四周填土后，覆土厚 3 厘米左右，埋过短壮芽即可。苗床管理方法同育大芽。幼苗出土后，白天开始放风，防止徒长，要求培育出健壮的矮壮苗，苗高 6～9 厘米，具有 5～6 片绿色小叶片最好。定植前 7 天左右，撤去玻璃，锻炼幼苗，为提早定植做好准备。

（3）及时早播种　抱窝马铃薯由于提前培育短壮芽或育大苗，

或育出短壮苗，应早播或移栽，增加生育日数，获得高产。适时早播有两种情况，如育苗移栽，应在当地晚霜过后；如播种有短壮芽的种薯，其播种期应在幼苗出土后、不致遭受晚霜危害的前提下，尽量争取早播。合理密植，充分发挥单株增产潜力，协调好个体与群体的生长，达到群体高产。一般中熟品种的密度控制在每亩4000～4500株。

（4）深栽浅播　最好在定植前一周左右，在田间垄上开13～17厘米深沟晒土，以提高地温。栽植时勿伤根、伤芽、伤苗，最好有底水保证育苗移栽和大芽移栽的成活率，覆土厚度3厘米左右，切岂大水漫灌和覆土太厚。抱窝马铃薯由于早播早栽，必须加强管理，早春地温较低，出苗后，要及时中耕，疏松土壤，提高地温，促根壮苗。

（5）多次培土　植株开始生长时，结合中耕进行第一次培土，厚3厘米左右；隔7～15天，第二次培土厚6厘米左右；再隔7～15天，第三天培土，厚10厘米左右。培土时如土壤干旱，应先浇水、后培土，使垄内有适宜的湿度，促进匍匐茎的形成，在封垄前必须完成最后一次培土。

（6）及时浇水　马铃薯茎叶含水分85％以上，块茎含水分75％以上，任何生育阶段缺水都会影响马铃薯的产量，特别在块茎膨大期，保证水分供给，可成倍增产。在生育前期，如土壤不旱时，可加强中耕培土，控制浇水，有利于根系发育，且可避免植株徒长。进入结薯期后，植株不能缺水，根据天气情况，约5～7天浇水1次。收获前10天停止浇水，以利于薯皮木栓化和收获。抱窝栽培可适当晚收。

37. 马铃薯微型薯生产栽培技术要点有哪些?

微型薯的生产一般采用无土栽培的形式在防蚜温室、防蚜网室中进行，选用的防蚜网纱要在40目以上才能达到防蚜效果。目前多数采用基质栽培，也有采用喷雾栽培、营养液栽培的形式生产微型薯的，但并不普遍。

（1）防虫温网棚建造　选择背风、排水良好沙壤土地。大棚跨度9米，棚架管间距1.5米。温网棚采用双层覆盖，内层为0.08毫米聚乙烯无滴薄膜，外层为40目尼龙网纱。温网棚具有保温、防雨、防虫功能。温网棚建造规模不宜太大或太小，以1亩为宜。使用钢管架52片，入口处要有缓冲间，进出随手关门，防止虫源的侵入。

温网棚搭建好后，整平棚内土地，即可用砖垒砌苗床。苗床埂用砖砌，苗床深10～15厘米，在温网棚中间沿棚长方向平铺砖作为小道，苗床宽2.0米，温网棚内还需配套3立方米晒水池1个，微型水泵1台，喷头1只，胶管80米，20千克喷壶1只，50千克溶肥桶1个，洗苗用塑料大盆2个。

（2）栽培基质铺覆　在蛭石铺覆前，每苗床土层表面均匀撒施磷酸二铵1千克，敌百虫50克（用细沙土1千克混合后撒施），然后用耧耙浅耙，和表层土壤混匀。用剪好的2.5米×9米旧网纱平铺在苗床内，四周略提起5厘米边，以防蛭石漏到土中。蛭石铺覆厚度6厘米，如使用旧蛭石，在铺覆前进行消毒处理，具体方法是：每立方米蛭石喷施150倍甲醛、200倍甲基硫菌灵混合液10千克，蛭石随翻随喷，尽力喷施均匀一致，喷施完毕后，每畦蛭石堆成一堆，关闭温棚，用旧塑料薄膜覆盖高温熏蒸消毒20天。蛭石铺好后，在蛭石表层每苗床撒施氮、磷、钾复合肥1千克、硫酸镁100克，然后用耧耙浅耙，和蛭石混合均匀。

（3）炼苗　温网棚在炼苗前用高锰酸钾和甲醛熏蒸，特别注意棚四周及边角的消毒处理。炼苗前应把所有苗床蛭石浇透水，降低棚内温度，增加棚内湿度。

培养室内切取10～15天的瓶苗即可拿到温室炼苗。培养瓶摆放要行列整齐，瓶与瓶中间要有不少于5厘米间距，可使瓶苗受光均匀和散热。摆放好瓶苗后，苗床内要及时浇足水，瓶底接触的土壤要经常保持润湿，防止地表温度过高灼伤瓶苗。棚内炼苗温度以不超过35℃为宜，最适20～25℃。如超过35℃要及时遮盖遮阳网。

（4）假植瓶苗　炼苗7～10天后，瓶苗顶部叶片变黑绿，长到火柴头大小时，即可打开封口膜取出瓶苗用清水将培养基冲洗干净备用。移栽前，苗床蛭石应浇透水，使基质达饱和持水状态，用手指插入蛭石提起后不粘蛭石为宜。栽植瓶苗时，尽力选择生长高矮一致的苗栽在一个苗床内，并做到横竖成行。先用手指按标准距离扎上孔 2～3 厘米，然后把根部送入孔穴中，并用手指把孔穴压实，每栽 50 行及时用喷壶浇水，使小苗根部与蛭石紧密接触。5 月 20 日前定植的瓶苗规格为 5 厘米×6 厘米，5 月 20 日以后定植的瓶苗规格为 5 厘米×7 厘米。

（5）定植苗管理　瓶苗定植后，应及时覆盖遮阳网纱，防止强光直射，散射光有利于缓苗，生新根成活前 15 天以高温、高湿环境，遮阳避光养护为主，应勤浇水，一般天气每天 1 次，冷凉或阴天 2 天浇 1 次水，这时不需营养液。15～40 天生产苗，根据天气状况每 2～3 天浇 1 次水，结合浇水，每隔 10 天喷施 1 次氮、磷、钾、镁肥液，用量为 10 克/立方米。生产苗生长到 40 天后，不旱不浇，结合浇水，每隔 10 天喷施 1 次氮、磷、钾、镁肥液，用量为 30 克/立方米。先把氮磷钾复合肥和硫酸镁用水溶化成母液后，再用水定量稀释后施用。施肥后，要及时浇水，把叶面上肥液冲洗掉。磷酸二氢钾和尿素在全生长期以 0.2%浓度叶面喷施为主，一般视生长状况喷施 2～3 次。温网棚追肥用氮磷钾复合肥用量为每亩 45 千克，硫酸镁 10 千克。

微型薯生产苗长到 10 片叶时，苗基部要覆一层蛭石，蛭石厚度以 2 厘米为宜，防止匍匐茎窜箭，以利结薯。

（6）病虫害防治　微型薯生产过程中虫害主要有地下害虫金针虫和地老虎，以及地上害虫蚜虫。主要病害有早疫病、晚疫病以及疮痂病。

金针虫和地老虎等地下害虫在基质铺覆前，以每亩用敌百虫 1.5 千克均匀撒施防治。瓶苗定植后，每隔 10 天喷 1 次抗蚜威或用 40%乐果乳剂 2000 倍液喷雾防治蚜虫。随时注意检查网室是否有破损之处，及时堵阻漏洞，防止蚜虫侵入。

真菌性病害应以防为主。生产苗栽植 20 天后，用 25%甲霜灵可湿性粉剂或 72%霜脲·锰锌可湿性粉剂等，每亩用量 150 克，用水稀释 600～800 倍液叶面喷雾，每 7 天 1 次，药物交替使用。

防治疮痂病要及时更换旧蛭石和蛭石底部土壤。如必须使用旧蛭石，可用前面介绍的方法进行严格消毒杀菌处理。

38. 南方马铃薯机械化作业技术要点有哪些?

马铃薯机械化栽培是一种高投入、高产出、高效益的栽培模式，一般以500～700亩为一个生产单元，安装一台指针式大型喷灌机，并严格按照马铃薯的生理需求和生长规律，进行全部机械化、科学化作业，包括整地、播种、施肥、田间管理、杀秧、收获，达到高产，一般每亩的产量至少2500千克。收获后，根据马铃薯块茎的贮藏生理与用途，科学贮藏，使损耗率降到最低限度，一般不超过5%。

（1）机械整地　选择土壤pH在4.8～7.0，土层深厚、土壤质地疏松、排水良好、未种过马铃薯或三年轮作的沙壤土。地块面积应大于500亩，地面平坦或平缓，适合机械化操作。要求水源丰富，以保证机械化灌溉的需要。

马铃薯机械整地过程主要是深翻耕和浅旋耕耙压。提倡前茬秋收后做好播前准备。包括深翻、灭茬、旋耕、耙地、施基肥等作业。深耕以打破犁底层为原则，一般为30～40厘米，深翻作业一般每隔2～4年进行一次。秸秆还田时，秸秆长度一般不超过10厘米。当地表紧实或明草较旺时，可利用圆盘耙、旋耕机等机具实施浅耙或浅旋，表土处理不超过8厘米。如稻田地势低洼，土壤黏度大，应采取机械下管和机械筑埂等排灌措施。播前可进行机械旋耕作业，丘陵山地可采用小型微耕机具作业。土壤黏重的地块应根据需要实施深翻作业，提高土壤通透性。

南方地区春播马铃薯，在前作收获后，于播种前进行大田深耕，并于播种前一天进行浅旋耕，也可两者同步进行，将大田整细耙平。深翻耕要求耕深达到25厘米以上，浅旋耕深度一般为5厘米左右，整地后要达到地表土细、上虚下实。

（2）机械施肥　机械化栽培要做到测土配方施肥。在地块选好后，对有代表性的土壤进行取土检测，确定所选地块的土壤肥力，并结合马铃薯整个生育期的需肥数量和需肥规律确定底肥、追肥的种类和数量，达到科学施肥。有条件的地区可多施农家肥，播前将农家肥或化肥按比例均匀装入撒肥机内，调好控制器进行田间撒肥，撒肥的方向应与风向平行，不同撒肥机撒肥幅宽不一样，一般撒肥幅宽 16～20 米，为使撒肥均匀，避免漏施，两幅之间应有 1.5～2 米重叠。基肥可于播种时用播种机集中沟施，一般亩施三元复合肥 125 千克，加硫酸钾 25 千克，或充分腐熟有机肥 3000～4000 千克，施尿素 20 千克、过磷酸钙 40 千克。种肥应施在种子下方或侧下方，与种子相隔 5 厘米以上，肥条均匀连续。苗带直线性好，便于田间管理。

（3）机械播种　马铃薯机械化播种是一项集开沟、施肥、作畦、播种、喷施除草剂、覆膜等作业于一体的综合机械化种植方式，具有保墒、省工、节肥、深浅一致、行距统一、高效率、低成本等优点，采用机播不仅提高播种质量，确保及时作业，而且能为马铃薯中耕和收获等田间作业实现机械化提供可靠保证。

按季节、栽培模式、栽培利用目的，选择适栽品种。南方地区日照夏长冬短，宜选短日照型或对光照不敏感的品种。采用两季栽培的，宜选择早熟品种。

通常在发生晚霜前约 30 天开始播种。即日平均气温超过 5℃或 10 厘米土壤耕层处地温达 7℃时合适播种，使出苗期避过晚霜危害。

播前应完成选薯、切薯块、薯种消毒、催芽等前期工作。针对当地各种病虫害实际发生的程度，选择相应防治药剂进行拌种处理。种薯出窖前 15 天要催芽，催芽方法可因地制宜选择。进行堆放或上面覆盖草帘催芽时，要待 80％的芽萌动时开始切薯，切薯时要合理利用块茎上的每个芽眼，切刀需用药液处理，大小 20～40 克。切块不可过薄、过小，否则会影响出苗，不利于形成壮苗。为防止种薯块间粘结，需用草木灰或生石灰拌种。

开始播种前要进行一定距离的试播，首先把机具调到水平状态。种箱内加入种薯块，肥箱内加入化肥。种肥深度可以通过调整限深轮的高低来调整，还可通过主机上液压悬挂提升臂的长短来调整。播种量的大小主要通过更换带动升运链的链轮进行调整，链轮越小，播种量越大；反之，则播种量变小。施肥量通过改变外槽轮的有效工作长度来调整。待机具调试完毕，方可播种。

合理的种植密度是提高单位面积产量的主要因素之一。根据马铃薯品种特性、收获季节、土壤条件等，调整好播种密度。积极采用机械化精量播种技术，一次性完成开沟、施肥、播种、覆土（镇压）等多项作业，在不同区域可选装覆膜、施药装置。南方地区因春季雨水天气偏多，一般采用双行覆膜种植，畦宽 100～110 厘米，行间距 20～25 厘米，株距 27～30 厘米，密度一般为 4000～6000 株/亩。为提早上市期可选择早熟品种，早熟的播种密度宜适当增加。播种深度（包括畦高）一般为 12～18 厘米，其中，沙性土壤一般播深 13～18 厘米，黏性土壤一般播深为 10～15 厘米。播种行距和相应株距应按农艺要求的亩株数调整，行距要与中耕管理机具和收获机作业行距相适应，一般可选 90 厘米左右（株距 20～24 厘米）。机播时行距必须统一且垄线顺直，以免中耕时伤苗，造成减产。

积极推广适合机械化作业的高效栽培模式。机械作畦的，种植行距宜采用 40 厘米、50 厘米、70 厘米、75 厘米、80 厘米或 90 厘米等行距尺寸，逐步向 60 厘米、70 厘米、80 厘米和 90 厘米行距种植方式发展。小四轮拖拉机匀速前行时，要求播行直、下种均匀、深度一致，机具翻垡好、耕后地表平整且地头整齐，中间不允许出现停车或倒退现象，避免重播、漏播。

（4）田间管理　田间管理主要包括中耕、除草和施药等作业。作业技术应根据种植方式选择适宜机具，机械作业宜轻巧、灵活，促进作物健壮生长，防止机械作业过程中对植株根系和茎叶造成伤害。

① 中耕除草　马铃薯中耕除草可促进根系发育。当植株长到 20 厘米时进行第一次中耕培土，铲除田间杂草。苗期、现蕾期视情况而定，有必要的进行第二次中耕培土；长势差的地块可叶面喷施磷酸二氢钾，并加少量尿素。如为地膜覆盖种植，可待大部分芽长到 5～8 厘米即将出苗时，用开沟覆土机带肥下田，在开沟同时将畦沟土均匀覆于畦面，厚度一般 2 厘米左右，地下茎将顶破地膜

自动出苗。覆土时要调好机械作业的角度、深度和宽度，将畦沟的土尽量覆于膜上，使畦沟尽可能宽深一些，有利于排水。这种覆土方式，与先破膜放苗，后待苗高 20 厘米左右再覆土方式相比，具有不伤苗、省工、保墒的特点。

在马铃薯出苗期中耕培土和花期施肥培土，应因地制宜采用高地隙中耕施肥培土机具或轻小型田间管理机械。田间黏重土壤可采用动力式中耕机进行中耕追肥机械化作业。在沙性土壤作畦进行中耕培土施肥，可一次完成开沟、施肥、培土、拢形等工序。追肥机各排肥口施肥量应调整一致。依据施肥指导意见，结合目标产量确定合理用药量。追肥机具应具有良好的行间通过性能，追肥作业应无明显伤根，追肥深度 6～10 厘米。追肥部位在植株行侧 10～20 厘米，肥带宽度大于 3 锄，无明显断条。施肥后覆盖严密。

② 植保作业　马铃薯的病虫害防治，除采取选用脱毒种薯、整薯播种、合理轮作及拔除病株等措施外，还应在植保作业过程中，充分利用植保机械进行药剂的喷洒。机械喷洒农药时，要按所用农药的使用规定配好浓度，计算好机车行走速度和间隔宽度，均匀喷洒，喷头和苗间距应≥40～50 厘米，要及时清洁喷头，防止堵塞。利用播种机带有的喷药设施每亩沟内喷施 60%吡虫啉悬浮种衣剂（高巧）15 毫升＋25%嘧菌酯悬浮剂（阿米西达）40 毫升＋48%毒死蜱乳油 200 毫升三种混合药剂，防治地下害虫及黑痣病。

马铃薯晚疫病是最常见的一种病害，年年都有发生，在现蕾开花期必须用 25%甲霜灵可湿性粉剂按每亩 50 克的用量进行喷雾防治。

苗前喷施除草剂应在土壤湿度较大时进行，均匀喷洒，在地表形成一层药膜，可在播种后 7～10 天内，按每亩用 25%砜嘧磺隆（宝成）干悬浮剂 6 毫升＋96%精异丙甲草胺（金都尔）乳油 80 毫升对水 1 升的比例配药喷雾；苗后喷施除草剂应在马铃薯 3～5 叶期进行，按照每亩用 12.5%拿捕净乳油（杀禾本科杂草）90 毫升，对水 20～30 升的浓度配药，要求在行间近地面喷施，并在喷头处加防护罩以减少药剂漂移。马铃薯生育中后期病虫害防治，应采用高地隙喷药机械进行作业。

③ 机械中耕培土追肥　马铃薯应适时进行中耕培土追肥。一般分两次进行，第一次在出苗 10 天左右进行，中耕追施需要追施的氮、钾肥总量的 60%，培土高 5 厘米。第二次大约在出苗 40 天，苗高 20 厘米左右，进入现蕾期后追施，再施入总量的 40%，培土 5 厘米，要求培严基部茎节。中耕培土必须调好机械作业的角度、深度和宽度，保证既不伤苗又培土严密。

④ 节水灌溉　积极采用喷灌、膜下滴灌、沟灌等高效节水灌溉技术和装备，并按马铃薯需水、需肥规律，适时灌溉施肥，提倡应用肥水一体化技术。

（5）机械收获　南方地区一般采用杀秧、挖薯同步进行方式，收获期应根据成熟季节、市场价格以及天气条件灵活确定。机型及配套动力的选择必须针对当地的种植习惯、土质条件等各种因素进行综合考虑；作业过程中必须清除田间茎叶，挖掘时匀速前进，不重挖，也不漏挖，作业中更不能倒退，要求明薯率高、伤薯率小、挖净率高及机具作业效率高，省工省本。马铃薯挖掘深度一般要求保持在 10～20 厘米范围，沙性土壤应深些，黏性土壤应浅些。在收获中尽可能减少块茎丢失和损伤。挖薯后及时装袋出田，进行上市销售或妥善储存。

按地块大小和马铃薯品种，选择合适的打秧机和收获机。马铃薯收获机的选型应适合当地土壤类型和作业要求。在丘陵山区宜采用小型振动式马铃薯收获机，以防堵塞并降低石块导致的机械故障率，并有利于减少机组作业转弯半径。各地应根据马铃薯成熟度适时进行收获，机械化收获马铃薯先除去茎叶和杂草，尽可能实现秸秆还田，提高作业效率，培肥地力。

39. 冬种马铃薯深沟高垄全覆膜栽培技术要点有哪些?

深沟高垄全覆膜栽培技术解决了秋冬及冬春马铃薯区冬季低温冷寒、干旱、春季阴雨渍害的关键问题，是目前全国最先进的马铃薯栽培模式之一。可在全国冬种区推广，具有防寒、节水、增温、防渍、早熟以及显著增产等优势。在雨水较多的年份，增产幅度可超过100%。

（1）地块选择　比较平整、水源充足、排灌方便的地块为首要条件。另外，要求表土深厚（熟土层不少于25厘米），结构疏松，通气良好，含有机质较多的微酸性（pH值5.5～6.5）沙壤土最好。

马铃薯忌与茄科作物和吸钾较多的根菜类作物连作或套种。最好的前作是水稻、棉花、大豆、花生等。

（2）种薯处理　选用抗病、优质、丰产、抗逆性强、适应当地栽培条件、商品性好的各类早熟品种，如中薯1号、早大白、费乌瑞它等。种薯宜选择健康无病、无破损、表皮光滑、均匀一致、贮藏良好的薯块。

播种前2～3天进行切块。每个切块应含有1～2个芽眼，平均单块重25～30克。切块要用两把切刀，方便切块过程中切刀交换。一般用3%高锰酸钾溶液消毒，防止传染病害。

切块后的薯种用石膏粉加硫酸链霉素加甲基硫菌灵（90∶5∶5）均匀拌种（药薯比例为1.5∶100），并进行摊晾，使伤口愈合，勿堆积过厚，以防止烂种。

整薯（30～50克）播种能避免切刀传病，还能最大限度地利用顶端优势和保存种薯中的养分、水分，增强抗旱能力，出苗整齐健壮，结薯增加，增产幅度达30%以上。

（3）整土施肥　深耕，耕作深度达25～30厘米。地膜全覆盖栽培，必须足墒整地，墒情不足的，整地前必须补足水分。科学制垄，垄距65～70厘米，垄高35厘米，要求达到壁陡、沟窄、沟平、沟直，既方便机械化操作，又利于早春地温的提升和排灌。

对于地下害虫较严重的地块，整地前每亩用50%辛硫磷乳油100毫升对少量水稀释后拌毒土20千克，均匀撒播地面，可防止金针虫、蝼蛄、蛴螬、地老虎等地下害虫。

早熟马铃薯生长期短、生长势较强，要求充足的水、肥，加之地膜覆盖，又不易追肥，必须一次性施足底肥。在底肥中，应重视农家肥的施用，一般要求每亩施腐熟农家肥3000千克，既可增强土壤通透性，又可防止生长后期缺肥早衰，化肥可按每亩施专用复合肥100千克（N∶P_2O_5∶K_2O=17∶9∶22）、碳酸氢铵75千克、硫酸钾20千克，适当补充微量元素。农家肥和碳酸氢铵结合耕整土地时施用，与耕层充分混匀，其他化肥作种肥，在播种前垄上开沟条施或穴施。

（4）播种覆膜　确定播种时间，确保出苗时已断晚霜，以免出苗遭受冻害。适宜的播种期为12月下旬至翌年1月，宜安排在晴天进行。

播种深度7～10厘米。墒好的壤土地宜浅播，地温高而干燥的土地宜深播，费乌瑞它等品种宜深播。

播种密度：不同的专用型品种要求不同的播种密度，一般早熟品种每亩种植4500～5000穴。

化肥条施的，必须覆盖薄土后方可播种，防止烂种。播种时，尽可能使薯块切口朝下，芽眼朝上。播后清好沟底，封好垄口。

播种后于盖膜前应喷施芽前除草剂，每亩用72%异丙甲草胺乳油或90%乙草胺乳油等芽前除草剂100毫升对水50千克均匀喷于土层上。

喷施除草剂后应采用地膜覆盖整个垄面，膜间间隙1～2厘米，并用土将膜盖严，防止大风吹开地膜降温，减少水分散失，提高除草效果。

（5）田间管理

① 及时破膜　在马铃薯出苗达6～8片叶，无霜、气温比较稳定时，在出苗处将地膜破口，引出幼苗，并用细土将苗孔四周的膜压紧压严。破膜过晚，容易烧苗。

② 防止冻害　地膜马铃薯比露地早出苗7～10天，要防止冻害。在破膜引苗时，可用细土盖住幼苗50%，有明显的防冻作用。遇到剧烈降温，苗上覆盖稻/麦草保护，温度正常后取掉。

③ 化学调控　深沟高垄全覆膜栽培技术用氮量较高，苗期生长旺盛，多效唑能有效控制茎叶生长，促使光合产物及时向块茎转运，提高产量。一般在现蕾至初花期每亩用50%多效唑50克对水40千克喷施2次。

④ 抗旱排渍　马铃薯块茎是变态肥大茎，全身布满气孔，必

须创造一个良好的土壤环境才利于块茎膨大。马铃薯结薯高峰期（现蕾10天后），每亩日增产量100千克以上，干旱将严重影响块茎膨大，渍水又易造成烂根死苗，或者引起块茎腐烂。干旱时，要轻灌速排，大雨天，要严防田间积水。

⑤ 叶面喷肥　中后期要搞好叶面喷肥2～3次，可增加产量20%左右。

⑥ 防治病虫害　主要病害为晚疫病、早疫病、黑胫病和病毒病等。主要虫害为蚜虫、蓟马、金针虫、小地老虎和蛴螬等，防治技术参见本书病虫害防治部分。

（6）适时采收　根据生长情况与市场需求及时采收。收获时可采用机械收获或人工挖掘，但要防止块茎损伤。收获后，块茎要避免暴晒、雨淋和长时间暴露在阳光下而变绿。产品装运要轻装轻卸，避免薯皮大量擦伤或碰伤。

第四节　绿色、有机马铃薯栽培技术

40. 绿色春马铃薯稻草覆盖栽培技术要点有哪些？

（1）品种选择　选用适宜食用或加工的优质、高产、抗性强的早熟品种，种薯质量应符合GB 18133—2000的要求。

（2）整地施肥　马铃薯稻草覆盖栽培应选择涝能排、旱能灌、中等肥力以上的稻田或旱地，符合NY/T 391绿色食品产地环境条件，切忌在易干旱岗地或涝洼地种植。前茬水稻收获后将大田进行旋耕或翻耕一遍。

根据马铃薯需肥规律，土壤养分状况和肥料效应，通过土壤检测确定相应的肥料品种、施肥量和施肥方法，按照有机肥与无机肥结合，底肥与追肥结合的原则，实行平衡施肥。施用的有机肥料应符合NY/T 394规定的绿色食品肥料使用准则要求，无机肥不得施用硝态氮肥和含氯离子的肥料。

底肥以有机肥为主，无机肥为辅，马铃薯一般底肥施用量占施肥总量的70%。一般每亩施经无害化处理的农家肥3000千克，45%硫酸钾复合肥60千克。追肥以无机肥为主，施用量占施肥总量的30%，一般每亩追施尿素15千克，硫酸钾16千克。

在施肥技术上应做到重施底肥、早施芽肥、适施蕾肥。底肥施肥在播种前采取全田撒施的方法进行，追肥在生长季节根据马铃薯长势，适时适量追肥。

(3) 播种

① 播种时间　在长江流域，马铃薯稻草覆盖栽培播种时间以2月上旬前后为宜，过早容易遭受冻害，过迟影响产量，催大芽可以推迟到2月中旬播种。

② 密度　采用宽畦播种，每亩播种5500株左右。

③ 播种方法　作畦宽120厘米，沟宽25厘米，每畦播四行，种薯距离畦边不少于15厘米，株距25厘米。种薯摆好后，畦面均匀覆盖8～10厘米厚稻草，然后进行开沟，沟土均匀覆盖到播种畦稻草上，沟深20～25厘米。

④ 种薯切块　播种前3天进行种薯切块，切块时第一刀将种薯从顶芽纵切，然后再根据芽眼分布进行切块。每块种薯要有1～2个芽眼，薯块重25克左右。切到病薯应及时剔除，同时用高锰酸钾1000倍溶液或75%的酒精将切具消毒灭菌。切好的薯块每1000千克用10千克滑石粉+0.3千克72%霜脲·锰锌可湿性粉剂+0.4千克50%多菌灵可湿性粉剂进行拌种，同时放在阴凉处把种薯切口水分晾干。

⑤ 种薯催芽　建议进行种薯催芽处理，催芽时间一般在当地马铃薯适宜播种期前20天进行。催芽的方法有切块催芽和整薯催芽。

⑥ 苗床准备与排种　春季马铃薯催芽通常在大棚中进行；苗床要求背风向阳，土壤疏松，多年没种过茄科作物，苗床宽130厘米，长依种薯量而定，一般每平方米排种薯400个左右，床底平整疏松，床四边土高10厘米；于12月20日至1月10日或初春10厘米处土温稳定升至6℃时即可排种，排种时种薯顶芽朝上，种薯

间距1厘米，种薯顶部保持平整，上盖2～3厘米细土，使幼芽生长整齐。盖土后覆膜保温。

⑦ 壮芽　当苗床种薯30%的幼芽出土，芽长1～2厘米时，将带芽薯块从育苗床取出，放在见光处，使芽尖变绿，培养壮芽。待80%薯块出芽时即可播种。播种前要严格去掉病、烂、线芽薯。

（4）田间管理

① 扶苗　稻草覆盖栽培马铃薯不需要进行中耕和培土，马铃薯在出苗过程中，极个别幼苗可能因稻草阻隔出现出苗困难，出苗期间需田间巡查扶苗，辅助出苗。

② 追肥　田间出苗达到60%时，追施芽肥，每亩追施尿素10～12千克左右。匍匐茎发生初期（现蕾初期），视苗情长势每亩追施尿素8千克，硫酸钾10千克，或采用0.4%尿素+0.5%磷酸二氢钾进行叶面喷施，弱苗酌情多施，偏旺苗可不施。

③ 生长调节　现蕾期，对徒长田块可喷施100～150毫克/千克的多效唑，抑制旺长，促进光合产物向块茎输送，提高单产。

④ 排旱排渍　出苗前土壤始终保持潮湿（田间持水量60%左右），遇到干旱应及时浇水，或通过排水沟润灌，提倡喷灌，禁止漫灌。生长中期适当浇水，保持土壤湿润（田间持水量70%～80%）。生长后期稻草开始腐烂，保湿性增强，遇到连绵阴雨天气要注意排水，防止渍水和贴近土面的稻草湿度过大，否则影响植株生长，块茎也容易腐烂。

（5）病虫害防治　病害主要有病毒病、早疫病和晚疫病等，虫害主要有蚜虫、二十八星瓢虫、蝼蛄和蛴螬等。按照“预防为主，综合防治”的植保方针，坚持农业防治、物理防治为主，化学防治为辅的无害化控制原则。

① 农业防治　实行严格轮作制度，切忌连茬，避免与茄科作物连作；选用抗病品种，无病脱毒种薯；高垄栽培，作好田间排水沟，降低田间湿度和渍害，改善通透条件；覆盖地膜，培育适龄壮苗，提高抗逆性，及时拔除病株，清除田间杂草。

② 物理防治　悬挂频振式杀虫灯，覆盖银灰色地膜驱避蚜虫，黄板诱杀蚜虫。积极保护利用天敌，防治病虫害。

③ 生物防治　优先使用植物源农药如藜芦碱、印楝素和生物源农药如齐墩螨素、硫酸链霉素、新植霉素等生物药剂防治病虫害。

④ 化学防治　在病虫发生初期用药。用药时应严格执行 NY/T 393 的要求，控制农药用量。早疫病、晚疫病等可选用代森锰锌、霜霉威、烯酰吗啉、氟吗啉、异菌脲和百菌清等药剂按说明书交替轮换使用；蚜虫可用吡虫啉、吡蚜酮、啶虫脒、烯啶虫胺、苦参碱、烟碱等农药交替喷雾防治；防治二十八星瓢虫可用菊酯类、辛硫磷等药剂喷雾；防治蛴螬等地下害虫可用辛硫磷、毒死蜱等药剂土壤处理或喷雾。

（6）收获　马铃薯植株大部分茎叶由绿转黄，块茎成熟，是最佳收获时期，也可以根据市场售价提前收获，收获前 7～10 天停止灌水。春马铃薯进入采收期或接近采收期时应注意天气变化，应在雨季前和高温炎热前收获。采收时用马铃薯秸秆遮阴，避免曝晒，尽量避免机械损伤。马铃薯等级规格按照 NY/T 1066 规定，边采收边进行分等分级，剔除病薯，分别包装运输上市或贮藏。

41. 有机马铃薯产地要求有哪些?

（1）环境　有机马铃薯生产基地应在无规定疫病区内进行，远离城区、工矿区、交通主干线、工业、生活垃圾等污染源。

有机马铃薯生产基地的环境质量应符合以下要求：农田灌溉用水水质应符合 GB/T 5084V 类水标准；土壤环境质量应符合 GB/T 15618 二级标准；环境空气气量应符合 GB/T 30954 二级标准和 GB/T 9137；无霜期 100 天以上，年大于等于 10℃活动积温 2100℃以上，年降雨量 450 毫米以上，土层深厚、结构疏松、耕性良好的土壤，地势平川漫岗，忌避低洼地块。

（2）转换期　转换期一般不少于 36 个月。新开荒的、长期撂荒的、长期按传统农业生产方式耕种的或有充分证据证明多年未使用禁用物质的农田，也应经过至少 12 个月的转换期。转换期内必须完全按照有机农业的要求进行管理。

（3）缓冲带　有机马铃薯种植区与常规农用区之间应有缓冲

带。保证有机马铃薯种植区不受污染，防止临近常规地块的禁用物质的漂移。

42. 如何安排有机马铃薯栽培茬口?

马铃薯一年四季都有栽培，但各地都必须按照马铃薯结薯时要求的温度安排栽培季节。即，把结薯期安排在土温13～20℃的月份，同时要求薯块在出苗后有60～70天的见光期，其中结薯天数至少30天左右，长江流域一年可种植两季，春季1～2月播种，5月份收获，秋季8～9月播种，11～12月收获。在长江流域有机马铃薯栽培茬口安排见表3。

表3　有机马铃薯栽培茬口安排（长江流域）

种类	栽培方式	建议品种	播期	定植期	株行距（厘米×厘米）	采收期	亩产量（千克）	亩用种量（千克）
马铃薯	秋露地	东农303、304、费乌瑞它、大西洋、克新4号和	8/下～9/上	直播	25×50	11～12月	1500	125～150
	春露地	早大白、东农303、304、费乌瑞它、大西洋、郑薯5号	1～2月	点播（地膜）	20×20～80	4/下～6月	1500～2500	125～150

43. 有机马铃薯春露地栽培技术要点有哪些?

（1）品种选择　马铃薯春露地栽培宜选择三代以内的脱毒种薯并根据市场要求，选择适应当地生态条件且经审定推广的符合生产加工及市场需要的专用、优质、抗逆性强的优良马铃薯品种，主要品种有东农303、304，中薯2号、3号，早大白（菜用型）、费乌瑞它、郑薯5号（出口型）、大西洋（加工型）等。上述品种一般亩产1500千克左右，高产可达2000～3000千克，齐苗后60～80天即可收获。注意不能用自留种，更不能用自行留种多年，品种老化，种性退化严重的本地种。

（2）整地与施肥　马铃薯忌连作，应实行5年以上的轮作方式，一般选保水、保肥力强，排水良好的沙壤土、壤土或轻黏壤土为宜。前茬不宜种植十字花科作物，最好是豆类、牧草类。作物收获后，要及时清洁田园，并将植株病残体集中销毁。于大田播种栽植前深翻土地，深度以30厘米为宜，并给土壤有充分的时间暴晒、风化，以减少病菌、虫卵，消灭杂草。

整地同时要施入基肥。每亩宜施入腐熟农家肥3000～4000千克（或腐熟大豆饼肥150千克，或腐熟花生饼肥150千克），另加磷矿粉100千克，钾矿粉20千克（或草木灰250千克）。基肥宜浅施或条施。长江流域有机马铃薯地宜每隔3年施一次生石灰，每次每亩施用75～100千克。土壤耙碎耙平，长江流域雨水多，应采用高畦或高垄栽培，整地要求做到高畦窄厢，冬季开好三沟，做好双行垄畦，畦宽约95厘米，沟宽约25厘米，深约25厘米。

（3）种薯催芽　种薯要精选，严格去杂，要无病斑、无虫眼、无伤口。如果是秋薯春播，应进行催芽，催芽时间一般在当地马铃薯适宜播种期前20～30天进行。种薯先用0.01%～0.1%高锰酸钾浸种，然后进行催芽。催芽的方法有切块催芽和整薯催芽。切块催芽因为打破了种薯的顶端优势，切块后各切块上的芽眼得到了相似的养分条件，萌芽速度快，大小也一致。切块也是淘汰病薯的过程。可用开水把沾有青枯病、环腐病菌的刀刃和切板擦净消毒。切薯的方法：用刀从块茎头尾纵切为两半，再从尾芽下刀切成每块带1个芽眼、质量25～30克的切块。切块时间以催芽前1～2天为宜，若过早切块会造成失水多或引起烂种。切后应尽早播种。切块催芽可以采用温床催芽、竹筐催芽等。

春季催芽的关键是温度和湿度。温床催芽数量大，底面要平整、湿润。一层切块一层土（潮润土），一般可摆多层，但不宜太多。摆层太多，因下边温度低，出芽较慢，易使薯芽不整齐。最上层的封土应稍厚，并定期喷水。温床内温度掌握在18～20℃，最高不超过25℃。整薯催芽可在大棚、温室或室内进行，温度不超过20℃，否则芽尖容易坏死、变黄。整薯催芽以薯块堆放2～3层为宜，并且每周翻一次，使受光均匀，待下部薯芽萌动时，或切薯或整薯播均可。

见芽后为避免幼芽黄化徒长和栽种时碰断，应将出芽后的种薯放在散射光或阳光下晒，保持15℃左右的低温，让芽绿化粗壮，约需20天时间。在这个过程中虽幼芽停止伸长，但却不断地发生叶原基和形成叶片，以及形成匍匐茎和根的原基，使发育提早。同时，晒种能限制顶芽生长而促使侧芽发育，使薯块上各部位的芽都能大体发育一致。暖晒种薯一般增产20%～30%，但暖晒种薯时间不应过长，否则造成芽衰老，引起早衰，易受早疫病侵染。为了节省种薯或前作尚未收获时应采用育苗移植。

（4）适时栽植

① 播种期　马铃薯块茎在地面下10厘米深的温度达7～8℃时幼芽即可生长，10～12℃幼芽茁壮成长，并很快出土，种薯在终霜前20～30天播种，因此，南方播种期可在1月中旬～2月上旬，如已大量发芽的种薯，宁稍晚而勿过早，确保在终霜后齐苗即可。

如过早播种，植株易遭3月下旬和4月上旬的晚霜和倒春寒为害，导致茎叶冻死，造成减产；若播种过迟，植株营养生长期缩短，不利于块茎膨大，也达不到优质高产的目的。冬季从播种到齐苗约需30天。

② 播种　栽植前低温锻炼幼苗几天。播种密度因品种、栽培条件等而定。早熟品种一般株型较矮，密度可稍大，以每亩5000～6000穴为宜。若采用大小垄双行栽培，大垄行距80厘米，小垄行距20厘米，株距20厘米左右，每穴1～2个带芽切块，或50克左右的整薯。

播种深度对产量和薯块质量影响很大。应以土壤墒情和土壤种类而定，一般情况下深度为7～10厘米。若过浅，地下匍匐茎就会钻出地面，变成一根地上茎的枝条，不结薯。块茎露出地面，顶芽见光会抽生新的枝条，或见光变绿，失去商品价值。覆土后加盖地膜效果显著。有条件的应进行单膜或采用地膜加小拱膜“双膜”覆盖栽培，大中薯率提高10%～30%，并可提早上市10～20天。

（5）田间管理

① 浇水　春马铃薯发芽期内温度较低，且蒸发量少，在墒情

比较好时不必浇水。幼苗期应结合施肥早浇水，发棵期内不旱不浇，干旱年份浇2～3次。结薯期是块茎主要生长期，需水量较大，土壤应保持湿润，一般情况下应连续浇水。早熟品种在初花、盛花和终花期，晚熟品种在盛花、终花期和花后，连续浇水3次，对产量的形成有决定意义。农民总结的规律是“头水晚，二水赶，三水四水压高产”。对块茎易感染腐烂病害的品种如克新4号等，结薯后应少浇水或及早停止浇水。同时，防止田间积水，否则块茎容易腐烂。

② 施肥　允许使用GB/T 19630规定的肥料。在施足基肥的基础上，马铃薯应进行追肥，幼苗期要早追肥，以追施沼液等速效肥为主，施肥后浇水。发棵期追肥要慎重，一般情况下不追肥。若需要追肥可在发棵早期或等到结薯初期，切忌发棵中期追肥，否则会引起植株伸长。最后一次追肥要在现蕾期进行。

③ 中耕除草培土　苗出全时，查苗补苗，拔除病株，补种同品种的小种薯。马铃薯出苗后应进行中耕松土，提高地温，促进根系的生长。幼苗期浇水后应立即中耕除草和培土，待植株拔高封垄时进行大培土，培土时注意保护茎及功能叶。特别是“费乌瑞它”品种，注意用稻草覆盖，以防青头。结合整地人工除草。

（6）及时采收，分级上市　一般情况下，植株达到生理成熟期即可及时收获。生理成熟期的标志是大部分茎叶由绿变黄，块茎停止膨大，块茎容易从植株上脱落。实际上马铃薯的收获期并不严格，不像禾谷类作物那样必须等到生理成熟才能收获，而是可以根据栽培目的、品种成熟度、市场需求、经济效益情况而决定收获期。达到生理成熟期的马铃薯抗不良环境能力很差，遇到大雨浸泡会发生大量烂薯，不好贮藏。所以，马铃薯应在雨季到来之前尽早收获。长江流域春马铃薯宜在5月底收获。收获时要避免损伤，及时剔除有机械损伤的薯、腐烂薯装筐运回，不能放在露地，要防止雨淋和阳光暴晒。刚刚收获的薯块带有大量的田间热和自身呼吸而产生的热量，要求贮藏场所阴凉、通风，薯块不宜堆积过高，堆高以30～50厘米为宜。贮藏期间应翻动几次，拣去病、烂、残薯，然后再装入透气的筐和袋子里架起来贮藏，有条件的可采用冷库贮存。

应配置专门的整理、分级、包装等采后商品化处理场地及必要的设施，长途运输要有预冷处理设施。有条件的地区建立冷链系统，实行商品化处理、运输、销售全程冷藏保鲜。有机马铃薯产品的采后处理、包装标识、运输销售等应符合 GB/T 19630—2011 有机产品标准要求。马铃薯商品采收要求及分级标准见表 4。

表 4　马铃薯采收要求及分级标准

作物种类	商品性状基本要求	大小规格	特级级标准	一级标准	二级标准
马铃薯	同一品种或相似品种；完好；无腐烂；无冻伤、黑心、发芽、绿薯；无严重畸形和严重损伤；无异常外来水分；无异味	单薯质量(克) 大：>300 中：100～300 小：<100	大小均匀；外观新鲜；硬实；清洁、无泥土、无杂物；成熟度好；薯形好；基本无表皮破损、无机械损伤；无内部缺陷及外部缺陷造成的损伤。单薯质量不低于 150 克	大小较均匀；外观新鲜；硬实；清洁、无泥土、无杂物；成熟度较好；薯形较好；轻度表皮破损及机械损伤；无内部缺陷及外部缺陷造成的轻度损伤。单薯质量不低于 100 克	大小较均匀；外观较新鲜；较清洁、允许有少量泥土和杂物；中度表皮破损；无严重畸形；无内部缺陷及外部缺陷造成的严重损伤。单薯质量不低于 50 克

备注：摘自 NY/T 1066—2006 马铃薯等级规格。

（7）贮藏　贮藏于地窖或气调库。种薯和鲜薯窖温控制在 2～4℃，加工型薯窖温控制在 8～10℃，加工前 10～15 天提高到 12～14℃。湿度控制在 85%～93%。

（8）其他　对全部生产过程，要建立田间技术档案，全面记载，以备查阅。

44. 有机马铃薯秋露地栽培技术要点有哪些?

（1）播种季节　有机秋马铃薯露地栽培，播种不宜过早过迟。播种过早，温度高幼苗徒长而细弱，且由于多雨，极容易烂薯缺苗，病毒病和疮痂病严重；播种过迟，生育期受霜期限制而缩短，霜来了还未形成产量，因而总产量低。在长江流域，宜于 8 月上、中旬浸种催芽，种薯摊放在阴凉的地方，8 月下旬种植于大田。秋季马铃薯采用育苗移栽效果最好，9月上旬栽种到大田。

(2) 品种选择　选用耐高温干旱、结薯早，块茎膨大快，产量高，商品性好，对光不敏感，休眠期短的品种。早熟品种有费乌瑞它，东农 303，中迟熟品种有大西洋、克新 4 号和克新 1 号（紫花白）。

(3) 种薯处理　8 月上旬选择单个重 30～50 克，无病害、无虫伤和无机械损伤的小整薯，置于室内阴凉处摊开，厚度不超过 15 厘米，上覆湿沙或湿草苫，10～15 天可出全芽。

(4) 播种方法　种薯切块播种易腐烂，严重的会造成绝收，故应选用经处理后，薯芽 0.2 厘米以上的单个小整薯播种，薯芽朝上。提倡浅开沟浅播种，培高垄，覆土 8 厘米以上。一般亩栽 5000～5500 穴，株行距 25 厘米×50 厘米。播后遮阴覆盖。可在 5 月中旬播种玉米，在玉米行间留马铃薯播种行，利用间作玉米遮荫避开高温，效益更佳。

(5) 施足基肥　一般亩施腐熟禽畜肥 1500 千克左右、磷矿粉 30～50 千克、钾矿粉 20 千克（或草木灰 150～200 千克），开沟条施后覆土，注意种肥隔离。

(6) 追肥抗旱　视土壤湿度与苗情浇水或浸灌，保持湿润，浇水时可配合追肥。遇雨或浇水后及时中耕除草，看苗追肥和培土，一般情况每亩追施腐熟粪肥或沼液 2000～2500 千克，旺长苗可适当少追或不追。

秋马铃薯采后处理、贮藏及其他管理参照春马铃薯。

45. 如何进行有机马铃薯病虫害综合防治?

马铃薯主要病害有病毒病、早疫病、晚疫病、环腐病、疮痂病及青枯病，虫害有蚜虫、茶黄螨、地下害虫、二十八星瓢虫和甜菜夜蛾等。综合运用农业、物理、生物防治措施，创造不利于病虫草害孳生和有利于各类天敌繁衍的环境条件。优先采用农业防治措施，通过选用抗病抗虫品种，加强栽培管理，合理轮作等措施起到防治病虫草害的作用。以上方法不能有效控制病虫草害时，应使用符合 GB/T 19630 有机产品要求的物质。

（1）农业防治

① 选用抗性品种　要尽量选择对病虫害有抗性的品种。目前在生产上推广应用的抗性品种有抗晚疫病品种、抗病毒病品种、抗旱品种、抗线虫品种、抗疮痂病品种、耐盐碱品种、耐低温品种等。选择品种时，要根据当地种植中主要病虫害发生情况，尽可能选用相对应的抗性品种。

② 选用脱毒种薯　种薯是传播许多病害、虫害的主要途径之一，健康的种薯应当是不带影响产量的主要病毒的脱毒种薯，同时不含通过种薯传播的真菌性、细菌性病害及线虫，有较好的外观形状和合理生理年龄。最好选用小整薯播种，避免切口传染。

③ 实行轮作　要注意茬口的选择，实现 5 年以上轮作，勿与根菜类蔬菜连作。

④ 加强管理　施用有机肥必须腐熟，不可用马铃薯病株残体沤制土杂肥。实行起垄种植、高培土。调整适宜播种期，避开蚜虫为害及病害发病高峰。加强生长期间的肥水管理，不施带病肥料，用净水灌溉，雨季注意排水。田间发现中心病株和发病中心后，应立即割去病秧，用袋子把病秧带出大田后深埋，病穴处撒石灰消毒。及时清除田间杂草，减少害虫产卵场所，减轻幼虫为害。

（2）物理防治　利用灯光、糖醋液诱杀害虫。利用地老虎、蝼蛄等成虫的趋光性，在田间安装黑光灯诱杀成虫。在蝼蛄为害的地块边上堆积新鲜的马粪，集中诱杀。有条件的设置防虫网，或采用银灰膜避蚜，预防病毒病。利用昆虫性信息素或黄板诱杀成虫。

（3）人工防治　由于二十八星瓢虫成虫和幼虫均有假死习性，可以拍打植株使之坠落在盆中，人工捕杀。卵也是集中成块状在叶背上，且颜色鲜艳，易于发现，可及时摘除叶片。

（4）生物防治　保护天敌，创造有利于天敌的环境条件，选用对天敌无伤害的生物制剂。

（5）药剂防治

① 青枯病、黑胫病　发病初期可选用硫酸链霉素或新植霉素 5000 倍液，或铜制剂（波尔锰锌、硫酸铜钙、松脂酸铜、氢氧化铜、碱式硫酸铜）喷雾或灌根，每穴灌液 0.5 千克，每 7～10 天施

药一次，连施2～3次。也可选用青枯病拮抗菌灌根。有一定效果，但不能根治。

② 晚疫病、早疫病　可使用77%氢氧化铜可湿性粉剂500倍液，或波尔多液类（波尔锰锌、硫酸铜钙）300～400倍液，或30%碱式硫酸铜悬浮剂视病情喷雾防治。

③ 病毒病可用10%混合脂肪酸乳剂喷雾防治。

④ 蚜虫、茶黄螨、蓟马、二十八星瓢虫等害虫　可用0.3%印楝素乳油800倍液，或10%浏阳霉素1000倍液，或苏云金杆菌可湿性粉剂500～1000倍液等喷雾防治，重点喷植株上部，尤其嫩叶背面和嫩茎。

第五节　马铃薯间套作栽培

46. 马铃薯间套作栽培模式有哪些?

（1）春马铃薯—双季稻栽培　春马铃薯选用东农303等早熟品种，12月中下旬～翌年元月上旬播种，4月下旬～5月上旬收获；早稻选用迟熟品种，采用稀播壮秧或两段育秧，于5月上旬马铃薯收获后及时移栽，早稻适当密植，增加基本苗，结合一次性施足肥料，确保禾苗早生快发；晚稻选用中熟或中熟偏早的杂交稻组合，适时播种移栽。与双季稻比较，纯增加了一季马铃薯。

（2）春马铃薯—春玉米—秋马铃薯栽培　春马铃薯选用东农303等早熟品种，12月中下旬～翌年元月上旬播种，4月下旬～5月上旬收获；春玉米3月下旬～4月中旬播种，4月中下旬套栽于马铃薯行间或收获马铃薯后及时移栽；秋马铃薯于8月下旬～9月初播种，每亩5000～6000株，采用小整薯（30～50克）催芽播种。

（3）春马铃薯—春糯（甜）玉米—蔬菜栽培　春马铃薯选用东农303等早熟品种，12月中下旬～翌年元月中下旬播种，4月下旬～5月上旬收获；春玉米3月下旬～4月中旬播种，4月中下旬套栽于马铃薯行间或收获马铃薯后及时移栽；春玉米收获后配套种植的蔬菜有大白菜、秋莴笋等，7月20日前播种，8月中旬移栽。

（4）春马铃薯—春糯（甜）玉米—秋玉米栽培　春马铃薯选用东农303等早熟品种，12月中下旬～翌年元月上旬播种，4月中旬套栽于马铃薯行间或收获马铃薯后及时移栽，7月上中旬收获鲜玉米棒；秋玉米在7月20日～7月底前播种，每亩保证4000～4500株。

（5）马铃薯与玉米间作套种　实行宽窄行种植，2行马铃薯加2行玉米。马铃薯间行距较大，窄行距约60厘米，宽行距约90厘米，株距20厘米，便于马铃薯的中耕除草、培土和追肥灌水。在宽窄行内种植2行玉米，行距30厘米，株距25厘米或30厘米，按播幅150厘米计，每亩栽植马铃薯4444株、玉米2962株。如果按播幅120厘米算，玉米和马铃薯的株行距均定为30厘米，则每亩播种马铃薯和玉米各3700株。如果玉米和马铃薯的植株比较高大，可适当加宽株行距，播幅可以在200厘米，用3∶2种植方式，3行玉米2行马铃薯，玉米行距40厘米、株距30厘米，马铃薯行距60厘米、株距20厘米；马铃薯与玉米的距离为30厘米，播种马铃薯时中间空出140厘米，可播种3行玉米，每亩播种马铃薯和玉米各3333株。

马铃薯宜选中熟优良品种，播前可进行种薯处理。玉米在4月底至5月初播种，山区一季作地区在5月下旬至6月上旬播种，两者共生期以不超过50天为宜。这样，玉米播种前就要做好马铃薯的中耕培土和追肥灌水工作，在马铃薯收获后，才对玉米进行追肥培土和灌水，且可将马铃薯茎叶埋入玉米附近，浇水后会很快腐烂作为优质绿肥，供玉米植株生长。这是马铃薯双垄玉米双行宽幅套种，也可以采用马铃薯4垄玉米2行宽幅播种。

（6）马铃薯与棉花间作套种　栽培模式有多种。有的采用2垄马铃薯2行棉花，180厘米宽播幅，马铃薯间的行距为60厘米、株距为20厘米；中间空出20厘米种植棉花，行距为40厘米、株距为20厘米，每亩种植马铃薯和棉花各3703株。马铃薯早播1个月，出苗后种棉花，当棉花发棵时马铃薯进入成熟，且由于马铃薯田间管理的湿度较大，棉蚜的为害相对减轻，而且生长迅速的马铃薯给棉苗提供了天然屏障，大大削弱了4月的冷空气和5月干热风的侵袭。也有的采用2行马铃薯4行棉花，播幅宽为246厘米，马铃薯的行距为60厘米、株距为20厘米，每亩栽2527株；棉花的行距为48厘米、株距为18厘米，每亩栽5614株。马铃薯要尽量早播早收，浇水应在薯行间进行，不应浸过薯棉交界处，以免影响棉花的生长发育。

（7）马铃薯与小麦间作套种　可以是马铃薯播种1行，小麦种3行，马铃薯行距74厘米、株距20厘米，每亩栽4504株；9月下旬或10月上旬再在马铃薯行间播种小麦3行，小麦行距17厘米，马铃薯与小麦间距20厘米。小麦播前要对马铃薯浇水中耕，这样有利于小麦出苗。马铃薯收获后还需将原来的垄培起来，以免盖住小麦影响其生长发育。来年春季还可于垄上点种玉米等。

（8）马铃薯与南瓜间作套种　播幅宽5.4米，种马铃薯8垄，行距60厘米，株距20厘米，每亩栽4764株；只留出瓜畦60厘米种瓜，行距50厘米，株距30厘米，种2行瓜，每亩栽南瓜953株。马铃薯收后，瓜蔓爬入，南瓜收后种秋菜。

（9）马铃薯与西瓜、冬瓜、笋瓜间作套种　可用200厘米或260厘米宽播幅，种马铃薯3行或4行，窄行60厘米，宽行80～97厘米，宽行种瓜，株距50厘米。在马铃薯收获前，瓜蔓顺行爬，收获后将瓜蔓整理成与行垂直爬。马铃薯每亩栽5012株，瓜类每亩512株。

（10）马铃薯与茄子和甜椒套种　一般播幅宽100厘米，种马铃薯2行，株行距为15厘米×20厘米，每亩6666株，培成大垄；晚霜过后定植茄子于垄的一侧，株距50厘米或60厘米，每亩1333株或1075株；也可定植甜椒，株距33厘米，穴栽双株，每亩4040株。收马铃薯后将茄子或甜椒培成大垄。但一般情况马铃薯不应与同科植物间作套种，尤其是生产种薯时既不能和茄科植物茄子、甜椒等套作，也不能与其邻近种植，否则茄科病毒等很易危及马铃薯。

（11）与甘蓝间作套种　播幅宽 200 厘米，种 1 行马铃薯，株距 20 厘米，每亩 1668 株；马铃薯垄间做畦，定植中晚熟甘蓝，甘蓝株行距为 50 厘米×50 厘米。

（12）秋播马铃薯和大葱间作　初夏开沟栽植大葱，沟距 100 厘米，株距 5 厘米，每亩 12 万株；秋初播种马铃薯，株距 20 厘米，距大葱 25 厘米，每亩栽植 3333 株。

（13）与大豆间作套种　先种 1 行马铃薯，行距 82 厘米、株距 26 厘米，每亩 3000 株；马铃薯出苗后点种大豆 1 行，穴距 26 厘米，每穴 3 苗，每亩 9000 株。

47. 如何进行大棚马铃薯—夏萝卜—结球生菜的套作栽培?

大棚马铃薯于 12 月上旬直播，第二年 4 月下旬～5 月中旬采收。萝卜于 5 月下旬～6 月上旬直播，7 月底～8 月上旬采收。结球生菜于 7 月下旬播种，8 月下旬定植，11 月上、中旬采收，其茬口安排见表 5。

表 5　大棚马铃薯—夏萝卜—结球生菜茬口安排

茬口	播种期（月/旬）	定植期（月/旬）	采收期始收～终收(月/旬)	预期产量（千克/亩）
大棚马铃薯	12/上	直播	4/下～5/中	1300～1500
夏萝卜	5/下～6/上	直播	7/底～8/上	1000
结球生菜	7/下	8/下	11/上、中	1200

（1）马铃薯栽培要点

① 品种选择　春季栽培选克新 1 号、克新 4 号、东农 303 等品种。

② 整地施肥　选择地势高燥、排水良好、土质疏松、肥沃的田块。要求轮作，不能和茄果类蔬菜连作。田块要尽早晒白、翻耕，每亩施农家肥 3000 千克、复合肥 30 千克。标准大棚做成 3 畦，畦宽（连沟）1.8 米宽，要求深沟高畦。

③ 播种催芽　种薯要选择无病、表面光滑、芽眼明显的较大薯块，一般不小于 25 克，切块芽眼靠近刀口，每千克种薯块 40～

50块，每个切块上至少要有2个芽眼。于12月上旬播种，播种后覆盖地膜；也可在播种时喷洒33％二甲戊灵乳油，每亩100～125克加足量水，以利消灭杂草。

④ 田间管理　出苗前大棚应注意保温，12月中、下旬天气变冷，一般在晴天中午利用两边裙膜进行适当通风。马铃薯出苗后及时破膜引苗，洞口不要过大，利于保温保湿。出苗后温度虽较低，但应注意晴天中午通风换气，以减少病害发生。3月份后气温逐渐升高，应注意加大通风量，3月中、下旬开始马铃薯植株已根深叶茂，可全天通风。由于大棚内淋不到雨，可在封行前适当进行浇灌。进入结薯盛期，土壤要保持湿润，收获前几天应停止浇水。由于采用地膜栽培，一般不追肥，也不需松土、除草、培土。

⑤ 病虫害防治　害虫主要有小地老虎、蚜虫、茶黄螨等；病害主要有晚疫病，可参照本书病虫害防治部分进行防治。

⑥ 采收　大棚马铃薯一般在4月中旬即可采收上市，比露地栽培早1个月，采收应选择晴天进行。

（2）夏萝卜栽培要点

① 品种选择　夏萝卜要选择抗病性好，耐热性强，外叶短，商品性高的品种。

② 整地施肥　施足基肥，每亩施腐熟有机肥2000千克和复合肥25千克。标准大棚做成4畦（1.5米连沟），要求深沟高畦（沟深在25厘米以上）。

③ 播种　萝卜栽培均行直播，一般采用地膜覆盖栽培。播前先浇透底水，再耙松。每穴播1～2粒种子，干籽播种，深度0.5～0.8厘米，株行距（33～35)厘米×(33～35)厘米，播后用手轻压，再盖地膜。每亩播种量80～120克。

④ 田间管理　萝卜出苗快，注意做到随出苗、随破地膜，防止苗徒长成高脚苗，高脚苗易造成今后萝卜弯曲，影响产品质量。出苗后要加强管理，至2～3叶时定苗，每穴留1株壮苗。夏萝卜追肥要早，一般在定苗后追肥，每亩施尿素3～5千克；4～5片真叶时每亩施尿素7～10千克，“露肩”时施三元复合肥10～15千克。同时一直要保持土壤湿润，随时注意补充水分。采收前7天停

止供应水分。

⑤ 病虫害防治　萝卜的病害较少，主要是软腐病，封行前用72%硫酸链霉素可溶性粉剂3000倍液喷雾1～2次，可有效控制病害。害虫主要有蚜虫、小菜蛾、菜青虫等，可选用10%吡虫啉可湿性粉剂2000倍液、1.5%甲氨基阿维菌素苯甲酸盐乳油1500～2000倍液、2.5%多杀霉素悬浮剂1000倍液等药剂防治。

⑥ 采收　肉质根充分膨大，叶色开始转黄、褪色时可进行采收。夏季萝卜从播种后60天开始进入采收期，采收时要平衡用力向上拔起，剔除泥土即可。萝卜的采收期虽有弹性，但宜提前，不要延后。

（3）结球生菜栽培要点

① 品种选择　早秋栽培结球生菜宜选耐热品种。

② 播种育苗　采用避雨加遮阳网方法育苗，适宜播种期为7月下旬～8月初，每亩用种量10～15克。种子发芽最适温度为15～20℃，超过25℃或低于10℃均不易发芽。早秋季节采取井吊、冰箱或其他低温处理催芽。播种前种子要浸种12～24小时，捞起用清水冲洗几次，边洗边搓，然后摊开晾种，待种子半干时置于洁净容器中，盖上纱布，放置于5℃冰箱内催芽，每天在光亮处翻动种子2～3次，催芽期保持种子潮湿，发现种子表面见干即补充少量水分，5～7天即可出芽。出芽后可拌少许细泥播种，播后覆盖遮阳网，以保湿、降温。出苗后及时揭去遮阳网，并间苗，防徒长。当苗长至4叶1心时，即可定植。

③ 整地施肥　定植前，大田要早做准备，全面清除前茬作物的残枝、病叶和杂草，每亩施腐熟有机肥3000千克、复合肥50千克，然后机械耕翻，使肥料充分混匀在耕作层内，达到全耕层施肥。待田块整平后，开沟做畦，标准大棚做成3畦或4畦，畦面要平，泥土要松、细。沟深25厘米左右，沟底抄平。

④ 定植　秋季种植结球生菜，按株行距（30～35)厘米×(30～35)厘米定植，标准大棚种12行，每亩种植3300株左右。沟旁2行种植离沟不少于20厘米，否则沟边结球生菜易生长歪斜或缺水。若是工厂化育苗，所供秧苗须及时定植，做到不种隔夜苗。在定植

时要剔除弱苗、病苗，以提高秧苗成活率。

⑤ 田间管理　一般追肥2～3次，操作时要根据土壤质地、肥料基础、苗情长势等具体情况区别掌握。一般第一次追肥在定植后2周，植株有5～6张叶片时，每亩施复合肥10千克加尿素5千克；第二次追肥在结球始期，每亩施复合肥10千克加尿素5千克。追肥要穴施，施入土内，后浇水使肥料溶化。期间每10～14天可喷施叶面肥料2～3次，促进结球生菜的光合作用，提高抗病力，增加产量。

水分管理上，定植前要浇足底水，定植后立即浇定根水，缓苗后到封行前要经常保持土壤湿润。要根据结球生菜生长情况和土壤湿度，必要时可灌半沟水抗旱，以保证个体充分生长，长足营养体。封行后严禁畦面浇灌，但要保持土壤干湿交替，以干为主，防止病害发生和蔓延。在叶球形成时，要尽量满足结球生菜对水分的要求，提倡小水沟灌。采收前2周左右停止浇水。另外，活棵后要进行中耕、松土1～2次，既清除杂草，又增强土壤通透性。

⑥ 病虫害防治　进行土壤消毒，每亩用50％多菌灵可湿性粉剂500克撒施、40％辛硫磷乳剂600～800倍液泼浇防地下虫害。

秋季种植结球生菜以防治虫害为主，害虫主要有蚜虫、甜菜夜蛾、斜纹夜蛾、烟青虫、蜗牛和棉铃虫等，可选用10％吡虫啉可湿性粉剂2000倍液、15％茚虫威悬浮剂3500～3750倍液、24％甲氧虫酰肼悬浮剂2000～2500倍液、1.5％甲氨基阿维菌素苯甲酸盐乳剂1500～2000倍液、10％虫螨腈悬浮剂1500倍液等药剂防治。

病害主要有霜霉病、软腐病、黑腐病等，可选用72％霜脲·锰锌可湿性粉剂800倍液、52.5％恶酮·霜脲氰水分散粒剂2000～3000倍液、72％硫酸链霉素可溶性粉剂3000倍液、25％嘧菌酯悬浮剂1500倍液、77％氢氧化铜可湿性粉剂800～1000倍液等药剂防治，如遇连阴雨天气，则5～7天防治1次，或每亩用烟熏剂腐霉利200～250克防治。一般每7～10天防治1次，水量要充足，喷洒要均匀周到。同时农药要交替使用，采收前应严格掌握农药安全间隔期。

⑦ 采收　当球已经紧实，即可采收上市。早秋结球生菜一般

全生育期90天左右。

48. 如何进行春马铃薯—西瓜—芹菜（露地茬口）的套作栽培?

春马铃薯于2月上、中旬播种（直播），5月中、下旬采收。西瓜于4月下旬播种，5月中、下旬定植，7月下旬～8月中旬采收。芹菜于8月中、下旬播种（直播），春节前后采收。其茬口安排见表6。

表6 马铃薯—西瓜—芹菜（露地茬口）茬口安排

茬口	播种期（月/旬）	定植期（月/旬）	采收期始收～终收（月/旬）	预期产量（千克/亩）
马铃薯	2/上、中	直播	5/中、下	2500
西瓜	4/下	5/中、下	7/下～8/中	2000～2500
芹菜	8/中、下	直播或育苗	1/下～2/上	1500

（1）马铃薯栽培技术要点　于2月上、中旬直播，其他方法参照“大棚马铃薯—夏萝卜—结球生菜”中的马铃薯栽培技术要点。

（2）西瓜栽培技术要点

① 品种选择　夏季栽培西瓜宜选抗病、耐热、中型西瓜。

② 播种育苗　4月下旬播种。播种前用55℃左右温水浸种消毒15分钟，然后捞起晾干即可播种。采用点播，每钵播1粒种子，将种子平放，覆厚约1厘米的干细营养土，覆土厚度要均匀，播后不应浇水，保持土表疏松。每亩用种量100～150克。出苗后及时通风，防止徒长。幼苗生长期间，保持白天温度25～30℃，夜间16～20℃。

③ 整地施肥　每亩施腐熟有机肥1500～2000千克和过磷酸钙50千克，或腐熟饼肥150千克、复合肥50千克和过磷酸钙30千克。机械耕翻并捣碎，将泥块耙细，做成连沟2米宽的深沟高畦。

④ 定植　5月中、下旬移栽。夏播西瓜掌握2～3片真叶时移栽，苗龄20～25天为宜，按45厘米的株距挖好定植穴，每亩移栽650株左右。定植穴深10厘米、直径10厘米左右，将营养钵放入

穴内，用细泥填实种植穴，随浇定根水。定植完毕，覆盖银灰色地膜，将地膜在幼苗处开“十”或“T”形口，使瓜苗从破口处伸出膜面，然后用泥土封住膜口。夏季栽培西瓜移栽行宜在畦的中间，且中间稍高为好。移栽宜在阴天或晴天的下午至傍晚进行。

⑤ 田间管理　移栽后主要是促发根，一般移栽后不需浇水和追肥。主蔓长约 25 厘米，西瓜生长进入了伸蔓期，此时应依据整枝留果的方式确定植株的调整和管理。一般采用双蔓整枝，选留第 2 雌花坐果，每枝留 1 瓜，每株留 2 瓜。坐瓜后，一般不再整枝，当合适部位的幼瓜长至鸡蛋大小时开始追施膨瓜肥和膨瓜水，每亩追肥量为 10～15 千克尿素或三元复合肥，分 2 次施，第一次和第二次间隔 7～10 天。若每亩增施 5 千克的硫酸钾，则有利于提高果实的糖度和植株的生长势。浇水要根据植株长势、土壤的墒情和天气的趋势确定，并结合追肥进行，如采用在操作沟沟灌的，沟内的水要低于畦面 4～5 厘米。

⑥ 病虫害防治　病害主要有蔓枯病、炭疽病和白粉病，可选用 80%代森锰锌可湿性粉剂 800～1000 倍液、25%嘧菌酯悬浮剂 1500 倍液、62.25%腈菌·锰锌可湿性粉剂 600 倍液、10%苯醚甲环唑水分散粒剂 1000～1500 倍液、40%氟硅唑可湿性粉剂 5000 倍液等进行防治。害虫主要有蚜虫、红蜘蛛、瓜绢螟和烟粉虱，可选用 10%吡虫啉可湿性粉剂 2000 倍液、25%噻虫嗪水分散剂 5000 倍液等药剂喷雾防治。

⑦ 采收　西瓜的品质与成熟度有密切的关系，一般采收 9 成熟的西瓜，品质最好。夏季西瓜成熟期为开花后 28～32 天。也可通过“四看一听”来决定采收期，即一看果皮颜色由深转淡，花纹清晰、光滑且富有光泽；二看果实的脐和果蒂部位收缩凹陷；三看果柄外细里粗；四看果柄上的茸毛大部分脱落；一听即用手指弹果实听其声音，发出“膨膨”的低哑浊音的为熟瓜。采收宜在上午进行。

（3）芹菜栽培技术要点

① 品种选择　选用津南实芹、黄心芹等品种。

② 整地施肥　每亩施腐熟有机肥 2000 千克和复合肥 50 千克

作基肥，翻入土中，畦宽120厘米，沟宽30厘米，沟深20～25厘米。

③ 播种育苗　秋芹菜育苗期正值盛夏高温、多雷阵雨季节，为培育壮苗，一般采用高畦、遮阳网避雨育苗。育苗床施足基肥，每平方米施厩肥10千克，深翻、捣细，整平做畦，畦宽120厘米、高15～20厘米。播种前种子要浸种12～24小时，捞起用清水冲洗几次，边洗边搓，然后摊开晾种，待种子半干时置于洁净盛器中，并盖上纱布，放置于5℃冰箱内催芽，每天在光亮处翻动种子2～3次，催芽期保持种子潮湿，发现种子表面见干即补充少量水分，5～7天即可出芽。

直播芹菜每亩用种量250～300克。芹菜喜湿，整个苗期以小水勤灌为原则，经常保持土壤湿润。出苗后浇一次水，以后看苗浇水，保持土壤适宜水分，当芹菜长至5～6片叶时，根系比较发达，可适当控制水分，以防徒长。

④ 田间管理　出苗后一般间苗2次，间苗结合除草，间去弱苗、过密处的苗，用刀挑草。结合间苗可追肥2～3次，每次每亩施尿素6～8千克。

⑤ 病虫害防治　病害主要有芹菜斑枯病、叶斑病，防治方法除用无病种子、播前种子消毒外，还应进行种植地块2年以上轮作，发病初拔除病株，清除病残叶，加强通风、降温、排湿。也可选用50％腐霉利可湿性粉剂1000～1200倍液、77％氢氧化铜可湿性粉剂800～1000倍液、50％多菌灵可湿性粉剂500倍液等药剂防治。

害虫主要有蚜虫，可选用10％吡虫啉可湿性粉剂2000～2500倍液、25％噻虫嗪水分散粒剂5000倍液、1.5％甲氨基阿维菌素苯甲酸盐乳剂1500～2000倍液喷雾防治。

49. 如何进行春马铃薯—西瓜—青花菜（露地茬口）的套作栽培？

春马铃薯采用露地栽培，2月上旬播种，5月上中旬收获；西瓜5月上旬育苗，5月下旬定植，7月下旬～8月上旬收获；青花菜7月上中旬育苗播种，8月下旬露地定植，10月下旬～11月上旬收获。春马铃薯和西瓜的栽培方法同上，以下简介后茬青花菜的栽培要点。

（1）播种育苗 可选用绿皇等作为栽培品种。播种前用多菌灵或百菌清600倍液将苗床浇透水，每亩大田用种30～40克，做到稀播匀播，轻耙落籽，上盖约1厘米厚湿润细土，后轻拍床面镇压，播后覆盖遮阳网防暴雨冲刷、阳光曝晒，保墒促齐苗。齐苗后晴天下午6点后撤去覆盖，阴天可不盖。两片真叶前在晴天上午10时至下午17时遮荫和遇暴雨时覆盖护苗。当幼苗3～4片真叶时进行假植分苗，移植苗株行距均为10厘米，通过分苗促进根系多发和生长均匀一致。

（2）配肥整地 青花菜是需肥量大、耐肥性强的蔬菜，根系分布较浅，底肥应施足。8月中旬整地施肥，每亩撒施腐熟农家肥5500～7000千克，翻20～25厘米深，耙平后，按行距45厘米开沟施入三元复合肥50千克、过磷酸钙50千克、碳酸氢铵50千克，后合垄。

（3）及时定植 8月下旬露地定植，每亩栽3000株左右，株距40厘米，行株45厘米。

（4）田间管理 肥水管理：9月中旬追提苗肥，每亩埋施尿素10千克、过磷酸钙10千克。莲座期，每亩埋施三元复合肥50千克。花球期，每亩埋施尿素25千克，追肥时若遇天旱要结合浇水，以利于肥效及时发挥，生长盛期特别在花球形成期遇干旱要及时浇水。

中耕除草：在缓苗后及时进行一次中耕除草，中耕要浅，以免伤到根系。封行之前进行中耕除草3～4次，封行后停止除草。

病虫害防治：病害主要是霜霉病和黑腐病。霜霉病发病初期用72％霜脲·锰锌可湿性粉剂500倍液，或58％甲霜·锰锌可湿性粉剂500倍液等交替喷雾，每隔5～7天一次，连续3～4次。黑腐病，发病初期用72％硫酸链霉素200毫克/千克或新植霉素200毫克/千克，每5～7天交替喷雾，连续2～3次。害虫主要是蚜虫和菜青虫等，用2.5％三氟氰氰菊酯乳油5000倍液或10％吡虫啉乳油 1500 倍液或 45%毒死蜱乳油 1000 倍液，每隔 5～7 天交替喷雾，连续 2～3 次。

（5）适时采收　当花球充分长大，表面平整，花球基部的花枝略现松散时是采收适期。采收过早影响产量；采收过迟花枝松散，品质下降。采收方式是留 5～6 片外叶，从基部砍下花球，留下的外叶保护花球不被污染和损伤。每亩产量 1200 千克左右。

50. 如何进行马铃薯—玉米—大白菜或莴笋（露地茬口）的套作栽培?

马铃薯于 1 月中、下旬播种（直播），4 月下旬～5 月中旬采收。玉米于 6 月上旬播种（直播），9 月上旬采收。大白菜于 8 月上、中旬播种，9 月上旬定植，12 月上旬～下旬采收；或莴笋于 8 月上、中旬播种，9 月上旬定植，11 月中旬～12 月中旬采收。其茬口安排见表 7。

表 7　马铃薯—玉米—大白菜或莴笋（露地茬口）茬口安排

茬口	播种期（月/旬）	定植期（月/旬）	采收期始收～终收（月/旬）	预期产量/（千克/亩）
马铃薯	1/中、下（盖地膜）	直播	4/下～5/中	1500～2000
玉米	6/下	直播	9/上	800
大白菜 （或）莴笋	8/上、中 8/上、中	9/上 9/上	12/上～12/下 11/中～12/中	3500 3500

（1）马铃薯栽培技术要点　于 1 月中、下旬直播于露地。其他技术要点参照“大棚马铃薯—夏萝卜—结球生菜”中的马铃薯栽培技术要点。

（2）玉米栽培技术要点

① 品种选择　选择优质、丰产的玉米品种。

② 整地施肥　每亩施腐熟有机肥 3000 千克和复合肥 50 千克，做成 2 米宽（连沟）的畦。

③ 播种　玉米间易串粉，故要隔离种植。空间隔离的距离一般为 300～400 米。6 月上旬直播于露地。播种深度为 2 厘米，出

苗后3～5天进行间苗补苗。定植密度为每亩4000～4500株，采用大小行方式，大行70～90厘米，小行50厘米，株距25厘米，单株种植。

④ 田间管理　在5～7叶时追施尿素10千克/亩，拔节后追施复合肥15～20千克/亩，大喇叭口期（抽丝）重施攻苞肥，追施复合肥20千克/亩。施肥后结合中耕除草进行培土防倒伏，同时结合追肥要及时浇水。

⑤ 病虫害防治　玉米虫害防治以地老虎和玉米螟为害为主。地老虎主要为害苗期，一般在地老虎幼虫孵化高峰期（4月下旬至5月初），选用40％辛硫磷乳油800倍液喷雾（或500倍液灌根）、90％晶体敌百虫400～500倍液拌炒熟菜饼制成毒饵后撒施行间防治。玉米螟，在幼虫盛发期与玉米心叶期至抽雄吐丝期相吻合的田块，可选用2.5％多杀霉素悬浮剂1000倍液等药剂防治。

⑥ 采收　玉米作为鲜食用，在优质前提下兼顾高产，掌握采收适期尤为重要。采收时间因品种而定，一般抽雄后25～28天采收，其果穗的长度、穗粗和穗粒数均已定型，口味甜、香、糯，这时采收上市最佳。过早采收，影响果穗产量和可食率；过晚采收，含水量和适口性下降，影响品质。

（3）大白菜栽培技术要点

① 品种选择　秋季大白菜选择青杂3号等品种。

② 播种育苗　于8月上旬播种，每亩用种量50～75克，直播的用种量100～150克。直播的如土壤干燥，先在穴内浇水，穴距30厘米左右，待水渗透后，每穴撒放种子1～2粒，轻轻镇压，盖上麦秸，适量浇水。幼苗出土后，于傍晚揭去麦秸，3叶时定苗。

育苗的秧地要选在大田附近，以便就近移栽。秧地翻耕后做畦，畦宽1～1.3米。育苗的播种期比直播的提早4～5天。采用撒播，有1～2片真叶时进行第1次间苗，3～4片叶子时进行第2次间苗。每次间苗少量浇些水，以促进幼苗生长。

③ 整地施肥　选土层深厚，保水、保肥力强而排水良好的沙壤土或黏壤土，忌与青菜、甘蓝等叶菜连作，以减少病害的侵染。整地前进行翻耕，深度15～18厘米。基肥可先撒施后翻耕，也可

做畦后在畦中央开沟深施或施在高垄上，一般每亩施腐熟有机肥3000千克，或腐熟饼肥150千克。做成深沟高畦，畦宽连沟200厘米，其中沟宽30厘米。

④ 定植　育苗移栽的，当幼苗有4～5片真叶时就要移栽至大田，苗龄一般掌握在25～30天。移栽前秧地要浇透水，便于起苗和多带土。移栽的行距45厘米，株距33～40厘米。移栽当天要浇定根水，以后每天要浇水一次，直至幼苗活棵。

⑤ 田间管理　大白菜除施基肥外，还要分期追肥。幼苗期在定苗后或移栽活棵后施提苗肥或活棵肥，施尿素3～5千克/亩（施时适当加水）；发棵期的前期，追肥1次，施尿素5～10千克/亩；包心期再追施1～2次，每次施尿素10～15千克/亩。施用化肥时，最好穴施在离植株根部10～12厘米处，施后浇水溶化。

大白菜在植株封行前，除草、松土2～3次，最后一次松土要结合培土，但要注意不碰伤植株，以减少感染病害的机会。

⑥ 病虫害防治　为害大白菜的病害有软腐病、霜霉病和病毒病等，可选用72％硫酸链霉素可溶性粉剂3000倍液、77％氢氧化铜可湿性粉剂800～1000倍液、72％霜脲·锰锌可湿性粉剂800倍液、52.5％恶酮·霜脲氰水分散粒剂2000～3000倍液等药剂防治。

为害大白菜的害虫有蚜虫、小菜蛾、黄曲条跳甲和猿叶甲等，可选用10％吡虫啉可湿性粉剂2000倍液、15％茚虫威悬浮剂3500～3750倍液、1.5％甲氨基阿维菌素苯甲酸盐乳剂1500～2000倍液等药剂防治。

⑦ 采收　大白菜的采收期，根据品种生长期的长短而不同。一般包心紧实即可采收。

（4）莴笋栽培技术要点

① 品种选择　秋莴笋选用特耐热二白皮等品种。

② 播种育苗　莴笋都先育苗后再定植于大田。8月上、中旬播种。播种前，种子要进行低温处理，将种子在水中浸种4～5小时后捞起，用纱布袋包好后放在电冰箱的冷藏室内，温度宜控制在5℃，24小时后取出用清水洗后再放入，放置48小时后有70％以上种子露白后立即播种，播种量1.5千克/亩，可种大田10亩。

育苗的地块要精细整地，播种时，先将苗床用水浇透，将发芽的种子拌上细土均匀撒播在苗床畦面，盖上一层细土，播种后稍镇压，然后洒水覆盖遮阳网。在正常天气下，一星期即出苗。齐苗后进行间苗，苗距 3～4 厘米，防止徒长。育苗期间，应控制浇水，使幼苗叶色浓绿、粗壮。

③ 整地施肥　前茬出地后及时翻耕，耕深 15～20 厘米，施腐熟有机肥 2000 千克/亩左右作为基肥。然后做成宽约 1.7 米（连沟）的畦。

④ 定植　于 9 月上旬有 4～5 片真叶时移苗定植。要求带土移栽，株行距（30～35)厘米×(30～35)厘米，每亩栽种 3500 株左右。栽后浇好定根水，由于此时正值高温干旱，定植后为促使早活棵，可在莴笋上直接覆盖遮阳网，活棵后揭去。

⑤ 田间管理　莴笋的田间管理以施肥为最重要，但必须根据不同的季节采取不同的方法。定植后，温度逐渐下降，生长比较缓慢，不需过多的肥水，肥水过多，则植株生长过嫩，反而影响耐寒力。活棵后要加强肥水管理，预防先期抽薹，土地要经常保持湿润，追肥 3 次，定植活棵后第一次追肥，隔 7 天左右第二次追肥，以促发棵，10～15 天后第三次追肥，以促进肉质茎膨大，每次施尿素 8～10 千克/亩，第一次追肥后要进行松土。

⑥ 病虫害防治　病害主要有霜霉病、菌核病和软腐病等，可选用 72%霜脲·锰锌可湿性粉剂 800 倍液、52.5%恶酮·霜脲氰水分散粒剂 2000～3000 倍液、72%硫酸链霉素可溶性粉剂 3000 倍液等药剂防治。害虫主要有蚜虫、斑潜蝇及蓟马等，可选用 10%吡虫啉可湿性粉剂 2000～2500 倍液、25%噻虫嗪水分散剂 5000 倍液等药剂防治。

⑦ 采收　11 月中旬开始采收 12 月中旬结束。采收要及时，一般心叶与外叶平时是采收适期，采收过迟易空心。

第三章
马铃薯优质高产疑难解析

第一节 马铃薯连作及退化现象

51. 如何确定马铃薯的栽培季节和栽培管理制度?

因我国地理纬度跨越较大，南北方气候差异较为明显，不同地区对马铃薯的种植安排各有不同，栽培季节及耕作制度也不尽相同，应根据当地的实际情况进行合理安排。

（1）栽培季节　就全国而言，马铃薯一年四季，都有栽培，但各地都必须按照马铃薯结薯要求的温度安排栽培季节，即把结薯期安排在土温 13～20℃的月份，同时要求薯块在出苗后有 60～70 天以上的见光期，其中结薯天数至少 30 天左右。我国南北各地马铃薯的具体栽培季节是，北方一作区是 4～5 月份播种，9～10 月份收获。中原二作区春季 2～3 月播种，5～6 月收获；秋季 7～8 月份播种，10～11 月份收获。南方冬作区是春季 1～2 月播种，5 月份收获；秋季 8～9 月份播种，11～12 月收获。华南单双季混作区 9～11 月播种，2～4 月份收获。

（2）栽培制度　北方一季作区马铃薯都采用纯作，前茬最好是葱蒜类、瓜类作物，其次为禾谷类作物和豆类作物，要避免与茄科作物如番茄、辣椒、茄子等轮作，根菜类与马铃薯都是吸钾多的作物，也不宜互相轮作。中原二作区和华南单双季混作区，马铃薯除纯作外，还利用马铃薯棵矮、早熟和喜凉的特性，使马铃薯与高秆、生长期长的喜温作物如玉米、棉花、瓜类蔬菜、甘蓝、大葱、甘薯等进行间作，也有的利用马铃薯出苗前后约40天左右的一段时间种一茬速生菜，如小白菜和小萝卜等。南方冬作区前茬主要是水稻。

52. 马铃薯连作障碍的发生机理有哪些?

作物与土壤综合作用是引起连作障碍的主要成因，作物产生连作障碍的原因也因其种类、栽培方式、栽培条件的不同而有所区别。国内外大量研究认为连作障碍主要是土壤生物学环境失去平衡（土壤中有害微生物增加，土传病害加剧，作物残茬毒害新生作物，寄生线虫数量增加，营养元素的单一消耗）以及土壤理化性状的劣化（土壤养分的不均衡利用、土壤盐类物质积聚、土壤物理性状变差），连作障碍的产生也与作物根系分泌物的种类和数量变化密切相关。

（1）土壤理化性状变化　土壤物理性状改变：随着马铃薯种植年限的增加，土壤物理性状会有所变化，连作多年后，土壤中盐类物质会不断积累而造成土壤板结，使土壤中非活性孔隙比例降低，导致土壤通气、透水性变差，土壤容积质量比重增大，需氧型的微生物活性下降，影响了植物的正常生长。

土壤次生盐渍化变化：在马铃薯的种植过程中，由于大多种植户缺乏科学种植知识，如：施肥不合理，过度的施用化肥，最终致使土壤含盐量不断增加，造成土壤次生盐渍化，土壤中微生物的活动受到土壤中盐浓度的影响较大，盐浓度与微生物的活跃状态成反相关关系；铵态氮向硝态氮的转化速度也因盐浓度的升高而下降，迫使作物吸收铵态氮，导致叶色变深，生育受阻。土壤盐分积累后，土壤溶液浓度增加导致渗透势变大，作物种子因吸水吸肥困难而不能正常发芽，影响其生长。

土壤养分的不均衡利用：作物因其种类不同对营养元素也存在选择性吸收现象，同一种植物长期连作由于选择性吸收，某些营养元素就会过度消耗，若得不到及时补充便会出现“木桶效应”；与此同时，另一些营养元素会随着种植年限的增加而不断积累，造成土壤中养分不均衡现象。研究表明：由于马铃薯对钾元素的选择性吸收造成钾素入不敷出的问题日益突出，随着连作年限的增加，养分比例失调现象就会愈来愈严重。作物体内各种养分比例失调也受到施肥量与施肥种类的影响，长期过度施肥与不合理的单一施肥会影响作物对养分的吸收与利用，导致植物的抗逆能力下降，抗病虫害能力下降，根冠比失调等。

(2) 土壤生物学环境恶化　“根际”是一个特殊区域，是作物与土壤直接接触与作用的一个区域，植物通过根系从土壤中吸收所需营养元素，作物也通过根系分泌一些物质作用于土壤。近年来，越来越多的学者对“根际”这一特殊区域做了较多研究，提出从根际微生态角度入手综合研究连作障碍，由连作引起的土壤理化性状的改变以及土壤中长期存留作物根系分泌物和残茬均可导致土壤微生态的变化，影响作物正常的生长，将根际微生态失衡作为连作障碍发生的又一主要原因。马铃薯连作使根系的正常生理功能受到抑制，根系作用减弱，并且随着连作年限的增加，抑制作用越明显。

土壤酶活性变：随着连作年限的增加，土壤中各种酶的活性都存在变化趋势，过氧化氢酶活性与种植年限成正相关关系，而脲酶、转化酶、酸性磷酸酶的活性与种植年限总体成反相关关系。研究表明：根际土壤蔗糖酶活性对土壤中碳氮的转化影响较大，马铃薯短期连作后使得土壤蔗糖酶活性下降，从而抑制了土壤中碳氮的转化，进而影响了马铃薯对氮素的有效吸收。

土壤微生物改变，土传病害加重：细菌、真菌、放线菌是土壤微生物的重要组成部分，它们能够促进植物残体的降解、腐殖质形成，在养分的转化与循环中起着十分重要的作用。研究表明：马铃薯连作栽培显著提高了土壤微生物碳/氮比，土壤细菌/真菌的比例和对照土壤相比，分别减少了64.70%，9.18%～32.11%，连作会使土壤中微生物区系从细菌型转向真菌型。有人发现，随着马铃薯种植年限的增加，土壤中镰刀菌数量明显增加，而镰刀菌是引起作物产生生理性病害的典型真菌，其中尖孢镰孢菌极易引起马铃薯干腐病。

（3）光合作用下降　光合作用是植物生长周期中不能缺少的，植物通过光合同化产物为自身提供生长必需物质。一般正茬马铃薯的光合速率比连作 4 年高 56%，蒸腾速率比连作 4 年的高 25%。

（4）化感自毒作用　植物中所发现的化感物质主要来源是植物在生长过程中的次生代谢产物，化感物质影响了植物细胞的正常分裂和伸长、原生质体、细胞膜和叶绿体膜的完整性和渗透性。研究发现：马铃薯连作后，叶片在现蕾期会通过一系列代谢反应产生对自身有害的超氧自由基和 H_2O_2（酶底物），丙二醛（MDA）的含量也随着连作时间的增加而升高，造成了叶片细胞质膜的过氧化作用，对马铃薯植株造成了逆境上的伤害。

53. 马铃薯连作障碍的危害表现有哪些？

连作造成的危害主要是植物抗逆性减弱和病虫害猖獗，从而导致作物产量和品质出现明显下降趋势，严重时还会导致植株死亡。

植株连作后生长发育受阻，受害症状表现为植物叶面积减小、株高降低、光合速率下降、叶绿素含量降低、根系活力下降。研究发现：马铃薯连作后株高、茎粗、叶绿素 3 项测定指标较正茬分别低 61%、57%和 20%。

连作障碍 70%是由于土传病害引起的，土传病害导致作物根系线虫发生严重，马铃薯黑痣病是由马铃薯丝状核菌溃疡的病原菌侵染所致，是一种典型的土传性真菌病害，而长期连作使得此种病原菌数量明显增加。

连作后马铃薯生长不良最终导致产品产量与品质的下降。研究表明：通过测定正茬马铃薯与连作 4 年后马铃薯相应的生物产量和块茎产量，得出结果，正茬马铃薯块茎产量较连作 4 年高 43%，而且不同连作年限马铃薯的叶面积系数、生物产量、块茎产量均呈现极显著差异。

54. 如何防止马铃薯连作障碍？

（1）深耕并推行生物有机肥为主、化肥为辅的施肥技术体系　在马铃薯种植过程中，农民为追求产量导致盲目施肥现象十分严重，化肥的施用量超过植物正常生长所需，施肥量一般都超过1倍以上，造成养分大量的浪费与累积，使土壤溶液中盐分浓度逐年上升，土壤次生盐渍化现象严重，使马铃薯产生生理性病害。在马铃薯种植时期应大量使用高品质生物有机肥，或利用秸秆生物反应堆肥增加土壤有机质，培肥改良土壤，抑制有害微生物菌群，根据土壤的供肥能力和马铃薯的需肥规律定量施肥，控制氮肥和磷肥的施用比例，增施钾肥，补施微肥，从根本上改善土壤自身环境的调节功能。

（2）推广专用微生物菌肥抑制土传病害，杀灭根结线虫　土壤中某些有益微生物的大量繁殖可以解决或缓解连作障碍中的自毒作用，在特异微生物菌肥的研制方面，由于种植作物不同，对其产生毒害的有害菌也存在差异，应根据马铃薯连作后土壤的具体情况引入相应的拮抗微生物。生物有机肥的施用可提高原有拮抗微生物的活性，从而降低土壤中病原菌的数量，抑制病原菌的活动，减轻病害的发生。施用微生物菌肥不仅可以促进土壤有机质的分解和增加土壤中的营养物质，从而降低化肥的用量，同时还可有效抑制土壤中有害菌的繁殖，减轻土传病害的发生。

（3）抗重茬茬口安排与抗重茬轮作倒茬技术　轮作可使土壤中的不同养分得到有效的利用，土壤中各养分处于平衡状态，也可以使病菌改变生活环境，从而失去了原有的寄主，减轻或消灭病虫害。在实行轮作时也因根据作物的科属类型、生长规律、吸肥特点等制定合理的轮作制度，有计划地轮作换茬。

在安排轮作时应首先避免有相同土传病虫害的作物连作。在作物轮作中，马铃薯应每隔4年种植一次，最好5～6年。大田栽培时，前茬以豆类、小麦、玉米等茬口为佳。在菜田栽培时，前茬作物以葱、蒜、萝卜等为好，这样既有利于把病害发生率降到最低限度，同时马铃薯生长期间茎叶覆盖地面，多数一年生杂草受到抑制或不能结籽，对减少草害有重要作用。茄科作物如番茄、茄子、辣椒等因和马铃薯有相同的病害侵染而不宜作为前茬。白菜、油菜、甘蓝也不是理想的前茬作物，因为它们与马铃薯有相同的病害。马铃薯与水稻、油菜、麦类、玉米、黄豆等作物轮作比较好，既利于减少病害的发生，也利于减少杂草生长。

（4）推广高效农艺措施抗重茬　在茬口之间种植短生育期作物甜玉米、豆类等强化轮作倒茬，葱蒜类蔬菜根系分泌物对多种细菌和真菌都有较强的抑制作用，可通过与此类蔬菜的合理间作或套种，来防治土传病害。

（5）氧化还原、太阳能等环保型土壤消毒技术　马铃薯连作障碍严重地区可以充分利用氰氨化钙对土壤进行消毒，消毒后可减少土壤对化肥的依赖，同时提高土壤自身供氮能力。采用氰氨化钙—太阳能消毒与生物有机肥及秸秆联合修复技术，每亩撒施50千克氰氨化钙加切碎秸秆1000千克，再通过耕翻将氰氨化钙与秸秆翻入土壤中，可有效减轻土传病害。

（6）推广有机无土栽培技术抗重茬　推广低成本、易管理、环保型复合有机基质栽培技术抑制土壤病菌大量积累和次生盐渍化现象等连作障碍，增强马铃薯长势，增加产量，改善品质。

55. 什么叫马铃薯退化现象?

在马铃薯栽培过程中，出现马铃薯生长势衰退，分枝减少，植株矮化，茎秆细弱，叶片颜色变为浓淡不均的花叶症，叶片卷曲、皱缩变小或坏死，叶柄角度变小，薯块变小或畸形、表皮裂纹，产量、品质逐年下降，甚至完全没有收成，商品性状变差，种植效益降低等现象，叫马铃薯的退化现象。

退化了的种薯，若不通过病毒排除措施，即使栽培条件最好，也不能恢复种性，也达不到品种的原产量水平。这种退化现象，称为马铃薯病毒性退化。

一般意义上的马铃薯退化现象，实际上是马铃薯植株在生长过程中感染了病毒。常见的是，从外地调来的种薯在第一年或第一季种植时产量很高，而把收获的马铃薯留种，再种植时，植株逐渐变矮、分枝减少、叶面皱缩、向上卷曲、叶片出现黄绿相间的嵌斑，甚至叶脉坏死，有的整个复叶脱落等，生长势衰退、块茎变小、产量连年下降，最后失去种用价值。

马铃薯退化是生产上长期普遍存在的问题，退化会导致马铃薯严重减产，轻者减产 30%～50%，重病田可减产 80%，个别地块甚至绝收，制约着大多数地区马铃薯栽培面积的扩大和产量的提高，给马铃薯生产带来不可估量的损失。

56. 马铃薯的退化表现在哪些方面?

马铃薯的退化现象是世界各国普遍遇到的问题。马铃薯退化主要是由传染性病毒引起的，而高温则是诱发退化的间接因素，因高温有促进马铃薯花叶病毒增殖的作用。

马铃薯病毒种类很多，常见的有普通花叶、重花叶、潜隐花叶、皱缩花叶、卷叶和纺锤块茎等病毒。由于引起马铃薯退化的病毒种类不同，有的是一种病毒单独侵染，有的是两种或更多的病毒复合侵染，因而引起退化的症状多种多样。

（1）普通花叶型（彩图 19） 由马铃薯 X 病毒引起，通过接触传染。主要症状是植株生长比较正常，叶色减退，浓淡不匀，表现明显的黄绿花斑，在阴天或阳光透视叶片，可见黄绿相间的斑驳。

（2）重花叶型 由马铃薯 Y 病毒病引起，可接触传染，也可通过昆虫等传播媒介传染。主要症状是叶片变小，并有花叶症状，有时叶脉坏死，严重时整株呈现垂叶坏死，叶片和茎变脆，有褐黑色条斑，植株下部叶片早期枯死，但不脱落，顶部叶片轻微皱缩。

（3）皱缩花叶型 由 X 病毒和 Y 病毒混合引起，主要通过接触传染。主要症状为叶片皱缩变小，叶尖向下弯曲，叶脉下陷，叶缘下折，植株矮小，呈绣球状，下部叶片早期枯死脱落。

（4）卷叶型（彩图 20） 由马铃薯卷叶病毒引起。主要通过蚜虫传染，主要症状为叶片以主脉为中心向上卷曲，感染初期，顶端叶片首先卷曲，严重者卷成筒状。一般基部叶片卷曲严重，由于淀粉在叶内积累，叶片变厚变脆。有的品种伴有茎部和块茎维管束坏死，有时叶背面呈红色或紫红色，叶柄与主茎呈锐角，植株矮化。

（5）束顶型 由马铃薯纺锤块茎病毒引起，又叫纺锤尖头病和纤块茎病。昆虫、实生种子和汁液摩擦都能传染。轻度染感病株高度正常，重度感染病株表现矮化，分枝减少，叶片与主茎成锐角向上耸起，叶片变小，顶叶卷曲，有时顶部叶片呈紫红色，块茎由圆变长，成纺锤尖头状，芽眼变浅，芽眉突起，有时块茎表皮有纵裂口。

（6）丛生型　由类菌原体引起，植株分枝多丛生，叶片变小，病株矮化，为正常株高的1/2～1/3，块茎产生纤细芽，每穴抽出许多细弱的茎，呈丛生状。奇数羽状复叶变成小形单叶，茎节缩短，易形成气生薯，结薯多而小，无商品价值。

此外，植株的营养条件易造成伪病毒症状，要注意区别。当土壤的营养低于植株正常生长需要的水平时，在植株上可观察到营养缺乏的某些症状。这些症状通常类似于病毒引起的症状，两者容易混淆。例如，缺氮引起普遍失绿或生长迟缓；叶脉黄化与缺镁有关；而缺磷叶片呈现杯状。营养过剩通常在短期内也会被误认为是病毒的症状，经常从最能观察到的马铃薯花叶症状上回收到高剂量的氮。在应用含氮丰富的叶面肥时，也会出现伪症状。

57. 马铃薯病毒的传播途径有哪些?

（1）虫媒传毒　虫媒传毒是马铃薯病毒传播的主要方式，传毒害虫主要有昆虫（如蚜虫、黄曲条跳甲、叶蝉）、土壤害虫（如土壤线虫、蝼蛄、土蚕）等，特别是吸汁类昆虫如蚜虫（桃蚜）、叶蝉、蝗虫、粉虱等是最主要的传毒害虫，它们在咬食、刺吸病叶后再咬食、刺吸健康植株，造成病毒大量传播。

（2）接触传毒　同一田块内的植株、相邻健康植株与感病植株发生摇晃，相互接触并产生摩擦，造成健康植株感染病毒。

（3）人类活动传播　人们在进行必要的生产活动时，不经意间将病毒由感病植株传播给健康植株，或者将病毒由带毒种薯传播给健康种薯。例如，人类在田间行走，造成田间病健株相互接触摩擦传毒，中耕或收获时使用锄具传毒，切种薯使用切刀传毒等。

（4）种薯传毒　在种薯调运过程中，远距离传播。病毒一旦侵入马铃薯植株，就向薯块等器官转移。由于大田生产马铃薯是用营养器官作为繁殖材料进行种植的，作为繁殖器官的块茎如果感染有病毒，由其长出的马铃薯植株在生长期间，病毒会向植株各部位繁殖转移，包括新生薯块，如此周而复始，病毒就会世代相传。

58. 如何防止马铃薯退化？

由于马铃薯退化主要是由病毒引起的，因此必须根据病毒为害的特点确定防治途径。

（1）选用抗病品种　马铃薯的品种不同，对病毒的抗性也有差异。选用抗病毒或耐病毒品种，是防止退化的措施之一，也是最经济有效的根本措施。品种对病毒的抗性是相对的，绝对抗病毒的品种是没有的。选种与栽培技术紧密结合，才能保持和发挥品种的抗病性，防止退化。

（2）汰除毒源　毒源指在健康群体中感染病毒病的个体，汰除毒源可采用单株系选，去杂拔劣等措施，其次可以利用指示作物鉴定。此外目前常用的方法为利用茎尖培养生产无毒种薯，这是解决种薯退化的根本措施，利用病毒在马铃薯体内分布不均匀的原理，通过茎尖培养，脱掉马铃薯病毒，获得无毒苗，再通过无毒苗繁殖无毒薯，供生产之用。马铃薯茎尖脱毒切取的茎尖（生长点）长度一般为0.2～0.3毫米，只带一二个叶原基。经过组织培养成苗后进行病毒检测，确实不带病毒才能繁殖茎尖苗，生产无毒薯。采用脱毒技术保持种薯健康无病毒且优质高产，增产潜力显著，已成为世界各国发展马铃薯生产的根本途径。

（3）防治传毒媒介　在防止马铃薯退化过程中，消灭或减少传毒媒介是一项重要措施。马铃薯退化是病毒引起的，传播病毒的最主要媒体是蚜虫等。因此，在马铃薯生产上采取防蚜、避蚜措施非常重要。例如，把种薯生产基地设在蚜虫少的高山或冷凉地区，或有翅蚜不易降落的海岛，或以森林为天然屏障的隔离地带等。

（4）调节环境条件　病毒侵染马铃薯后，在高温条件下，加速繁殖，所以在中原春秋二季作区，可采用调整播种期，实行阳畦和春薯早收留种与秋播，避蚜躲高温，在相对凉爽的气候条件下，进行马铃薯生产。北方一季作区可采取夏播留种避蚜；南方实行高山留种和三季薯留种等。此外，还可在留种田喷乐果防治蚜虫，并结合株选。

（5）建立和健全无病良种繁育体系　健全良种繁育体系和制

度，把使用良种和防毒保种措施相结合。选择海拔高、气候凉爽，昼夜温差大的地区，建立无病毒原种生产基地，繁殖无病毒或未退化的良种，实现种薯生产专业化。防止良种机械混杂、保持原种的纯度。北方一季作区良种繁育体系一般为5年5级制。首先利用网棚进行脱毒苗扦插生产微型薯，一般由育种单位繁殖；然后由原种繁殖场利用网棚生产原原种、原种；再通过相应的体系，逐级扩大繁殖合格种薯用于生产。在原种和各级良种生产过程中，采用种薯催芽、生育早期拔除病株、根据有翅蚜迁飞测报早拉秧或早收等措施防止病毒的再侵染，以及密植结合早收生产小种薯，进行整薯播种，杜绝切刀传病和节省用种量，提高种薯利用率。

（6）利用实生块茎、整薯、切薯留种　此法也是防止退化的有力措施。许多病毒（类病毒除外）在马铃薯种子形成的有性生殖过程中可以排除。因此，利用马铃薯浆果中的实生种子生产种薯可以不带病毒。世界上有不少国家已把利用种子生产马铃薯种薯，作为防止马铃薯种薯退化的一项重要增产措施。

整薯播种，既可避免切刀传毒传菌，又能有效利用薯块顶芽优势，使植株生长出较多茎叶，利于多结薯、结大薯。但整薯播种以秋播留种的小整薯为宜，这样能节约种薯，达到防止病毒交叉感染，实现高产。

（7）利用冷凉气候生产种薯　通过改变马铃薯的播种期和收获期，使种用马铃薯结薯期恰好在适宜块茎生长的冷凉季节，可起到躲避病毒感染和增强马铃薯抗病性的作用。

夏季留种：北方一季作区采用夏播留种，把留种用的马铃薯推迟下种，用健康的种薯在夏末秋初下种，在当地初霜期前80～85天下种，使马铃薯结薯期处在良好的生态环境条件下，外界气温逐渐降低，气候凉爽，昼夜温差大，日照变短，满足了马铃薯性喜冷凉的要求，不仅对马铃薯结薯有利，还大大提高了马铃薯抵抗病毒的能力。

高山留种：适合在我国有高山条件的地区进行，结合其他留种技术，繁育优质种薯。高山的温度比平原低，气候凉爽，传染病毒的媒介少，留种易成功，质量好。

春季早播、早收留种：由于春播种薯和商品薯收获期没能分开，为获得高产，收获期均比较晚，导致蚜虫传毒机会多、时间长。当用收获薯块再留种，病毒病会比较严重，即使秋播也摆脱不了病毒的危害。如果在春季适当提早薯块播种期和收获期，将商品薯和种薯分开种植、分别收获，在有翅蚜传毒高峰期前收获种薯，种薯质量就能大大提高。但在种薯早播时，除要避免晚霜冻害外，还应掌握好当地蚜虫迁飞规律，做好防治工作，尽量在有翅蚜传毒高峰期前收获种薯，适时调整收获时期。

（8）改善种薯的贮藏条件　马铃薯块茎要求冷凉的贮藏条件，而南方各省的平原地区，夏季各月都处于25℃，甚至30℃的高温条件下，种薯在贮藏期间，易失水皱缩，过早萌芽，耗损养分。因此，必须改进贮藏方法，防止种薯衰老和退化。

（9）加强农业技术措施　改进和优化栽培技术措施，为马铃薯生产创造优良环境条件，促进植株健壮生长，减轻退化程度。如，采用沙壤土、高肥水、合理密植、加强田间管理；轮作或休闲，中断侵染循环；马铃薯田远离毒源植物，例如，茄科蔬菜、感病马铃薯等，以减少传染，还要远离油菜等开黄花的作物，从而减少蚜虫的趋黄降落；收获前提早清除地上部分，减少病毒运转到种薯的机会。在繁殖过程中必须及时清除田间杂草和最早发生的病株（清除传染源），避免在田间操作时手、衣服和工具传播病毒（避去传染来源），做好灭蚜防蚜工作（避去传染介质）。

（10）药剂防治　抗植物病毒活性化合物：具有抗植物病毒活性的化合物主要包括病毒蛋白、抗生素、抗病毒生物碱及其衍生物等。研究表明，6-氨基尿嘧啶、9-(2,3-二羟基丙基）腺嘌呤和6-氨基胸腺嘧啶能抑制马铃薯病毒的复制酶活性，从而抑制病毒复制。

防治马铃薯病毒的化学试剂：虽然目前还未研制出针对植物病毒的有效治疗剂，但用于预防的抗病剂在生产中取得了显著效果，如1.5％植病灵乳剂、5％菌毒清水剂、3.95％唑·铜·吗啉胍（病毒必克）可湿性粉剂等药剂在交替使用的同时，与其他农业防治措施相结合，可取得60％～70％的防效。

总之，导致马铃薯种薯退化的因素是复杂的。因此，要采取综合性的防治措施，才能收到良好的效果。

59. 怎样利用实生块茎留种防止马铃薯退化?

马铃薯的果实及其种子，是马铃薯进行有性繁殖的唯一特有器官。果实里的种子叫做实生种子，用实生种子种出的幼苗叫做实生苗，结的块茎叫实生块茎或实生薯。

马铃薯病毒中，除引起纺锤形块茎的类病毒外，均不通过实生种子传染，而有摒除病毒病菌的作用。由于实生种子不带病毒，所以生产的种薯也不带病毒。因此利用实生种子块茎留种是防止马铃薯退化的有效措施。

在生产上应用实生种子，必须经过严格选择才能利用。结浆果的品种很多，但并非所有种子都能利用。马铃薯种子分离严重，同一个浆果中的种子生长的植株也常常五花八门。成熟早晚、植株高矮、产量高低等，差别很大。生产上用的马铃薯种子大多由科研单位提供，要求整齐度高，高产、抗病、品质好。不是随便采集的种子就可以拿来繁殖。所以，未经选择的种子不能直接在生产上使用。

马铃薯种子小，直播保苗困难。因种子发芽后根系不发达，幼苗前期生长缓慢，而田间杂草生长比马铃薯实生苗往往快得多。直播时要求整地和播种的条件高，大田生产不易做到，因而大多用育苗移栽的方法。这样可在小块苗床播种，苗床可多施用一些腐熟的农家肥料，使表土疏松易于出苗，而且除草、浇水方便。此外，还可适当早育苗，以便移到田间有较长的生长时间，从而获得较多的种薯。用实生种子生产的块茎即为实生薯。应注意以下几个问题。

（1）二季作区不适合用种子生产种薯　因为种子育苗前期幼苗生长很慢，春季在大田种植，如没有防虫设施，种苗会大量感染病毒，达不到生产无病毒种薯的目的。所以春季需在温室早育苗，并需及早把苗移栽到网棚中生产种薯，这样才能防止春季蚜虫传毒，不致当年出现大量病毒性退化植株。秋季8月份前气温高，既不能在温（网）室中育苗，又不能在早霜到来前生产出合格的种薯。所以在二季作区利用种子生产无病毒的种薯，除科研单位外，一般是不易做到的。

（2）一季作区或南方山区适合用种子生产种薯 由于一年一作或无霜期长，用种子生产种薯比较合适。如北方一季作区，前期育苗，在有翅蚜虫飞迁高峰期过后移栽，仍有较长的生育期，同时在气温低、蚜虫少的情况下，能够生产出较高质量的种薯。同样，在南方山区或利用冬季稻田休闲期，及早育苗移栽，也可躲过有翅蚜虫大量传毒，生产出高质量的种薯。

（3）选择有性繁殖分离小的的品种作采种亲本，因现有的马铃薯品种都是杂种第一代的无性繁殖系，所以无论品种间杂交或天然自然结实的种子，其实生苗后代必然要发生分离，因此要选择有性繁殖分离小的品种作采种亲本，最有效的办法是利用马铃薯的自交系或单交种。

（4）选用不感染纺锤块茎病毒的品种作采种或杂交亲本。

（5）马铃薯种子休眠期较长，当年不易发芽，即使用1500毫克/升的赤霉酸溶液浸种催芽，效果也不理想。最好用隔年的种子，以免催芽困难。

（6）加强管理防止重感病毒，马铃薯的实生种子虽不带病毒，但在实生苗生育期间及其无性繁殖过程中，仍可重新感染病毒。为此必须采取综合措施，杜绝各种传播途径。实生薯一般不带病毒，但不等于在种植期间不感染病毒。实践证明，用种子生产的实生薯，种植3年后就无增产优势。为了保持实生薯的增产作用，需3年后重新育苗生产种薯，及时更换实生薯。

（7）注意对实生苗后代进行选择。实生苗后代会产生性状分离，须对后代加以选择。力求选出一个比较整齐的群体，以繁殖利用。

第二节　马铃薯田间管理技术

60. 马铃薯适期播种的依据有哪些？

马铃薯播种期因品种、气候、栽培区域等不同而有所差异。各地气候有一定差异，农时季节也不一样，土地状况更不相同，所以马铃薯的播种时间也不能强求划一，应综合考虑以下因素确定。

（1）地温　地温直接影响着种薯发芽和出苗。在北方一季作区和西南山区春播时，一般 10 厘米深度的地温应稳定通过 5℃，以达到 6～7℃较为适宜。也可根据晚霜来临的时间而定，一般在当地正常春霜（晚霜）结束前 25～30 天播种比较适宜。

二作区范围广阔，春季播种时期同样要根据 10 厘米地温稳定通过 7～8℃时方可播种，采用覆盖栽培，则可提早播种。

（2）土壤墒情　虽然马铃薯发芽对水分要求不高，但发芽后很快进入苗期，则需要一定的水分。在高寒干旱区域，春旱经常发生，要特别注意墒情，可采取措施抢墒播种。土壤湿度过大也不利于播种，在阴湿地区和潮湿地块，湿度大，地温低，需要采取措施晾墒，如翻耕等，不要急于播种。

（3）气候条件　按照品种的生长发育特点，使块茎形成膨大期与当地雨季相吻合，同时尽量躲过当地高温期，以满足其对水分和湿度的要求。根据当地霜期来临的早晚确定播种期，以便躲过早霜和晚霜为害。如二作区秋马铃薯播种时期，既要尽可能避开高温季节，又要力争在早霜前成熟，可根据当地早霜时间和品种生育期确定，也可掌握在日平均高温 25℃时播种。一天内的播种时间，晴天最好安排在 10 时前和 16 时后，以避免高温下种薯呼吸作用过强，造成黑心而腐烂；阴天则可整日播种。

（4）品种的生育期和种薯情况　如种薯已经催芽处理，则出苗较快，过早播种，幼苗出土后会有遭受霜冻的危险，故应适当晚播；如种薯未经催芽处理，则可适当提早播期。中原二作区采用早熟品种，则应适当提早播种期，因通常早熟品种抗逆力弱，不抗旱、不抗涝、不抗病，早播可以充分利用早春的墒情，达到齐苗保苗，早播且要早收，躲过伏雨和晚疫病为害，有的地方早收后尚可增种一茬秋季作物。北方一季作区用中、晚熟品种时，播期宜稍晚，因中、晚熟品种抗逆性较强，在高温长日照条件下易于徒长，匍匐枝也易伸出土表，陆续形成的块茎大小不齐，如适当晚播，使结薯期相应后移到适于结薯的低温短日照条件下，促使块茎迅速膨大，即相对地缩短了结薯期，避免后期形成过多的小块茎，以提高产品的商品品质和经济价值。

（5）栽培制度　间作套种应比单种的早播，以便缩短共生期，减少与主栽作物争水、争肥、争光的矛盾。

（6）不同栽培区域播种期基本原则

① 北方一季作区　实行春播，在土壤表层 10 厘米土温达到 6～7℃时即可播种，但为避免夏季高温对块茎形成膨大的不利影响，播种期应适当推迟。一般平川区，以 5 月上中旬播种为宜，高寒山区以 4 月中下旬播种为宜。

② 中原二季作区　实行春、秋两季播种，春马铃薯的播期宜早不宜晚，一定要做到在当地断霜时齐苗，炎热雨季到来时保产量。一般 2 月中旬至 3 月中旬春种，夏季高温来临前即可收获，经验证明，离播种适期每推迟 5 天，减产 10％～20％。

华北区在播种前使芽条经受低温锻炼，即使播后遇有轻霜冻，损失也不显著，有时冻坏了顶部，下部又会发生新芽，产量还可以有一定保证。

在促早熟栽培中，地膜覆盖栽培的播种期一般比露地栽培可提早 10 天左右；地膜覆盖＋小拱棚栽培一般可比露地栽培提早 20 天左右；地膜覆盖＋小拱棚＋冷棚栽培一般可比露地栽培提早 30 天左右。

秋播，特别是利用刚收获不久的春薯作种时（隔季留种者可适时早播），一定要适期晚播。秋马铃薯播种过早，容易受高温多湿不利条件的影响而造成烂种；如果播种过晚，生长期不足，产量会受到影响，一般 7 月上旬～8 月下旬秋播。

③ 华南冬作区　多在 10 月上旬～11 月中旬播种。

61. 马铃薯播种方法有哪些?

（1）沟点种法　在已春耕耙耱平整好的地上，先用犁开沟，沟深 10～15 厘米，随后按株距要求将准备好的种薯点入沟中，种薯上面再施种肥（腐熟好的有机肥料），然后再开犁覆土。种完一行后，空一犁再点种，即所谓“隔犁播种”，行距 50 厘米左右，依次类推，最后再耙耱覆盖，或按行距要求用犁开沟点种均可。优点是省工省力，简便易行，速度快，质量好，播种深度一致，适于大面积推广应用。

（2）穴点种法　在已耕翻平整的地上，按株行距要求先划行或打线，然后用铁锹按播种深度进行挖窝点种，再施种肥、覆土。优点是株、行距规格整齐，质量较好，不会倒乱上下土层。在墒情不足的情况下，采用挖窝点种有利于保墒出全苗。但人工作业比较费工费力，只适于小面积采用。

（3）机械播种法　国外普遍采用机械播种法，播种前先按要求调节好株、行距，再用拖拉机作为牵引动力播种，种薯一律采用整薯。优点是速度快，株行距规格一致，播种深度均匀，出苗整齐，开沟、点种、覆土一次作业即可完成，省工省力，抗旱保墒。

62. 马铃薯播种深些好还是浅些好?

马铃薯的播种深度是影响出苗早晚、全苗壮苗的关键因素。马铃薯播种深度应根据土壤温度和湿度、土壤质地、栽培季节等多种因素来确定，不能一概而论。

一般在土壤质地疏松和干旱条件下可播种深些，深度以 12～15 厘米为宜。播种过浅，容易受高温和干旱的影响，不利于植株的生长发育和块茎的形成膨大，影响产量和品质。地膜覆盖栽培因生长期培不上土，若薯块膨大露出地面，会产生绿皮薯，造成品质低劣，故要适当深播。

在土壤质地黏重和下湿涝洼的条件下，可以适当浅播，深度以 8～10 厘米为宜，播种过深，容易造成烂种或延长出苗期，影响全苗和壮苗。

露地栽培可适当浅播，以后可以结合中耕进行多次培土。

春季栽培宜深，秋季栽培宜浅。

一般微型薯开沟深 7 厘米，覆土后从种薯到垄顶 10～12 厘米。切块播种开沟深度 7 厘米，覆土后 13～14 厘米。

北方一季作区，为了提高地温早出苗，播种时覆土薄一些，待出苗前起垄时覆土到要求厚度。

63. 马铃薯的栽培方式是垄栽好还是平栽好?

马铃薯的栽培方式要因地制宜，在春季干旱缺雨地区，常靠冬季积雪或秋雨越冬保墒，不论有无灌溉条件，以采取平栽比较有利。尤其是沙性大的土壤，保水性差，春季更应平栽。在低洼地或雨水较多的地方宜采用垄栽。

（1）平栽　播种时不起垄，播种面积小时，可用人工挖穴播或开沟条播，面积大时用犁开沟或机械开沟、施肥、播种。播种后将地整平。待出苗后在行间把土培在植株根际，经过 2～3 次培土，使行变成垄，行间变成垄沟。保持垄高 15 厘米左右，便于灌水，能排水。培成垄时要注意垄沟的深浅不要差异太大，垄沟高低不平灌水不匀，排水不畅，会造成灌水时跑水，或降雨后田间积水，影响块茎正常生长。

（2）垄栽　有的宽垄多行，有的高垄双行等，各地种植方式不一。南方多半以高畦栽培，畦宽 90～120 厘米，畦间相距 25 厘米，沟深 15～25 厘米，种植的行数因畦宽窄而定，一般行、株距各 30 厘米左右。高垄双行交错播种的垄距 85 厘米左右，垄高约 20 厘米。垄栽主要是防涝，垄沟便于排水，在田边地头设有排水沟，防止田间积水。大棚早熟促成栽培中，以垄栽为主要方式。

不论平栽或垄栽，均应注意播种深度和培土，以后期保持块茎不露出地面、不见光为宜，否则会影响块茎食用品质。

64. 如何进行秋马铃薯育苗移栽?

马铃薯发芽的最适温度为 12～18℃，植株生长最适温度是 20℃左右，块茎形成膨大的最适温度是 16～18℃。秋马铃薯的播种季节正是高温干旱季节，病虫害发生严重，尤其是蚜虫较多，容易传播病毒病，不适合马铃薯的生长。秋马铃薯生长的后期气温下降较快，容易出现霜冻天气，马铃薯块茎膨大不足而影响产量。

采用育苗移栽可以避免高温干旱而引起的烂薯缺苗问题，适当提早育苗可以延长马铃薯的生长时间，有利于提高秋播马铃薯的产量。

马铃薯育苗时先要打破马铃薯种薯的休眠，秋播马铃薯的种薯一般用春薯，而春薯收获期和秋薯播种期相距45～60天，常常种薯还没有通过休眠期就要进行播种，因而催芽处理是秋马铃薯育苗和生产成败的关键。将处理好的种薯平摊在阴凉地方发芽，或直接播种在遮阴的苗床上催芽。出苗期加强水分管理和病虫害的防治，当块茎芽长5厘米左右时即可栽种到大田。浸种催芽的时间为8月上旬，移栽时间为9月上旬。

移栽后应加强水分和病虫害管理。

65. 马铃薯种植越密产量会越高吗?

密度是构成马铃薯产量的基本要素，增加种植密度，可使单位面积上的株数、茎数和结薯数增加。密度过稀，单株生长发育好，产量高，但由于株数太少，不能充分利用地力和阳光，单位面积产量就会受到影响。以往种植马铃薯，由于肥料少、营养不足、地力不佳、芽块太小等原因，使马铃薯的单株生产能力不高。为了提高单位面积产量，有些地方就采用增加单位面积棵数的办法，依靠群体优势提高产量。密度大，单位面积株数、茎数和结薯数增多，地力和阳光可以充分利用，在密度偏低的情况下，适当增加密度可有效地提高单位面积上的产量。这种办法在农业生产水平不高、投入较少的情况下，一时可以取得一些效果。所以有些人就产生了种得越密、棵数越多、产量越高的片面认识。

但密度过大，地上植株非常拥挤，节间长，茎秆高而细弱，枝叶互相交错，遮挡阳光，影响叶片营养的制造。地下部分由于垄小棵密，营养面积太小，也会出现营养不足和块茎生长空间不够的问题，植株上部容易出现倒伏，下部枝叶死亡腐烂，引起病害，还会出现垄太小培不上土，匍匐茎“窜箭”等问题，造成小薯块太多，青头多，产量下降，商品率不高的现象，同样达不到增产目的。

马铃薯产量的高低，主要取决于光合产物积累的多少。而光合产物积累的数量又与光合作用主要叶片的数量、光合效率、光合时间有密切关系。三者的乘积越大，马铃薯产量就越高。合理密植在于既能发挥个体植株的生产潜力，又能形成合理的田间群体结构，达到合理的叶面积指数，从而有利于光合作用的进行和群体干物质积累，获得单位面积上最高产量。因此，马铃薯生产应讲究合理密植，不宜过稀或过密。

66. 怎样把握好马铃薯的种植密度?

（1）合理密植的原则　马铃薯种植密度大小应根据品种特性、生育期、气候条件、地力、施肥水平和栽培季节等情况而定。

① 因品种熟性不同而不同　早熟品种秧矮，分枝少，单株产量低，需要生活范围小，可以适当加密，缩小株距。中、晚熟品种秧高，分枝多，叶大叶多，单株产量高，需要生活范围大，应适当稀播，加大株距。

② 因肥水水平不同而不同　在肥地壮地，肥水充足，并且气温较高的地区和通风不良的地块上，植株相对也应稀植。如果地力较差、肥水不能保证，或是山坡薄地，种植可相对密一些。具有灌溉条件的宜稀，旱地宜密。

③ 因种植季节不同而不同　秋播宜密，春播宜稀。

④ 因种植方法不同而不同　一穴单株宜密，一穴多株宜稀。

⑤ 因用途不同而不同　生产种薯宜密，生产商品薯宜稀，薯条加工用途宜稀，淀粉加工用途宜密。

（2）适宜的密度范围　不同种植方式下种植密度见表8。

表8　不同种植方式行株距及密度

行株距(厘米×厘米)	株数/亩	适宜品种类型及栽培模式
60×20	5557	早熟品种,切块播种
60×27	4115	早熟品种整薯,中早熟切块播种
60×17	6535	植株矮小的早熟种、留种用
80×20(每垄2行)	8337	早熟种留种田
100×25(每垄2行)	5336	地膜覆盖早熟栽培

不同季节的合理种植密度，可按以下进行：一季作区春薯每亩3500～4500株；二季作区春薯每亩5000～6000株，秋薯每亩7000～

8000 株。

（3）种植方式　主要种植方式可以概括为以下三种形式。

① 一穴单株法　每穴只放一个种薯。株、行距的搭配及种植密度是：一季作区采用行距 50 厘米，株距 26～33 厘米，每亩 4000～5000 株；春秋二季作区，春马铃薯采用行距 45～50 厘米，株距 20～22 厘米，每亩 5500～7500 株；秋马铃薯应适当缩小株、行距，增加种植密度，每亩 8000 株。

② 一穴双株法　在水肥条件好的地方可采用这种种植方式。具体做法是：等行距播种，一穴双株，双籽单掩，间距 7～9 厘米，行距 55～60 厘米，穴距 40 厘米左右。一季作区每亩 4000～5500 株，二季作区根据春播宜稀、秋播宜密的原则，适当调整密度。这种播种方式的好处是通过调节株行距，较好地解决了密植与通风透光的矛盾，且便于中耕培土。

③ 大小垄栽培法　为了协调株数、薯数和薯重三者的关系，合理解决密度和通风透光、中耕培土之间的矛盾，目前试验推广了大小垄（宽窄行）种植，双行培土的种植方法。即大垄背宽 66 厘米，小垄背宽 33 厘米，株距 25～28 厘米，进行交错点种，结合中耕将小垄背上的两行植株培土成垄。从而为马铃薯合理密植，提高单产提供了科学的种植方式，有效地解决了通风透光和中耕培土问题。

67. 怎样使春马铃薯出苗快、出苗齐?

促使春马铃薯出苗快、出苗齐的方法有以下几点。

（1）利用赤霉酸和硫脲打破种薯的休眠，催大芽后播种。春薯催大芽播种比不催芽可增产 10%以上。催大芽要求播种的整薯或切块上芽长 2～3 厘米。贮藏窖温度低或休眠期长的品种，应在播种前 40 天左右将种薯放在室温 15～18℃的散射光下催芽。幼芽可在散射光下健壮生长，不会形成又嫩又长的白芽。块茎堆放以 2～3 层为宜，不要太厚，否则下边块茎芽太长，不利于播种。催芽过程中对块茎要常翻动，使之发芽均匀粗壮。

（2）采用地膜覆盖栽培，提高土温，可以达到出苗快、出苗齐的效果。

（3）加强出苗前的管理　春马铃薯播种后，一般须经 30 天左右才能出苗。在此期间，种薯在土壤里呼吸旺盛，需要充足的氧气供应，以利种薯内营养物质的转化。许多地区早春温度偏低，干旱多风，土壤水分损失较大，表土易板结，杂草逐渐滋生。针对这种情况，出苗前 3～4 天浅锄或耱地可以起到疏松表土、补充氧气、减少土壤水分蒸发、提高地温和抑制杂草孳生的作用。

68. 怎样做好马铃薯幼苗期的查苗补苗工作?

全苗是增产的基础，没有全苗就没有高产。马铃薯株棵大，单株生产力高。据试验，行内缺苗 1 株时，两侧相邻的植株可以补偿损失约 50％（每株约补偿 25％）。但缺苗如连续多株，形成断条时，则产量影响就更大。通常大面积生产田，缺苗 10％以内，不经仔细检查是不易发现的。试验证明：缺苗 20％时，减产 23.8％；缺苗 30％时，减产 24.3％；缺苗 40％时，减产 36.8％；缺苗 60％时，减产 40.2％，可见缺苗影响之严重。所以，出苗后首先应认真做好查苗补苗工作，确保全苗。

查苗补苗应在出苗后立即进行，逐块逐垄检查，发现缺苗时，应找出缺苗的原因，如种块已经腐烂，应把烂块连同周围的土壤全部挖除，以免感染到新补栽的苗子。

马铃薯补苗方法简便。补种时可挑选已发芽的薯块进行整薯播种，如遇土壤干旱时，可先铲去表层干土，然后再进行深种浅盖，以利早出苗、出全苗。为了使幼苗生长整齐一致，最好采用分苗补栽的办法，即选一穴多茎的苗，将其多余的幼苗轻轻拔起，随拔随栽。在分苗时最好能连带一小块母薯或幼根，这样容易成活。此外，分苗补栽最好能在阴天或晴天傍晚进行，土壤湿润可不必浇水，土壤干旱时必须浇水，以提高成活率。

在播种时有意识地把多余的种块密植于田头，或每隔若干垄密植一垄，专门作移苗补栽之用更为理想。因这样便于带块带土移补栽，有利于提高成活率，有利于抗旱，且与田间幼苗生育一致，便于管理。

69. 怎样进行马铃薯的中耕培土?

马铃薯中耕培土的时间、次数和方法，要根据各地的栽培制度、气候和土壤条件决定。

（1）中耕要点

① 第一次中耕　春马铃薯播种后出苗所需时间长，容易形成地面板结和杂草丛生，所以出齐苗后就应及时中耕除草。

② 第二次中耕　在苗高 10 厘米左右时进行，这时幼苗矮小，浅锄既可以松土灭草，又不至于压苗伤根。在春季干旱多风的地区，土壤水分蒸发快，浅锄可以起到防旱保墒作用。

③ 第三次中耕　现蕾期进行第三次中耕浅培土，以利匍匐茎的生长和块茎形成。

④ 第四次中耕　在植株封垄前进行第四次中耕兼高培土，以利增加结薯层次，多结薯，结大薯，防止块茎暴露地面晒绿，降低食用品质。

（2）培土要点　一般培土结合中耕进行，此外，培土要根据马铃薯品种的结薯习性考虑，有的品种结薯集中，培土的土台可小些；有些品种结薯较分散，培土的土台要加宽，以尽量使块茎埋在土内为原则。但培土只是在播种后的一种措施，如果有的品种块茎大，结薯又比较分散，应在播种时适当深播，开始浅覆土，而后结合培土才能使块茎全埋在土中。特别要注意一定要做好植株封垄前的最后一次培土，因为封垄后不便再进入田间工作。

70. 马铃薯地膜覆盖用黑色地膜还是透明地膜好?

马铃薯地膜覆盖栽培，覆膜和播种的先后两种方法各有优缺点，可根据自己的实际情况灵活应用。

如果先覆膜、后打孔播种，无法实行机具耕作，劳动量增加，播种效率降低，但是，这种方法最大的好处是出苗后不用破膜引苗。这种方式选择黑色地膜较好，有利于抑制杂草生长。

而先开沟播种，再覆盖地膜，由于可利用机具进行耕作，播种效率较高。这种方式以选择白色透明地膜为好，以有利于及时破膜引苗。在促早熟栽培中，如果采用地膜＋小拱棚等方式，或者播种面积比较小，宜选择黑膜先覆盖后打孔播种的方式；而如果播种面积比较大，为了提高播种速度，宜选择先开沟播种再覆膜的方式。

71. 春马铃薯苗期地膜何时揭为好?

马铃薯种植过程中采用地膜增温、保墒，受到了农民的欢迎，但在地膜马铃薯的生产中，如果揭膜时间不合适，对产量影响很大。

（1）及时放苗　马铃薯一般播后15～20天出苗。但由于播种时方法不一，每个种块的芽势不一，芽势壮的出苗早；反之，出苗晚，这就要求薯农及时做好放苗工作。但在实际操作中，就不那么简单，如果某一天气温很高，放苗时，对于那些似出非出的苗子看不清楚，不能及时放苗，可到中午时，膜下的温度高达30℃，这种情况非烧苗不可。烧苗后，重新长苗不容易，就形成了老少几代苗，对产量影响很大。

（2）适时揭膜　地膜在最初的10多天已经起到了其主要作用，此时揭膜，可防止烧苗现象，也避免了放苗的工费。因为马铃薯最适宜的生长温度是21℃左右。3月底、4月初的平均温度为15℃左右，等出全苗时，地膜的作用也就不那么重要了。而且在种植时发现，在种后半月，揭去地膜的条带，叶色浓绿，植株健壮，收获时产量较高。而未揭膜的条带，却苗子不整齐，叶片微黄。

在早熟栽培中，覆膜的主要作用是保温增加地温，因此，进入温度比较高的季节后，如果植株已经封垄，则可以不揭膜。如果遇到气温高，而苗子又没有封垄，又没有揭膜或不想揭，也可以采取在地膜上覆盖一层稻草、麦秸或土壤的方法，遮住阳光。

对于不揭膜采用全程覆盖的，有人做了专门研究，全程地膜覆盖马铃薯根系分布深，生长势极强，茎秆细，则必须配合喷施多效唑（在初蕾期喷施，浓度为200毫克/千克），能有效控制马铃薯地上部分生长，促进块茎膨大，可增产，并达到极显著水平。

72. 如何控制大棚内马铃薯徒长?

春季栽培马铃薯，尤其是大棚栽培或在肥力水平较高的土壤中，由于氮素太多，加上种植的株数多，植株生长期间严重拥挤和枝叶互相遮阴，容易出现植株徒长（彩图 21）、延迟结薯的现象，进而造成减少产量，可采用如下措施控制。

（1）加强管理

① 控制浇水　但控制浇水只能是暂时的，否则会减产。

② 合理施肥，尤其避免氮肥过多。注意在前期做好栽培管理，对有机质含量高、肥力好的地块，以有机肥和化肥结合施用，适当减少氮肥用量，增施磷、钾肥；追肥应在幼苗期，尽早追肥，现蕾至开花期不宜追肥，并减少浇水次数和水量。

③ 大棚栽培春马铃薯，要搞好大棚的揭盖管理，上午 8～10 点棚内温度升到 18℃时，及时通风降温，下午 2～3 点棚内温度降到 14～16℃时，及时关闭通风口。随着气温的回升，当夜间温度稳定在 10℃以上时，晚间可不关闭通风口，如果棚内湿度大，阴雨天也要通风排湿。

④ 摘除花蕾也有利于促进结薯。

（2）喷施抑制剂

① 利用浓度为 100 倍的硫酸镁加 50～100 毫克/升的多效唑或 3000 毫克/升的矮壮素叶面喷施 1～2 次。

② 喷施甲哌鎓　在马铃薯蕾期至花期，叶面喷洒 60～120 毫克/升的甲哌鎓（蕾期浓度取低限），能抑制植株地上部分的生长，增加产量，增加大、中薯块的比例。

③ 喷施矮壮素　在植株现蕾期至初花期，使用 2000～2500 毫克/升的矮壮素溶液叶面喷施，50 升/亩，可使地上部分生长健壮，避免徒长，使块茎提早形成，增加大块茎比例，提高产量。

④ 喷施烯效唑　用 30～70 毫克/升烯效唑溶液，在马铃薯花期（即薯块膨大时）叶面喷洒，可使茎蔓节间缩短，叶色浓绿，地上部分生长延缓，地下薯块加快，增加薯块数量。

⑤ 喷施多效唑（彩图 22）　经多方面试验，效果最好的是多效唑，在马铃薯株高 25～30 厘米时，用 150～200 毫克/升的多效唑溶液喷施叶面，每亩用 15%可湿性粉剂 24～32 克，或 25%乳油 14.4～19.2 毫升，对水 40 升，用喷雾器均匀喷施到植株叶片上，

可控制茎叶徒长。在马铃薯植株生长末期至结薯期，用浓度为100毫克/升的多效唑药液喷雾，用量为50升/亩，可促进块茎肥大，提高大、中薯比例，增加产量。使用前要注意浓度的选择，用药量不要过大，以免影响后茬作物生长。

⑥ 喷施三碘苯甲酸　马铃薯生长全过程中前期为地上部分茎叶的生长，后期为结薯期即形成薯块。茎叶生长一般要求较高温度和较强、较长的光照；而进入结薯期后要求凉爽的气候和较弱、较短的光照。如果结薯期温度仍较高、光照较强则植株生长旺盛，延缓块茎的形成。生产上可在现蕾期用150毫克/千克三碘苯甲酸溶液喷洒植株，抑制地上部分徒长，促进块茎膨大。50～100毫克/千克的整形素也有同样效果。

值得注意的是，在喷施多效唑或矮壮素等抑制剂时要注意植株的生长量。如果发现植株出现徒长现象，但尚未达到足够的生长量，可采用控制浇水，使植株比较缓慢地生长。待植株生长达到较丰满时再喷施抑制剂。因为早喷施抑制剂，植株生长量小，可以控制徒长，但达不到高产的要求。在植株生长量大时喷施抑制剂，茎叶中养分向块茎中运转的量也大，能获得高产。一般喷施多效唑宜在现蕾至开花期进行。

73. 马铃薯摘花摘蕾有必要吗?

对马铃薯进行摘花、摘薯与整枝完全不同。马铃薯块茎的膨大与浆果的形成，在养分分配上是有矛盾的，因为浆果的生长和块茎的膨大基本上是同期进行的。一般植株上浆果（像葡萄一样）越多，对块茎产量影响越大，少数品种1亩地可结浆果150～200千克，必然影响块茎产量，一般减产5%～10%，多者可达20%以上。如果不是为了采收种子，应对开花茂盛、结浆果多的品种及时摘花、摘薯，以免浆果与块茎争夺养分。

但是现蕾不开花，或开花不结浆果或偶尔只结个别浆果的品种，则不必摘除花和蕾。因为这类品种开花对产量没有多大影响，摘花、摘蕾需要投入人工，反而得不偿失。

74. 如何防止马铃薯只长秧子不结薯?

有些农民，特别是二季作区的，种植的春马铃薯表现为秧子长得很好，但就是不结薯（彩图 23），以为是肥水过旺导致的营养生长过旺，或认为不适宜马铃薯种植。马铃薯生长期间，日照长短和温度高低均会影响茎叶和块茎生长。同时品种不同对日照长短和温度的反应也不同。有时种植的马铃薯只长秧子不结薯。

（1）发生原因

① 播种太晚　在二季作区春薯播种太晚（如在湖南，春马铃薯露地适播期宜在 1 月下旬至 2 月上旬，若推迟到 3 月上中旬播种，会出现只长秧子不结薯的情况），出苗后日照时间长，气温高。因为在长日照下形成块茎的最适宜温度为 16～18℃，块茎生长最适合的温度是白天 20～21℃、晚间 14℃。气温达到 24℃时不能结薯。马铃薯在高温长日照下有利于茎叶的生长，地下不结薯，地上部生长很茂盛。

② 中晚熟品种造成　二季作区适宜马铃薯生长的春秋两季都比较短，不能满足中晚熟品种生长时间要求。二季作区利用中晚熟种种植，会出现只长秧子不结薯，因为中晚熟种匍匐茎的生长和块茎的形成一般都比早熟种晚。在二季作区种植，气温和土壤温度升高后没有结薯条件，有的品种会因高温而长出地面，这样就不结薯。有些二季作区的农民种植从市场上买的外地马铃薯，结果只长秧子不结薯，就是因为市场上冬春季供应的商品马铃薯，主要来源于一季作区的山西、甘肃、内蒙古、黑龙江等省，这些地区适宜马铃薯生长的季节长，生产上多种植的是中晚熟品种。但也有些中晚熟品种，结薯较早，块茎膨大速度较快，在二季作区种植，只要采取催大芽、早播种、播后覆盖地膜等措施，也能获得较高的产量。

③ 短日照地区育成的品种引入长日照地区种植造成　南方育出来的马铃薯品种属于短日照类型，调到河南二季作区就会表现茎叶生长繁茂，只长秧子不结薯，或结薯很小，产量很低。例如，我国四川省农业科学院作物研究所育成的川芋 56 号，引入北京种植，秋季播种后植株健旺，块茎产量很高；在春季播种后则秧子高大，

不结薯块或结薯很小、产量很低。该品种不适应春季长日照而只适应秋季短日照。

④ 有的品种在长日照低温下能结薯，在长日照高温（29℃）下不结薯。有的品种对日照长短反应不敏感，但对高温反应比较明显，尤其植株生长过程在夜间高温23℃时不结薯，在12℃下能够结薯。

⑤ 培土过浅　培土过浅，导致马铃薯膨大期受外界温度影响较大，后期温度过高，不适于马铃薯膨大。

⑥ 土壤过干　马铃薯膨大期是需水最多的时期，忽视后期管理，土壤过干，不适于马铃薯生长发育。

（2）预防措施　针对此种现象，在栽培过程中应注意以下几点：

① 选用脱毒、极早熟或早熟良种　要想获得高产、高效需选用生育期适宜的脱毒良种。春季覆膜栽培应选中薯1号、超白、东农303和早大白等极早熟品种，通过催芽、晒芽、适时早播等措施促使其早生快发，使薯块的形成和膨大期处于较适宜的环境条件下，从而获得较高的产量。而选用生育期偏长的品种，其块茎的形成及膨大期正值高温阶段，受高温的影响较重，结果造成严重的减产。

② 早催芽，适时早播　在土壤化冻后尽早整地、施肥、播种，使马铃薯的整个生育过程尽量处于相对冷凉、气温较低的季节。

③ 注意培土厚度　一般培土厚度不低于12厘米。若播种时覆土厚度不足，出苗后随苗生长培土1～2次。覆土太薄地温变化剧烈，较厚的土层可使结薯部位保持相对均衡的凉爽土温。

④ 追施氮肥不宜过晚　氮肥有利于茎的伸长。追肥太晚，过量的氮肥均不利于匍匐茎的膨大，影响薯块形成。

（3）改善办法　如果发现及时，应找出原因，并进行改善。

① 小水勤浇，保持土壤湿润，利于马铃薯吸收肥水，还可以起到降低春马铃薯后期土壤温度的作用，促进膨大。要注意不要大肥大水。

② 视情况进行培土，对尚未封行，在后期管理中未进行培土

的，可以视情况适当进行培土，加厚土层，可减少外界高温对马铃薯膨大的影响。

③ 在马铃薯植株生长末期至结薯期，喷用100毫克/升的多效唑药液，用量为50升/亩，可促进块茎肥大，提高大、中薯比例，增加产量。施用时，用喷雾器把对好的药液均匀地喷在马铃薯茎叶上。

75. 提高马铃薯产量应从哪些环节着手?

（1）改常规品种为优质脱毒品种　选用优质、优良脱毒或新品种，以增加产量、增强抗性，提高效益。如脱毒鲁引1号、脱毒津引8号、脱毒早大白、东农303、郑薯5号、郑薯6号等。

（2）改湿催芽为干催芽，薯芽分级栽植，培育壮芽，出苗齐　传统使用的湿催芽法催芽，种块易染病坏烂，芽细弱，干催芽培育的芽粗壮，腐烂少，根系发达。其方法是：芽块切好后，晾晒1天，待伤口愈合后，温床底放一层麦秸，上面铺塑料纺织袋，袋上放种块10厘米厚，种块上盖麻袋，麻袋上撒一层木屑或麦糠，上覆农膜。床温保持15～20℃，15～20天后芽长至0.15厘米时，扒出晾芽2天，进行薯芽分组挑选，分组栽植，确保一播全苗。

（3）改常规露地栽培为多层膜栽培　常规露地栽培，成熟晚，产量低，商品率差，效益不好。采用单层地膜覆盖或小拱棚加地膜双层或大棚加小拱棚加地膜三层覆盖栽培马铃薯，提早成熟，商品率高，售价好，又可增加复种指数。露地栽培一般5月中下旬上市，单层地膜覆盖4月下旬上市。

（4）改以无机肥为主为有机无机配合并重，改常规施肥为全量、平衡施肥　有机肥具有养分全、肥性稳、肥效长等特点，能改善土壤理化性状和土壤结构，增强土壤的保肥蓄水能力；单独施用无机肥，养分单一，并使土壤易板结，破坏土壤结构。要做到土地用养结合，必须要有机肥和无机肥配合施用，以有机肥为主。马铃薯为需钾作物，要重视施钾，因此要“有机、N、P、K、微肥”平衡施用，例如预计每亩产马铃薯块茎2500～3000千克，则每亩需施优质有机肥5000千克以上，三元复合肥100千克（或磷酸二铵 30 千克、尿素 30 千克、硫酸钾 30 千克)，硫酸锌 1 千克，硼砂 0.15 千克，中后期还要进行叶面施肥，以满足其生长发育的需要。

(5) 改公式法栽培为良种良法配套栽培　不同品种有不同个性，只有根据不同品种的个性和特点，采用相应的栽培措施，也就是良种良法配套才能发挥其品种生产潜力，获得较好的经济效益，如鲁引 1 号晚疫病较重，栽培时要重点防治晚疫病；克新 1 号、克新 3 号为中晚熟品种，密度要小，以每亩 4000 株左右为宜；克新 4 号、鲁引 1 号、东农 303、早大白等早熟品种，密度以每亩 4500 株左右为宜。

(6) 改大薯切块栽培为小薯整薯栽培　马铃薯种 (块茎) 传病害较多，大薯切块时切刀易传染病害，栽后易烂种传病，特别是秋种马铃薯，表现更为突出。因此，采用小薯 (20～30 克/个) 整栽，可以减少病害侵染。

(7) 改单一种植为间套种植　马铃薯生育期短，株型小，适于间作套种。可采用“马铃薯＋棉花”、“马铃薯＋西瓜 (甜瓜)”、“马铃薯＋棉花＋西瓜 (甜瓜)”、“马铃薯＋玉米＋平菇”等种植模式，既提高了复种指数，又增加了经济效益。

(8) 改高密度栽植为中密度栽植　大薯率高 (200 克以上)，商品率就高，售价也高，效益就好。现在马铃薯产区大都是高密度 (6500 株/亩左右) 栽植，大薯率低，商品性差，大薯率不到 20%，产量虽高，但效益较差。每亩密度以早熟品种 4500～4800 株，晚熟 3700～4000 株左右为宜。

(9) 改连作为轮作　长期连作马铃薯，不仅破坏土壤结构和养分结构，使土壤肥力逐年下降，土传病原菌逐年积累增加，降低了作物的抗逆性能力，增强了病虫的抗药性，而且使产量和品质大幅度降低，老产区比新区投资大，管理好，但产量比新区低，效益差，就是这个原因。同时，马铃薯土传病害较多，如青枯病、枯萎病、晚疫病、根结线虫病等，为害性较大。因此，要进行轮作换茬。每种植 2 茬马铃薯要进行 3～4 茬的轮作换茬，禁与茄科类和根茎类作物连作。

(10) 改病虫害单一防治为病虫害综合防治　改以往的以“治

病”为主为以“防病”为主，采用“植物检疫、农业防治、物理机械防治、生物防治、化学防治”相结合的方法进行综合防治病虫害。如马铃薯环腐病的防治：建立无病种薯繁殖田，使用无病种子；严格检疫制度，不从病区引种；切刀消毒或小薯整播，减少传染；药剂浸种：用50%甲基硫菌灵可湿性粉剂500倍液浸薯种2小时或50毫升/升的硫酸铜液浸泡薯种10分钟，防效较好，每亩施用过磷酸钙25千克做种肥（穴施或沟施），防效很好；发现病株及时拔除，带出田外处理。

第三节　马铃薯施肥技术

76. 马铃薯需肥特点有哪些?

（1）根系吸肥特性　马铃薯用块根繁殖所发生的根系，均为不定根。没有主、侧根之分，称为须根系。用种子繁殖植株发生的根，有主根和侧根之分，称为直根系。

块茎发芽后，先从幼芽基部长出初生根，后在茎的叶节处抽出匍匐茎，发生3～5条匍匐根。初生根水平方向扩展30厘米左右，深达60～70厘米，形成主要的吸收根群。适于土层深厚、结构疏松、排水良好、通透性良好、富含有机质的壤土、沙壤土，黏重土壤不宜栽种。马铃薯具有耐酸能力，但抗碱能力很弱，对土壤酸碱度的适应范围在pH4.8～7.5之间，以pH5.5～6.0的微酸性土壤为宜。马铃薯不同品种对盐碱适应能力也不同，耕层土壤含盐量在0.25%以下时，一般均能正常生长，不得高于0.3%。

（2）需肥动态　整体需肥规律：马铃薯需要较多的养分，对氮、磷、钾的需求量因栽培地区、产量水平及品种等到因素而略有差别，一般每生产1000千克鲜薯需吸收氮（N）4.4～6千克、磷（P_2O_5）1～3千克、钾（K_2O）7.9～13千克，氮、磷、钾之比约为1∶0.4∶2。吸收养分量和比例受种植区域、栽培品种、栽培方式等影响，所以生产中需要采用不同的施肥量和施肥方式，才能满足不同品种马铃薯正常生长发育的需要。

从马铃薯的需肥规律中看出，马铃薯是典型的喜钾作物，需要钾是氮的2倍，磷的5倍，还需用一定的钙、镁、硫、铜等肥料，如在施肥中氮、磷、钾的比例不合理，不能符合需肥的要求，就不能获得高产稳产。

有些农民朋友在给马铃薯的施肥中只用氮肥和磷肥，根本不用钾肥和中量元素肥料，结果年年产量低而不稳，就误认为肥料不好，不知道产量不高的原因是土壤中缺钾，不施钾肥和中量元素所致。

随植株生长的需肥变化：各生育期吸收氮、磷、钾按总吸肥量的百分比为：幼苗期6％、8％、9％；发棵期38％、34％、36％；结薯期56％、58％、55％。因此，追肥宜在幼苗期和发棵期进行。追肥过迟，引起茎叶徒长，延缓结薯，导致减产。

马铃薯的各个生育时期的需肥规律：因为生长发育阶段的不同，所需营养物质的种类和数量也不同。发芽至幼苗期，吸收养分较少，占全生育期的25％左右。块茎形成期至块茎增长期，由于叶片大量生长和块茎迅速形成，吸收养分较多，占全生育期的50％以上，淀粉积累期吸收养分较少，约占全生育期的25％。在块茎形成与块茎增长的交替时期，微量元素硼、铜对提高植株的光合生产率有特殊的作用，在花期喷施铜和硼混合剂有增长光合效率的效果。

应重视二氧化碳气肥的施用：马铃薯在养分充足和茎叶繁茂生长的田块光合作用也很强，单靠空气中的二氧化碳供应，往往不足而使块茎减产，因而需要大量的二氧化碳。保护地栽培增施大量有机肥、追施碳酸氢铵或二氧化碳气肥，是改善土壤物理性状、补充二氧化碳、提高光合强度、最终获得马铃薯高产的一项极其有效的措施。

77. 马铃薯施肥中存的问题有哪些?

盲目施肥，氮、磷、钾配比不合理，施肥时期不科学，不同时期的养分投入比例随意。有些农民盲目增施氮肥，氮肥投入过多而磷、钾投入不足，造成作物后期贪青晚熟，抗逆性减弱，严重影响马铃薯产量。

有机肥料投入减少，土壤保水保肥力下降。随着马铃薯产量和商品率的增加，农民过于依赖于化肥，有机肥使用量急剧减少，有机质含量降低，造成土壤板结，物理性质恶化，土壤耕性、保水保肥性能降低，对自然灾害的抵抗力下降。

中微量元素施用不足。有些地方往往只注重氮、磷、钾肥的施用，而忽视了作物生长所必需的钙、镁、硼等中微量元素的施用，导致缺素症状的发生。

78. 马铃薯施肥技术应遵循哪些原则?

注重增施有机肥，减少化肥用量。马铃薯对土壤的适应性很强，但要获得高产，以有机质含量丰富、结构良好的沙壤土最为适宜。生产上必须注重增施有机肥，采取有机肥与化肥配合使用、补施微肥的策略。国内外研究结果表明，地力产量决定常年产量的55%～75%，其他措施只能起到25%～45%的作用；在一定范围内，有机质含量愈高，地力产量也愈高。有机肥料是提高和更新土壤有机质的根本措施，作物吸收的部分氮、20%～50%的磷及大部分的钾都来自有机肥。据有关试验，当有机氮占施氮总量的40%以上时，土壤有机质含量才能明显上升。研究表明，有机肥对马铃薯产量的影响近似直线，说明施用有机肥是提高马铃薯产量和品质的主要技术措施，也是氮、磷、钾肥增产的基础。合理配施有机肥料可以增加大量营养物质，克服连作土壤中有效矿质元素含量匮乏的问题，可以减轻连作障碍对马铃薯种植的影响，而适度连作。经过长期试验数据积累：一般根据土壤的实际情况，每亩施有机肥1500～3000千克最佳。

养分全面及平衡很重要。施用不同配比的氮、磷、钾肥，可使马铃薯产量发生明显变化，增产效果则随用量的增加呈近似抛物曲线的变化。在同等栽培条件下，氮、磷、钾肥的适宜用量和最佳配比，可获得马铃薯最高产量，表现在结薯个数多，大中薯比例高等特性上。氮、磷、钾肥配比失衡，会影响马铃薯的生长发育，导致产量下降。过量的施用肥料，除了表现为报酬递减之外，还潜藏着污染环境的巨大隐患。综合研究表明，按每亩生产马铃薯2800千克计算，需施纯氮15.6千克，纯磷6.16千克，纯钾28.56千克，即需钾肥最多，氮次之，磷最少。因此在选择复合肥或配方肥时要选中氮、低磷、高钾品种。每亩施硫酸钾型复合肥或配方肥70千克左右，氨基酸有机肥40千克左右。

尽量减少碳酸氢铵用量。碳酸氢铵虽然能够起到增产的作用，但其肥效利用率低，破坏土壤结构，容易造成土壤板结，因此在马铃薯生产中应尽量少用碳酸氢铵。

加强耕作层的改良。马铃薯的根系深达60～70厘米，相对来说较深，因此只有深厚疏松的土壤才能保证马铃薯良好的生长，改良耕作层的土壤环境是保证生产质量的关键。所以在马铃薯耕作的过程中要增加有机肥的使用比例，尽量深耕深翻，熟化土壤，适当延长熟土的时间，如遇连雨天要开好围沟、排水沟，保证田间不积水，尤其是低洼田块一定要注意保持排水沟的畅通，以利排水。

施肥技术要与当地的种植品种和栽培措施相配合。如在合理的施肥基础上，通过添加地膜、稻草等可使马铃薯增产10%以上，采用大垄双行栽培亩产量可增加400千克以上；适宜的播期和种植密度，马铃薯密度过高其光合速率降低，产量下降。

根据马铃薯的生长特性，采取前促、中控、后保的施肥原则。前期尽可能使马铃薯早生快发，多分枝，形成一定的丰产苗架，施肥上以氮磷肥为主。中期要控制茎叶徒长，促使营养转入地下块茎并使其膨大。后期要防止茎叶早衰，保持叶片光合作用效率，以制造养分供地下块茎膨大。

79. 栽培马铃薯如何施好基肥?

在马铃薯栽培上要特别重视基肥的施用。干旱无灌溉条件的地块可将肥料作为基肥一次性施入；土壤湿润、降水量大、有灌溉条件的应以基肥为主，适时进行追肥，但基肥的数量应占总施肥量的80%以上。基肥以有机肥为主，常用的有牲畜粪、秸秆及灰土粪等，这样可以源源不断发挥肥效，满足其各生育期对肥料的需要。同时，有机肥在分解过程中，释放出大量的二氧化碳，有助于光合作用的进行，并能改善土壤的理化性质，培肥土壤。此外，有机肥要经过充分的腐熟。一般常以草木灰或有机肥与化肥混合施用，可起到防病、防虫，增加钾素，改善品质的作用。

（1）施用数量　在耕地时每亩施腐熟有机肥 2500～3000 千克（多者可达 5000 千克）、过磷酸钙 20～25 千克、尿素（或其他氮肥）4～7 千克、硫酸钾（或氯化钾）15～20 千克混匀后施于 10 厘米以下的土层中。

（2）施用方法　一般分为铺施、沟施和穴施三种，基肥最好结合秋深耕施入，随后耙耱。基肥充足时，将 1/2 或 2/3 的有机肥结合秋耕施入耕作层，其余部分播种时沟施。

沟施是一种提高肥料利用率的有效方法。在用机械播种时，一般都带有施肥器，能将肥料自动施到播种沟里，并与土壤混合，避免直接与种薯接触，合垄后就可以将肥料和种薯同时埋在地里。这样肥料离种薯近，便于根系的吸收利用，可促进植株的快速生长。由于肥料深施到土壤中，不易挥发损失，可提高肥料利用率。

沟施一定要注意避免肥料与种薯接触，特别是施肥量较大的时候。在基肥不足的情况下，为了经济用肥和提高施肥效果，最好结合播种采用沟施和穴施的方法，开沟后先放种薯后施肥，然后再覆土耙耱。

值得注意的是，秋季播种为避免烂薯，不宜施粪肥作为基肥。

80. 栽培马铃薯如何施用种肥?

一般普遍使用农家肥、化肥或农家肥与化肥混合做种肥。基肥不足或耕地前来不及施肥，常于播种时，每亩施专用复混肥 15～20 千克作为种肥，或以优质堆肥每亩 1000 千克，并配合尿素 3 千克、过磷酸钙 15～20 千克、草木灰 30～50 千克。有机肥做种肥，必须充分腐熟细碎，顺播种沟条施或点施，然后覆土。化学肥料不要与种薯直接接触，以免灼伤种薯，但应尽可能靠近根系周围，覆土 5 厘米，千万不能撒在根际周围地表上，一则挥发损失，二则由于肥在表层，容易诱发马铃薯的匍匐茎变成地上茎，或增加块茎裸露地数量，变成绿皮薯或绿肩薯，影响商品品质。

施种肥时应拌施防治地下害虫的农药（如辛硫磷）。

81. 栽培马铃薯如何进行追肥?

马铃薯栽培在施用基肥或种肥的基础上，生育期间还应根据生长情况进行追肥。据试验，同等数量的氮肥，施种肥比追肥增产显著；追肥又以早追者效果较好，在苗期、蕾期、花期分别追肥时，增产效果依次递减。所以追肥应在开花前进行。

（1）追肥时期　早熟品种最好在苗期追肥，中晚熟品种以蕾期前后追施较好。早追肥可弥补早期气温低，有机肥分解慢，不能满足幼苗迅速生长的缺陷。因此，早期追施化肥，可以促进植株迅速生长，形成较大的同化面积，提高群体的光合生产率。

当植株进入块茎增长期，植株体内的养分即转向块茎，在不缺肥的情况下，就不必追肥，以免植株徒长，影响块茎产量。

开花期以后，不能在根际追施氮肥，否则易造成茎叶徒长，延迟发育，易感病。马铃薯开花后，主要以叶面喷施方式追施磷钾肥，及钙、镁、硫等中、微量元素肥料。在开花后进入结薯盛期，可视植株情况，决定是否追肥，如茎叶过早黄落，可少量追施氮肥，以延长茎叶的生长期。

（2）追肥方法　追肥应结合中耕或浇水进行，一般在苗期和蕾期分次追施，中晚熟品种可以适当增加追肥次数，以满足生育后期对肥料的需求。

第一次追肥要在出苗后齐苗时结合中耕培土进行，以速效性氮肥为主。每亩施入速效氮肥如复合肥 10 千克，或尿素 10～15 千克，或碳酸氢铵 40～50 千克，或腐熟人粪尿 500～700 千克，可撒于行间，追肥结合中耕浇水进行。

第二次追肥要在开花初期结合中耕培土进行，此时正是块茎形成膨大时期，需肥量较多，以钾肥为主，酌量施用氮肥和磷肥，一般每亩施硫酸钾 5 千克和尿素 3 千克，或者施用专用复混肥 10～15 千克，以马铃薯生长情况及施基肥多少酌情而定。第二次追肥应根据马铃薯生长情况而定，如果基肥充足，生长势旺，可以少追或不追。氮肥过多，易引起后期枝叶徒长，影响养分积累。

追肥在一定程度上增加了生产成本和劳动强度。据研究，在一次性施肥的情况下，缓释肥料对马铃薯增产效果显著，在比常规施肥减少 20%用量下仍有一定的增产效果。所以应积极研究缓释肥料在马铃薯生产上的应用和加大马铃薯专用缓释肥料的开发。

82. 栽培马铃薯怎样进行叶面施肥?

作物除了通过根系吸收养分外，叶片也能吸收养分，叶面施肥又称根外追肥或叶面喷肥，是生产上经常采用的一种施肥方法。突出特点是针对性强，养分吸收运转快，可避免土壤对某些养分的固定作用，提高养分利用率，且施肥量少，适合于微肥的施用。在土壤环境不良、水分过多或干旱低湿、土壤过酸过碱等因素造成根系吸收作用受阻或作物缺素急需补充营养以及作物生长后期根系吸收能力衰退的情况下，采用叶面施肥可以弥补根系吸肥不足，取得较好的增产效果。

（1）叶面肥的种类

① 营养型叶面肥　此类叶面肥中氮、磷、钾及微量元素等养分含量较高，主要功能是为作物提供各种营养元素，改善作物的营养状况，适宜于作物生长后期各种营养的补充。

② 调节型叶面肥　此类叶面肥中含有调节植物生长的物质，如生长素、激素类等，主要功能是调控作物的生长发育等，适用于生长前期、中期。

③ 生物型叶面肥　此类肥料含微生物及代谢物，如氨基酸、核苷酸、核酸等物质，主要功能是刺激作物生长，促进作物代谢，减轻和防治病虫害的发生等。

④ 复合型叶面肥　此类叶面肥种类繁多，复合混合形式多样，功能有多种，既可提供营养，又可刺激生长、调控发育。

（2）常用叶面肥料　马铃薯生产上常用于叶面喷施的肥料品种主要有尿素、磷酸二氢钾、过磷酸钙、硫酸钾、各种微量元素肥料、植物生长调节剂和稀土元素等。

（3）施用浓度　在一定的浓度范围内，养分进入叶片的速度和数量，随溶液浓度的增加而增加，但浓度过高则容易发生肥害，尤其是微量元素肥料，从缺乏到过量之间的临界范围很窄，更应严格控制。含有生长调节剂的叶面肥，亦应严格按浓度要求进行喷施，以防调控不当造成危害。

不同作物对不同肥料具有不同浓度要求，马铃薯生长中、后期由于封垄，不便在土壤中追肥，若有茎叶过早黄落，出现早衰现象，开花后可用0.5%尿素和0.2%磷酸二氢钾叶面喷施。也可将草木灰、过磷酸钙和水，按1：10：10的比例配制，过滤后叶面喷施。用喷施宝等植物生长调节剂喷施后，均有明显的增产效果。

叶面喷施必须掌握适宜的浓度，一般大量元素（氮、磷、钾）以0.1%～0.5%为宜，微量元素（硼、锰、铁、铜、锌等）以0.05%～0.2%为宜，避免浓度过大，造成烧苗，喷肥的雾滴越细越好，生长中后期可结合防病治虫与适宜的农药混配施用。

若是缺镁，可在马铃薯地下块茎迅速膨大期，每株施硫酸镁50～60克，对清水或腐熟的粪水淋施，或在植株周围挖浅沟施，以促进地下块茎迅速膨大。

此外，马铃薯对硼较为敏感，当土壤有效硼沸水浸提含量小于0.5毫克/千克，施用硼肥可以明显地增加产量和提高质量。可选择在现蕾期至开花期，晴朗无风的下午，每亩叶面喷施0.2%～0.3%的硼砂溶液50千克，增产效果明显。

（4）施用时间　叶面施肥时叶片吸收养分的数量与溶液湿润叶片的时间长短有关，湿润时间越长，叶片吸收养分越多，效果越好。一般情况下保持叶片湿润时间在30～60分钟为宜，因此叶面施肥最好在下午4时后进行为好，避免高温干旱、下雨或大风天进行。在有露水的早晨喷肥，会降低溶液的浓度，影响施肥效果。若喷后3小时遇雨，待晴天需补喷1次，但浓度要适当降低。

（5）施用次数　喷施次数不应过少，应有间隔，作物叶面追肥的浓度一般都较低，每次的吸收量是很少的，与作物的需求量相比要低得多。因此，叶面施肥次数一般不应少于2～3次。至于在作物体内移动性小或不移动的养分（如铁、硼、钙、磷等），更应注意适当增加喷洒次数。在喷施含调节剂的叶面肥时，应注意喷洒间隔期至少应在1周以上，喷洒次数不宜过多，防止出现调控不当，造成危害。

（6）喷施方法　喷施要均匀、细致、周到，叶面施肥要求雾滴小，喷施均匀，尤其要注意喷洒生长旺盛的上部叶片和叶的背面，因为新叶比老叶、叶片背面比叶片正面吸收养分的速度快，吸收能力强。

（7）混用得当　叶面肥混用要得当，叶面追肥时，将2种或2种以上的叶面肥混用，可节省喷洒时间和用工，其增产效果也会更加显著。但混合后必须无不良反应或不降低肥效，否则达不到混用目的。另外，肥料混合时要注意溶液的浓度和酸碱度，一般情况下溶液pH值在7左右时有利于叶部吸收。

83. 怎样进行马铃薯配方施肥?

目前农民在马铃薯种植中存在一些问题，比如施用单一肥料的现象仍然比较普遍，缺乏有效的轮作倒茬，导致土壤养分供应失衡，从而影响马铃薯的质量与产量。因此，对马铃薯耕地的土壤肥力状况，以及马铃薯的整个生长周期中对氮、磷、钾、中微量元素吸收规律，不同肥料在不同时期施用对马铃薯生长发育影响进行分析研究，总结出适合马铃薯生长发育育的配方施肥技术，通过各种营养元素的合理配比，找出施用各种肥料的最恰当的时间，让马铃薯在不同生育时期吸收到均衡的营养，为提高马铃薯的产量与品质提供技术支持。

马铃薯的配方施肥，即采用养分平衡法，首先确定目标产量，即当年种植马铃薯的预定产量，它由耕地的土壤肥力高低情况而定，也可根据地块前3年马铃薯的平均产量，再提高10%～15%作为马铃薯的目标产量，依据马铃薯产量所需养分量［每生产1000千克鲜薯需吸收氮（N）4.4～6千克、磷（P_2O_5）1～3千克、钾（K_2O）7.9～13千克，氮、磷、钾之比约为1：0.4：2。］计算出马铃薯目标产量所需养分总量。然后计算土壤养分供应量，测定单位面积深20厘米土壤中有效养分含量。最后根据马铃薯全生育期所需要的养分量、土壤养分供应量及肥料利用率即可直接计算马铃薯的施肥量。配方施肥中施用有机肥时，由于有机氮的当季利用率只有尿素氮的一半，因此要从总氮量中扣除有机肥含氮量的一半。有机肥中的磷、钾不必在磷、钾总量中减去。

实行马铃薯的配方施肥，既要考虑马铃薯的需肥特点，又要考虑到当地土壤条件、气候条件和肥料特性，还要考虑当地的技术水平、施肥水平、施肥习惯和经济条件等综合因素。其具体做法如下：

（1）测土　进行土壤营养成分和所施用的农家肥营养成分的化验，测出土壤和农家肥中的氮、磷、钾的纯含量，再按有效利用率计算出可以供给马铃薯生长利用的氮、磷、钾数量（每种有效成分×有效利用率）。

（2）配方　依据马铃薯每生产1000千克块茎，需纯氮（N）5千克、纯磷（P_2O_5）2千克、纯钾（K_2O）11千克的标准，计算出预计达到产量的氮、磷、钾的总需要量，再减去土壤和农家肥中可提供的氮、磷、钾数量，即得出需要补充的数量（即分别需用氮、磷、钾的总数量，减去土壤和农家肥中可分别提供的氮、磷、钾数量，就是需要分别补充的氮、磷、钾数量）。最后根据当地的施肥水平和施肥经验，对需要补充的各种肥料元素数量进行调整，提出配方。

（3）施用　按照化肥的有效成分和有效利用率，计算出需要施用的不同品种的化肥数量。根据施肥经验，决定基肥和追肥分别施用的品种和数量。

整个配方施肥的过程，前半部分叫测土，后半部分叫配方施肥。一个配方的适用范围，可以大一些，也可以小一些。在一个土壤肥力均匀和施肥水平相近的区域内，适用范围可以大一些，但需要进行多点取土样，才能获得具有较广泛的代表性。因此，最关键的是依靠经验和过去的试验结果，其最后的配方基本是由分析和估算而得出来的。这种方法适应于生产水平差异小、基础较差的地方使用。统一进行选点测土和提出配方，可减少农民的麻烦，农民易于接受。而以一家农户的地块，或几家农户连片同质量的地块为测土配方单位的，适用范围则可以小一些。这样，代表面积越小越准确，因为差异小，测土和配方都更接近实际。

（4）配方实例　例如：某一农户或某一个村，种植马铃薯，计划单位面积产量要达到每亩2000千克。

① 已知每产1000千克块茎，需纯氮5千克、纯磷2千克、纯钾11千克。因此，每产2000千克块茎，需纯氮10千克、纯磷4千克、纯钾22千克。

② 经取土样和农家肥样化验，并按营养成分利用率计算得出：土壤和农家肥中当年可以提供纯氮5千克、纯磷2千克、纯钾14千克。

③ 用①的结果减去②的结果，即得知每生产2000千克块茎尚缺纯氮5千克、纯磷2千克、纯钾8千克。

④ 当地习惯使用磷酸二铵、尿素、硫酸钾或氧化钾等肥料。按不同化肥种类的不同元素含量及当年有效利用率，计算（一般应先计算多元素的复合肥，再计算单质肥料）所使用肥料的施用量：

磷酸二铵：含磷46%、氮18%，磷当年利用率为20%，氮当年利用率为60%。由③得知需补充磷2千克、氮5千克，根据以下公式：

需化肥数量＝需补充元素纯量÷(化肥含量×当年利用率)

可以得出：

需磷酸二铵数量＝2千克÷(0.46×0.2)＝21.7千克

21.7千克磷酸二铵中含可利用的氮量为：21.7千克×0.18×0.6＝2.3（千克）

尿素：含氮46%，当年利用率为60%，由③得知需补充5千克纯氮，减去磷酸二铵中可提供的纯氮2.3千克，实缺纯氮2.7千克。

需尿素数量＝2.7千克÷(0.46×0.6)＝9.8千克

硫酸钾或氯化钾：含钾60%，当年利用率为50%，由③得知需补充钾8千克。

需硫酸钾或氧化钾数量＝8千克÷(0.6×0.5)＝26.6千克

⑤ 根据当地施肥水平和施肥经验，可对上述计算得出的化肥

用量加以适当调整，提出每亩化肥施用配方：磷酸二铵 20 千克，尿素 10 千克，硫酸钾或氧化钾 25 千克。

⑥ 在施用方法上，除尿素留 5 千克在发棵期之前追施外，其余在播种前均匀掺混后，全部撒于地表，耙入土中做基肥。或顺垄撒于垄沟做基肥。

综合近年全国马铃薯测土配方施肥试验结果进行简要汇总得出，土壤碱解氮含量为 50～140 毫克/千克，氮肥（纯 N）合理施肥范围为 190～300 千克/公顷；土壤有效磷含量为 10～30 毫克/千克，磷肥（P_2O_5）合理施肥范围为 100～190 千克/公顷；土壤有效钾含量为 30～190 毫克/千克，钾肥（K_2O）合理施肥范围为 130～400 千克/公顷；氮肥（纯 N）、磷肥（P_2O_5）和钾肥（K_2O）的比例大约为 1∶(0.34～0.86)∶(0.97～1.93)。

此外，在马铃薯生产中，多数地区重视氮磷钾肥料，轻视有机肥和中微量元素肥料的投入，造成严重的土壤板结，土壤结构被破坏，养分失衡，严重影响了马铃薯的产量和品质。建议在制定肥料配方时严格执行“以土定产，由产定肥，因缺补缺，有机无机、大量微相结合施用”的原则，达到营养供需平衡的目的。

84. 如何根据实际情况配制马铃薯专用化肥?

测土配方施肥是农业生产现代化的重要组成部分，今后我国大部分农作物施肥都将采取这一做法。但目前我国化肥总量不足，品种结构不合理；农民的经济基础薄弱；土壤养分的化验设备不普及，普遍采用测土配方施肥还有一定的困难。可是又不能等到一切条件都具备了以后再普遍推广，因此，根据“地力分区配方法”的原理，在比较大的范围，地力非常相近的行政区或自然区域内，按多点取样的土壤化验资料及当地的施肥水平，参照某种作物的需肥特点，用计算和估算相结合的方法，提出适应面较大的区域性配方。然后集中在有设备、有技术力量和有原料的生产单位，统一成批的配比，再用机械混合或化学合成方法，制成某种作物的专用肥料，分别供应区域内农民和农业单位应用。经施用效果也很好，很受农民的欢迎。实质上这种专用化肥，就是针对我国国情的一种配方施肥。它既解决了化肥品种不全无法配方的问题，又解决了范围大、用户多和土壤化验搞不过来的实际问题，还起到了配方施肥、降低成本和不浪费肥料的作用。所以，按这种方法配制的专用化肥，在近期还是大有前途的。

85. 在马铃薯生产上怎样施用海藻菌肥？

海藻菌肥在蔬菜上应用，表现极好。金宝贝海藻微生物菌肥是从澳大利亚原装进口，系采用当今国际最新微生物工程技术和工艺手段，从海洋生物中分离、提纯，经精工研制而成的最新一代纯天然、高效、高浓缩广谱型液体微生物菌肥，它具有高效的微生物固氮、解磷、解钾和活化土壤能力，营养成分全面，且无毒无害、无污染。其施用要点如下：

（1）块茎栽培　一般马铃薯的发芽约需半月左右。在此期间可不必施用海藻菌肥，也可适量使用菌肥拌种，能提高发芽率和发芽质量。

（2）幼苗期　出土后，追施金宝贝海藻菌肥一次，每次每亩用量0.5千克，共追2～3次。也可进行叶面追施，用0.5%的菌肥上清液进行喷施，3～4次即可。

（3）临开花结薯期　此期营养生长与生殖生长矛盾特别突出，不必施肥。主要通过控制水分、划锄等措施调节生长与发育，营养生长与生殖生长、地上部与地下部生长的关系，达到生长与发育均衡。

（4）块茎膨大期　这是施用海藻菌肥的关键时期。应及时追肥浇水，保持土壤见干见湿，同时，将金宝贝海藻微生物菌肥按1∶200的比例加水稀释后随水冲施。

86. 种植马铃薯可以施用含氯化肥吗？

传统的观点认为，如果给马铃薯施加氯肥，不但起不到增产效果，反之可造成减产，并影响马铃薯块茎品质，因而把马铃薯列入“忌氯作物”，在马铃薯生产中从不使用含氯化肥。其支持观点为：马铃薯是以淀粉为主的作物，淀粉由碳、氢、氧组成的多糖类化合物，如果氯元素在马铃薯植物体内存在，不利于植物把碳、氢、氧合成淀粉，从而导致马铃薯减产，造成多投入少产出的后果。

马铃薯对钾肥需要量最大，而市场上常见的含钾化肥只有硫酸钾和氯化钾两种。但硫酸钾价格较贵，一般氯化钾有效成分比硫酸钾略高，且价值便宜。但基于马铃薯是“忌氯作物”的认识，导致生产者宁可让马铃薯缺少钾肥，既不买昂贵的硫酸钾，也不敢使用价格便宜的氯化钾来补充钾元素。

事实上，自 20 世纪 80 年代以来，人们开始重新研究和认识马铃薯是忌氯作物的问题，国内外许多专家学者对马铃薯施用含氯化肥的问题进行了大量的研究。研究表明，施用的含氯化肥中的氯元素浓度在 633 毫克/千克以下，如每亩含氯化肥 50 千克以下，特别是磷肥充足的情况下，对马铃薯不仅没有任何坏影响，还有利于植株生长，其产量会有不同程度的增加，且不存在降低块茎质量的问题。

不施氯化钾主要考虑有氯离子存在，实际上氯也是马铃薯体内不可缺少的重要营养元素之一，它在马铃薯体内与磷是成对的关系，二者以总平衡状态在体内存在，即占各种无机元素总量的15%左右，其中氯多了，磷就会少，而磷多了，氯就会少。施用过量的氯化钾后马铃薯吸收的氯多了，就排挤了磷，影响磷的代谢功能，也就影响碳水化合物的积累，淀粉含量就会降低。相反，磷肥充足，体内吸收了充足的磷，氯自然也不会过多。另外，生物有自我调节能力，即使氯在土壤中过多，马铃薯也不可能全部吸收氯，而把磷排挤掉。

因此，在给马铃薯施用全钾化肥时，可以大胆应用氯化钾。这样，既保证了马铃薯对钾肥的需求，也不至于使生产成本上升。

87. 如何防止马铃薯缺氮?

（1）缺氮症状　马铃薯缺氮的反应与许多其他作物相似。马铃薯缺氮，植株易感染黄萎病，生长缓慢，茎秆细弱矮小，分枝少，生长直立，花期早。一般在开花前显症，首先出现在基部叶片，并逐渐向上部叶扩展，叶面积小，淡绿色到黄绿色，叶片褪绿变黄先从叶缘开始，并逐渐向叶中心发展，中下部小叶边缘向上卷曲，有时呈火烧状，提早脱落。

严重缺氮时，至生长后期，基部老叶全部失去叶绿素而呈淡黄或白黄色，以致干枯脱落，只留顶部少许绿色叶片，但叶片很小。早期缺氮，可导致植株矮小。如果继续缺氮，可致植株生育期缩短，收获期提前。

（2）缺氮原因

① 氮肥不足。基肥用量不足或生长期氮素供应不及时等均会出现缺氮症状。

② 马铃薯缺氮多发生在有机质含量较低或沙质土壤上。

③ 低温影响养分的矿化和供应，多雨地区氮素易淋失，也会出现缺氮症状。

（2）补救措施

① 确定合理的氮肥施用量。按土壤供氮能力和目标产量水平确定氮肥用量，具体施氮量可以参考表9。

表9　不同目标产量的马铃薯氮肥推荐用量

土壤全氮含量/(克/千克)	目标产量/(千克/亩)		
	1500	2000	2500
0.5～0.85	8	12	18
0.85～1.5	4	8	12
1.5～2.0	0	4	6

注：氮肥（N）用量单位为千克/亩。

② 早施氮肥，可用作种肥或苗期追肥。

③ 在氮素供应不足的土壤上应在基肥中加大氮肥的用量。

④ 提倡施用酵素菌沤制的堆肥或腐熟有机肥，提高土壤肥力，增加氮素供应的调节能力。

⑤ 采用配方施肥技术，一般大田生产情况下不会产生缺氮现象。

⑥ 生育期间缺氮时，马上埋施发酵好的人粪，也可将尿素或碳酸氢铵等混入10～15倍腐熟有机肥中，施于马铃薯两侧，后覆

土、浇水。也可在栽后15～20天结合施苗肥，亩施入硫酸铵5千克或人粪尿750～1000千克。栽后40天施长薯肥，亩用硫酸铵10千克或人粪尿1000～1500千克。

⑦ 叶面施肥。在生长期间尤其是块根膨大期缺氮时，可叶面喷施0.2%～0.5%尿素液或含氮复合肥，喷施0.3%的硝酸钾溶液也有较好的效果。

88. 如何防止马铃薯缺磷？

磷肥虽然在马铃薯生长过程中需求量少，但却是植株生长发育不可缺少的肥料。

（1）缺磷症状　磷素缺乏，生育初期症状明显。可致植株生长缓慢，株高矮小而细弱僵立，缺乏弹性，分枝减少，叶片和叶柄向上竖立，叶变小而细长，叶缘向上卷曲，叶色暗绿而无光泽。严重缺磷时，植株基部小时的叶尖首先褪绿变褐，并逐渐向全叶发展，最后整个叶片枯萎脱落。本症状从基部叶片开始出现，逐渐向植株顶部扩展。缺磷还会导致根系和匍匐茎数量减少，根系长度变短；有时块茎内部发生锈褐色的创痕，且随着缺磷程度的加重，分布亦随之扩展，但块茎外表与健康块茎无显著差异，只是创痕部分不易煮熟。

早期缺磷，影响根系发育和幼苗生长。孕蕾至开花期缺磷，叶部皱缩，色呈深绿，严重时基部叶变为淡紫色，茎秆矮小纤细，植株僵立，叶柄、小叶及叶缘朝上，不向水平展开，小叶面积缩小，光合作用减弱，色暗绿。

（2）缺磷原因

① 与土壤本身含磷量低有关，轻质土壤一般含磷量低。

② 土壤质地黏重时因固定作用使磷的有效性降低而导致缺磷。

③ 土壤过酸或过碱均会引起磷素固定而降低土壤磷的有效性。

④ 前茬高产作物从土壤中带走大量磷，土壤又得不到及时补充也可引起缺磷。

（3）补救措施　合理确定磷肥施用量。按土壤供磷能力和目标产量确定磷肥用量，具体施磷量可参考表10。

表 10　不同目标产量的马铃薯磷肥推荐用量

土壤速效磷含量/(毫克/千克)	目标产量/(千克/亩)		
	1500	2000	2500
<20	4.5	6.0	7.5
20～30	3.0	4.0	5.0
>30	2.5	3.0	4.0

注：磷肥（P_2O_5）用量单位为千克/亩。

合理施用磷肥。播种或扦插前要施足含磷基肥，以穴施、条施等集中施肥方式施入。在缺磷的酸性土壤上宜选用钙镁磷肥等碱性磷肥；在中性或石灰性土壤上宜选用过磷酸钙。在磷素供应不足的土壤上，基肥中每亩加入 15～25 千克过磷酸钙与有机肥一起施于 10 厘米以下的土层中；开花期可每亩施入 15～20 千克过磷酸钙。

施用有机肥或在酸性土壤上施用石灰改良土壤，以提高土壤有效磷。

生育期缺磷时，可叶面喷洒 0.2%～0.3%磷酸二氢钾或 0.5%～1.0%过磷酸钙浸出液，每亩 50～75 千克，每隔 6～7 天喷 1 次。

89. 如何防止马铃薯缺钾?

钾元素是马铃薯生长发育的重要元素，尤其在苗期。钾肥充足植株健壮，茎秆坚实，叶片增厚，抗病力强。

（1）缺钾症状　植株缺钾的症状出现较迟，一般到块茎形成期才呈现出来。当缺钾时，植株的生长最初是减缓，而后会完全停止，同时，茎的节间某种程度的变短，使植株呈矮丛状。由于与叶柄构成锐角的窄小小叶形成，叶片比正常的小。小叶叶尖萎缩，叶片向下卷曲，叶表粗糙，叶脉下陷。

缺钾早期叶尖和叶缘暗绿，以后变黄，最后发展至全叶，并呈古铜色；叶片暗绿色是缺钾的典型症状表现，首先从植株基部叶片开始，逐渐向植株顶部发展，当底层叶片逐渐干枯，而顶部心叶仍呈正常状态。严重缺钾时植株呈“顶枯”状，茎弯曲变形，叶脉下陷，有时叶脉干枯，甚至整株干死。植株易受寄主病菌的侵害，块茎变小，薯块多数呈长形或纺锤形，品质变劣，块茎内部常有灰蓝色晕圈。

缺钾症与缺镁症略相似，在田间不易区分，其主要区别是缺钾叶片向下卷曲，而缺镁则叶片向上卷曲。

（2）缺钾原因　土壤有效钾不足。我国南方土壤有效钾含量一般偏低，一些冲积物母质发育的泥沙土、泥质土类及浅海沉积母质发育、质地较沙的土壤有效钾偏低。

有机肥投入减少。有机肥用量减少导致土壤保肥能力下降。前作耗钾量大，后作容易发生缺钾。如棉、麻、大白菜等耗钾量很大，可使后作马铃薯容易缺钾。

与气候有关。高温多雨地区，由于土壤中钾元素的迁移和淋溶较强，造成钾素损失较多。

（3）补救措施　合理确定钾肥施用量。按土壤供钾能力和目标产量水平确定钾肥用量，具体施钾量可参考表11。

表11　不同目标产量的马铃薯钾肥推荐用量

土壤速效钾含量/（毫克/千克）	目标产量/（千克/亩）		
	1500	2000	2500
<100	13	18	22
100～150	10	14	17
>150	7	9	11

注：钾肥（K_2O）用量单位为千克/亩。

增施有机肥，提高土壤供钾能力。有条件时以有机肥作基肥，基肥中加入200千克草木灰与有机肥一起施入；栽后40天施长薯肥时每亩用草木灰150～200千克或硫酸钾10千克对水浇施；收获前40～50天，每亩用1%的硫酸钾溶液50～75千克喷施，隔10～15天喷1次，连用2～3次。

避免在耗钾量大的作物后连作，合理茬口搭配，减少缺钾症的发生，或加大钾肥施用量。

生长期内合理施用叶面钾肥。马铃薯生长期发生缺钾时，可叶面喷洒0.2%～0.3%磷酸二氢钾，或1%～3%草木灰浸出液，或

0.3%～0.5%的硝酸钾或硫酸钾溶液，每亩 50～75 千克，每隔6～7 天喷 1 次。

90. 如何防止马铃薯缺钙?

(1) 缺钙症状　植物缺钙时，植株的顶芽、侧芽、根尖等分生组织首先出现缺钙素症，细胞壁的形成受阻，影响细胞分裂，表现在植株形态上是幼叶变小，小叶边缘呈淡绿色条纹，叶片皱缩或扭曲，叶缘卷起，其后枯死。节间显著缩短，植株顶部呈簇生状。

严重缺钙时，叶片、叶柄和茎秆上出现杂色斑点，叶缘上卷并变褐色，进而主茎生长点枯死，而后侧芽萌发，整个植株呈簇生状，小叶生长极缓慢，呈浅绿色。根尖和茎尖生长点（尖端的稍下部位）腐烂坏死。块茎缩短、畸形，髓部呈现褐色而分散的坏死斑点，易生畸形成串小块茎，易发生空心或黑心，贮藏后，出芽时，有时芽顶端出现褐色坏死，甚至全芽坏死，失去使用价值。

(2) 缺钙原因　全钙及交换性钙含量低的土壤易出现缺钙症状，如花岗岩、千枚岩、硅质砂岩风化发育成的土壤。

一般种植马铃薯的土壤不会缺钙，但酸性稻田土壤容易缺钙，特别是 pH 值低于 4.5 的强酸性土壤中，施用石灰补充钙质，降低土壤酸性，对增产有良好效果。

交换性钠含量高的盐碱土，原因是盐类浓度过高抑制对钙的吸收。

大量施用盐类肥料（化学氮肥和钾肥），遇高温晴旱、土壤干燥、盐分浓缩时导致缺钙。

(3) 补救措施　控制化肥过量施用。大量施用氮、钾肥，增高土壤溶液盐基离子浓度，抑制了植株对钙的吸收，铵态氮肥尤其如此。控制用肥、防止盐类浓度提高，是防治缺钙的重要措施。

防止高温时土壤干旱、土壤溶液浓缩，尤其在作物需钙较多的时期及时灌溉。

缺钙时，要据土壤诊断，施用适量石灰及将适宜的含钙化合物与缺乏这一物质的所用肥料混合，以消除过剩的土壤酸度。

应急时，可叶面喷洒 0.3%～0.5%氯化钙，或硝酸钙 1500～

2000 倍液，或 0.5%的过磷酸钙水溶液，每亩 50～75 千克，每隔 3～4 天喷 1 次，共 2～3 次，最后一次应在采收前 3 周为宜。

此外，还可施用惠满丰液肥，每亩用量为 450 毫升，稀释 400 倍，喷叶 3 次即可；也可喷施绿风 95 植物生长调节剂 600 倍液，促丰宝 R 型多元复合液肥 700 倍液或“垦易”微生物活性有机肥 300 倍液。

91. 如何防止马铃薯缺镁?

（1）缺镁症状　马铃薯是对缺镁较为敏感的作物。轻度缺镁时，症状表现为从中、下部节位上的叶片开始，叶脉间失绿而呈“人”字形，而叶脉仍呈绿色，叶簇增厚或叶脉间向外突出，厚而暗，叶片变脆。

严重缺镁时，从叶尖、叶缘开始，脉间失绿呈黄化或黄白化，严重时叶缘呈块状坏死、向上卷曲，叶片变脆，最后病叶枯萎脱落。块茎生长受抑制。

（2）缺镁原因　缺镁多发生在沙质和酸性土壤。近年来，由于各地化肥的施用量迅速增加，土壤趋向酸性化，这是造成土壤缺镁的重要原因之一。

此外，不合理施肥，或氮、钾肥过量导致根层养分积累，会抑制植株对镁的吸收，从而引起缺镁。

（3）补救措施　控制氮、钾肥过量，氮、钾肥最好采用少量多次施用。

缺镁时，首先注意施足充分腐熟的有机肥，改良土壤理化性质，使土壤保持中性，必要时亦可施用石灰进行调节，避免土壤偏酸或偏碱。

将少量的白云石粉直接施入土壤中；使硫酸镁与所用肥料混合；在施用肥料中加入足够的白云石粉，以使前者成为中性。可将以上任意两种或两种以上的措施配合起来。

在酸性稻田土壤上，如果不使用厩肥，则每年需要施用可溶性镁肥。在酸性土壤和沙质土壤中增施镁肥都有增产效果。

在田间发现缺镁时，应每亩用 0.2%～0.3%的硫酸镁溶液

50～60 千克进行叶面喷施，每隔 5～7 天喷施 1 次，视缺镁程度可喷施数次，直至缺镁症状消失为止。

92. 如何防止马铃薯缺硫?

（1）缺硫症状　马铃薯一般不易发生硫素缺乏症。缺硫时，症状来得较为缓慢，叶片、叶脉普遍黄化，与缺氮类似，容易误诊。二者不同的是缺氮失绿首先表现在老叶，而缺硫失绿先发生在新叶，叶片并不提前干枯脱落。缺硫严重时，植株顶端新生叶片叶脉间开始黄化，类似于缺镁。然而，缺硫与缺镁不同，缺镁是老叶叶脉间黄化。

植株矮小，分枝、分蘖减少，全株体色褪淡，呈浅绿色或黄绿色。

茎生长受阻，株矮、僵直。梢木栓化。生长期延迟。

缺硫症状常表现在幼嫩部位，这是因为植株体内硫的移动性较小，不易被再利用。

（2）缺硫原因　导致马铃薯缺硫的原因主要是施肥不当，首先是对硫肥的不重视或施用具有盲目性，其次是过量地施用重过磷酸钙，还有就是长期或连续施用不合格的硫肥，易出现缺硫。

（3）补救措施　缺硫土壤应增施硫酸铵、硫酸钾、硫酸钾型复合肥等含硫的肥料作为基肥和种肥，基肥用量每亩 20～40 千克，作基肥时应注意深施覆土。种肥每亩 2.5～4 千克。

如果植株出现缺硫症状，可叶面喷施 0.5%～1.5%的硫酸镁 2～3 次，每次间隔 7～10 天。每亩用液量 50～75 千克。

93. 如何防止马铃薯缺铁?

（1）缺铁症状　马铃薯缺铁症，又称马铃薯黄叶病。植株感病首先出现在幼叶上。缺铁时，幼龄叶片轻微失绿，小叶的尖端边缘处长期保持其绿色，褪色的组织出现清晰的浅黄色至纯白色，褪绿的组织向上卷曲，在缺铁症状显现以前，叶片仍保持正常的绿色。严重时叶片变黄，甚至变白，向上卷曲，下部叶片保持绿色，叶缘卷曲。缺铁影响光合作用，进而影响产量。

（2）缺铁原因　由于土壤酸碱度过大，有机质含量过少，通透性差，或盐渍化等导致表土含盐量增加，降低土壤铁的有效性，植株表现缺铁症。如石灰性土壤中，含碳酸钠、重碳酸钠较多，pH高时，铁呈难溶的氢氧化铁而沉淀或形成溶解度很小的碳酸盐，大大降低了铁的有效性。

雨季加大铁离子的淋失，易造成土壤缺铁。

施用磷肥过多影响铁的吸收和运转，植株也常出现缺铁症状。

（3）补救措施　改良土壤，排涝、通气和降低盐碱性，增施有机肥，提倡有机无机相结合，增施土壤中腐殖质。

调整施肥比例，控制磷肥的过量施用。

在南方冬闲田一般不会缺铁。

在缺铁的土壤上施用基肥时，每亩加入硫酸亚铁 2 千克；或于始花期，每亩用 0.2%～0.5%的硫酸亚铁溶液 50～75 千克进行叶面喷施，每隔 7～10 天 1 次，连喷 2～3 次。酸性土壤中补充铁最好选用 0.1%螯合铁肥溶液，避免肥害。

94. 如何防止马铃薯缺锰?

（1）缺锰症状　马铃薯对锰的缺乏极其敏感，需要量也很高。缺锰时，叶脉间失绿，不同马铃薯品种可呈现淡绿色、黄色或红色等不同颜色。缺锰严重时，叶脉间几乎变为白色。症状首先在新生的小叶上出现，之后沿叶脉出现许多新生的棕色小斑点，最后小斑点从叶面枯死脱落，导致叶面残缺不全，有时顶部叶片向上卷曲。

（2）缺锰原因　土壤黏重通气不良、高 pH、质地轻易淋溶、有机质含量低的土壤易缺锰。另外，质地较轻的石灰性土壤，成土母质富含钙的冲积土或沼泽土也容易发生缺锰。

（3）补救措施　因土壤 pH 值过高而引起的缺锰，应多施硫酸铵等酸性肥料来降低 pH 值。防止土壤通气不良；增施有机肥；在缺锰的土壤上，需在施用基肥时，每亩加入硫酸锰 1.5～2 千克。

植株出现缺锰现象可及时叶面喷洒 0.05% ～1%硫酸锰水溶液，每亩 50～75 千克，每隔 7～10 天喷 1 次，连喷 2～3 次。喷施时可以加入 1/2 或等量石灰，以免发生肥害，也可结合喷施 1：

(0.5～1.0)∶200的波尔多液。

95. 如何防止马铃薯缺锌?

(1) 缺锌症状　马铃薯缺锌易引起植株生长受阻，节间变短，植株矮缩，生长停止，顶端叶片略成直立状，叶小，而部分小叶的叶缘稍微向上卷曲，与早期卷叶病毒症状相似。

缺锌初期，在植株和附近的叶片上还会出现灰褐色或青铜色的不规则斑点，叶缘棕色，然后发展到全株所有的叶片，出现坏死症状，叶缘上卷。

严重缺锌时，在叶柄和茎上还可见到褐色斑点，新叶出现黄斑，并逐渐扩展到全株，但顶芽不枯死。

(2) 缺锌原因　沙性偏碱性或新垦表土层被破坏的土壤易发生缺锌。

有机质含量较少的土壤中有效锌含量较少。

不合理施肥。当施用过多的磷肥时会降低土壤中锌的有效性。

(3) 补救措施　南方冬闲稻田一般不缺锌。

对缺锌土壤，可每亩基施硫酸锌0.5～1千克。

合理整地培肥，整地时保护好表土，多施有机肥，活化土壤有效锌。

控制磷肥过量施用。在低锌土壤上要严格控制磷肥用量，避免一次性大量施用化学磷肥，防止磷锌比例的失调而诱发缺锌。

植株出现缺锌症时，可用0.1%～0.2%的硫酸锌溶液50～60千克进行叶面喷施，每10天喷1次，连喷2～3次。在肥液中加入0.2%的熟石灰，效果更好。

96. 如何防止马铃薯缺硼?

(1) 缺硼症状　缺硼时，生长点与顶芽尖端死亡，节间缩短，侧芽呈丛生状，植株矮化。老叶粗糙增厚、变脆、易折断，叶缘卷曲，叶柄及枝条增粗变短、开裂、木栓化，或出现水渍状斑点或环节突起。叶色变深，新叶萎缩、卷曲、扭皱。

如果长期缺硼，则根部短粗呈褐色，根易死亡，支根增多，影响根系向土壤深层发展，抗旱能力下降，块茎矮小而畸形，维管束变褐、死亡，表皮粗糙有裂痕。

（2）缺硼原因　与土壤条件有关。酸性火成岩发育的土壤或缺乏有机质的土壤都会发生缺硼。

硼在土壤中可被铝、硅和一些黏土矿物固定，且固定作用随pH升高而迅速增加；山地、河滩地或沙砾地，土壤中的硼盐类易流失，植株易发生缺硼症状。

施肥不当。化学氮肥施用过多时植株易发生缺硼症状。

（3）补救措施　我国的耕地中，缺硼一般发生在贫瘠的沙质土壤中，如果土壤有效硼含量低于每千克0.5毫克时施硼都有增产效果，每亩的基肥中施用硼酸500克，并结合氮、磷、钾肥的施用增产效果最好。

在缺硼的土壤上，施用基肥时，每亩可加入硼砂1～1.5千克；在生育期内发现缺硼时可每亩用硼砂0.25～0.75千克对水穴施；或在始花期每亩用0.1%的硼砂溶液50～60千克进行叶面喷施，每隔7～10天喷1次，连喷2～3次。碱性强的土壤硼砂易被钙固定，采用喷施效果好。

第四节　马铃薯科学用水技术

97. 马铃薯各生长阶段灌水有何讲究?

马铃薯是需水较多但抗旱能力也较强的作物，因为它的抗旱性，许多薯农认为马铃薯是不需要大量水分的，甚至认为是不需要灌溉的作物，有的还认为灌水反而会造成烂薯死秧，这是我国马铃薯产量长期不能大幅度提高的重要原因之一。

事实上，马铃薯整个生育期中需要有充足的水分，每形成1千克干物质需水量约200～300千克。如土壤水分不足，会影响植株的正常生长发育，影响块茎膨大和产量。

（1）从播种到出苗阶段　需水量最少，一般依靠种薯中的水分即可正常出苗。

（2）从出苗到现蕾　一般不浇水，保持土壤湿润即可，进行蹲苗。如果土壤过分干旱，以致幼苗生长受到抑制，将影响到后期产量，则应浇小水。马铃薯进行控水蹲苗的比浇水未蹲苗的增产20%～25%。因为控水蹲苗的根量相当于浇水不蹲苗根量的2.5～3倍。马铃薯有了发达的根系，才能从土壤中吸收更多的养分和水分，合成和积累较多的光合物质。马铃薯蹲苗可防止徒长消耗养分，形成短节、粗茎、厚叶、矮株，发育成壮苗，增强抗风雨、抗倒伏、抗病虫害的能力。马铃薯初花期开始浇水。

（3）从初花到茎叶停止生长阶段　是生长最旺盛时期，叶面增长呈直线上升，叶面蒸腾量大，匍匐茎也开始膨大结薯，需水量达到最高峰，约占全生育期的1/2。另一方面，马铃薯生长所需要的氮、磷、钾等无机元素都必须溶于水才能被根部吸收，如果土壤缺水，营养物质再多，植株也无法利用。土壤水分以田间最大持水量的60%～75%为宜。

此外，由于水分充足，也往往会引起马铃薯中后期徒长，消耗养分和倒伏，导致减产。为此，一定要实行化控。当马铃薯株高50～55厘米时，每亩喷施15%多效唑可湿性粉剂50克，施药后4天浇水，可收到明显的控高效果。

浇水应避免大水浸灌，最好实行沟灌或小水勤灌，尤其垄作地区更为适宜。

薯农往往在此阶段忽视了水的管理，应引起高度重视。另一方面，此阶段也是晚疫病、早疫病等病害为害时期，如果高湿容易导致病害加重，容易使薯农误认为仅是水分过多的原因，而不了解是病害为害所致。雨水多时，也要注意防涝，及时排水。

（4）马铃薯收获前10天左右停止浇水，可提高其品质，并较耐贮藏。

98. 旱涝对马铃薯的生长发育有何影响？

（1）干旱的影响　马铃薯块茎开始形成时，土壤干旱或忽干忽湿易导致普通疮痂病菌的侵染，影响块茎商品品质；在块茎形成阶段，即使短期的干旱都会影响马铃薯块茎的产量，甚至产生畸形块茎。

干旱还能造成块茎的生理缺陷，如块茎内部的褐斑，特别是生育后期，茎叶枯落，土壤暴露在阳光之下更为严重，大西洋品种对干旱敏感，块茎内时有褐斑产生，降低了加工品质。

当马铃薯成熟至收获期间，对水分的吸收虽然很少，但土壤应保持潮湿，有利于块茎薯皮的木栓化；如土壤过度干旱，产生裂缝，或形成坷垃，既不利于收获，还易损伤块茎。

(2) 涝害的影响　由于大雨或排水不良，可造成土壤中水分过多，导致马铃薯植株地上部分缺氧，影响根系发育，甚至根部腐烂，进而叶片黄化、脱落、植株早衰或枯死，严重影响产量。土壤水分过多时，新生块茎缺氧，皮孔细胞裸露，易感染细菌，造成烂薯，收获后的块茎也不耐贮藏；高湿度还易发生晚疫病，使植株、块茎感病，如再感染杂菌，在运输和贮藏过程中会引起块茎大量腐烂。

(3) 水分不均的影响　土壤湿度变化频繁也影响块茎品质。长期干旱后降雨，可能造成块茎的二次生长，块茎两端粗、中部细的变形是较轻微的二次生长。严重时的二次生长，是在新形成的匍匐茎上形成子块茎，或者在第一次形成的幼嫩块茎的芽上再形成块茎。收获时，干旱可以产生明显的两种块茎类型，早结的块茎，薯皮较老，块茎中的淀粉转化成糖并将其转运到后结的块茎中，薯肉变成玻璃质。后结的块茎，具有新而薄的薯皮。

99. 怎样进行秋马铃薯灌溉?

二季作地区的秋马铃薯灌溉要求与春作马铃薯全然不同。秋马铃薯播种正值高温季节，播后无雨时，每隔3～5天浇水1次，降低土温，促使薯块早出苗，出壮苗。浇后及时中耕，增加土壤透气性，避免烂薯。幼苗出土后，如天气干旱，亦应小水勤浇，保持土壤湿润，促进茎叶生长。至生育中期，气候逐渐凉爽，茎叶封垄，植株蒸腾及地面蒸发量小，可延长浇水间隔，减少浇水次数。

二季作马铃薯生育期短，发棵早，一切管理措施都要立足一个“早”字，即早播种、早查苗、早追肥、早浇水、早中耕培土，以便充分利用生育期，促苗快长，实现高产稳产。

100. 马铃薯栽培的灌水方法有哪些?

目前马铃薯栽培的灌水方法有以下两种。

（1）沟灌　在没有灌溉设施的条件下，灌水方法以沟灌为好，垄作栽培方式很适宜这种灌水方法。沟灌时，应根据情况确定逐沟灌或隔沟灌，灌水时注意不要使水漫过垄面，以免土壤板结。如果垄条过长，可分段灌，既能防止垄沟冲刷，又可使灌水均匀。平作栽培时需筑小畦灌溉。灌水后当土壤微干时要及时锄地松土。这种方法的主要优点是低投入，不打湿植株叶片，与喷灌相比，更有利于防止茎叶病害的发生。缺点是需较多的劳力，水损失严重，大约只有50%～70%的水为植株所利用，易引起水涝，促进土传病害和烂薯的发生。

（2）喷灌　喷灌是把由水泵加压或自然落差形成的有压水通过压力管道送到田间，再经喷头喷射到空中，形成细小水滴，均匀地洒落在农田，达到灌溉的目的。优点是灌水均匀，少占耕地，节省人力，对地形的适应性强，可有效用水，在缺水或盐碱地有较高的利用价值。在保护地栽培中，有些地方也开始使用。缺点是受风影响大，设备投资高，因植株茎叶被打湿而易导致病害的发生。滴灌不常用于马铃薯生产，在我国北方特别是井灌区发展较快。在我国马铃薯生产上用得较多的喷施方式有以下几种。

① 半移动式管道喷灌　干管固定，支管移动，这样可大大减少支管用量，每亩投资仅为固定式的50%～70%，但是移动支管需要较多人力，并且如管理不善，支管容易损坏。近些年发明的一些由机械移动支管的方式，可以部分或全部克服这一缺点。

② 中心支轴式喷灌　将支管支撑在高2～3米的支架上，全长可达400米，支架可以自己行走，支管的一端固定在水源处，整个支管就绕中心点绕行，像时针一样，边走边灌，可以使用低压喷头，灌溉质量好。自动化程度很高。适于大面积的平原，要求灌区

内没有任何高的障碍。其缺点是只能灌溉圆形面积，边角需用其他方法补灌。

③ 滚移式喷灌　将喷灌支管（一般为金属管）连成一个整体，每隔一定距离以支管为轴安装一个大轮子。在移动支管时用一个小动力机推动，使支管滚到下一个喷位。每根支管最长可达 400 米。要求地形比较平坦。

④ 大型平移喷灌　为了克服中心支轴式，即时钟式喷灌机只能灌圆形面积的缺点，近年来在时钟式喷灌机的基础上研制出可使支管作平行移动的喷灌系统。这样灌溉的面积就成矩形的。其缺点是当机组行走到田头时，要专门牵引到原来出发地点，才能进行第二次灌溉。而且平移的准直技术要求高。

⑤ 绞盘式喷灌　用软管给一个大喷头供水，软管盘在一个大绞盘上。灌溉时逐渐将软管收卷在绞盘上，喷头边走边喷，可灌溉宽度为两倍射程的矩形田块。这种系统，田间工程少，机械设备比时钟式简单，从而造价也低一些，工作可靠性高一些。但一般要采用中高压喷头，能耗较高。要求地形比较平坦，地面坡度不能太大，在一个喷头工作的范围内最好是一面坡。

101. 马铃薯膜下滴灌栽培技术特点有哪些?

膜下滴灌技术是滴灌技术的一种，是地膜栽培技术与滴灌技术的有机结合，通过可控管道系统供水，将加压的水经过过滤设施滤"清"后，和水溶性肥料充分融合，形成肥水溶液，进入输水干管—支管—毛管（铺设在地膜下方的灌溉带），再由毛管上的滴水器一滴一滴地均匀、定时、定量浸马铃薯根系发育区，供根系吸收。膜下滴灌技术是当今世界上最先进的节水灌溉技术之一。大幅度地减少灌水量，灌溉均匀度提高，可实现局部灌溉、多次灌溉；在施肥上施肥次数增加、施肥量减少、施肥技术更加精确。其主要作用就是使作物根部的土壤经常保持在最佳水、肥、气状态。其主要特点有以下几点。

（1）节水　地膜覆盖大大减少了地表蒸发，滴灌系统又是管道输水，局部灌溉，无深层渗漏，和沟灌比节水 50%左右；和喷灌比因其是全面灌溉，地表蒸发量大，节水30%左右。因其是地下全面灌溉，有些地方为解决表墒差出苗不足的问题实施播前灌和配套喷灌，增加了成本和用水量，如果下层土壤是沙壤土，会出现深层渗漏现象。

（2）抗堵塞能力强 大流量、大流道滴灌带通过能力强，抗堵塞性能好。

（3）抑制土壤盐碱化 膜下滴灌可使滴圆点形成的湿润峰外围形成盐分积累区，湿润峰内形成脱盐区有利于作物生长。在0～100厘米土层平均含盐率为2.2%的重盐碱地上，经过3年连续膜下滴灌，土壤耕作层盐分降至0.35%；而喷灌及地埋滴灌均为全面灌溉，棵间蒸发量大，会使地下盐分上行，造成耕作层盐分增加。

（4）提高肥料的利用率 采用膜下滴灌技术，可溶性化肥随水直接施入作物根系范围，使氮肥综合利用率从30%～40%提高到47%～54%，磷肥利用率从12%～20%提高到18.73%～26.33%，在目标产量下，肥料投放减少30%以上。

一般是采用先滴水60%，然后滴溶解了肥的水20%，最后滴水20%的操作方式，即水—肥—水的施肥方式，磷肥移动速度加快，所以滴施磷肥当年即可见效。

（5）提高土地利用率 由于膜下滴灌系统采用管道输水，田间不修水渠，土地利用率可提高5%～7%。

（6）降低机耕成本 由于滴灌改变了传统沟灌所需的田间渠网系统，且垄间无水，杂草少，因此可减少中耕、打毛渠、开沟、机力施肥等作业，节省机力费20%左右。

（7）提高作物产量和品质 在各种作物上的试验表明，采用膜下滴灌技术苗肥、苗壮、增加收获株数，并为作物生长创造了良好的水、肥、气、热环境，可使作物增产30%左右。

（8）提高劳动生产率 常规灌溉农民管理定额为25～30亩/人，采用膜下滴灌后，减少了作业层次，降低了劳动强度，使管理作物定额提高到60～80亩/人，农民收入也相应增加。

应用膜下滴灌技术应注意：一是滴灌带在马铃薯播种后将垄顶

刮平后铺设，第一次中耕时覆土将滴管带埋入土中，为避免滴管带压扁，应打开滴灌系统使滴管带处于滴水状态；二是马铃薯全生育期可根据墒情进行滴灌，每次滴水时间4～6小时，可在追肥季节把追肥用的肥料放入施肥罐中结合滴水一并滴施。

102. 栽培马铃薯如何应用水肥一体化技术?

传统的马铃薯大水大肥栽培习惯主要指通过大量的灌溉和施肥，以达到高产目的，结果导致灌溉设施便利的区域易出现过量灌溉，无灌溉条件的区域则灌溉不足。施肥则主要集中在生长前期，肥料施用量大，追肥次数多，而封行后则不追肥。因此传统的马铃薯栽培常存在以下问题：过量灌溉时易引起马铃薯烂根、薯块腐烂，灌溉不足时可能使植株生长、薯块膨大受影响；施肥并非按马铃薯的营养规律进行，前期大量施肥，马铃薯吸收不完全，肥料流失严重，马铃薯需肥高峰期却恰值封行无法追肥。

水肥一体化技术是一项将灌溉与施肥结合起来的先进技术，将肥料融入水中，随水施肥的一种方式。在农田中，一般使用方式是利用水作为载体，在灌溉的同时实现施肥，农作物在吸收水分的同时吸收了肥料。在实际的施肥过程中，根据农作物的种类将肥料进行合理的配置，达到较好的利用效果。

（1）水肥一体技术的具体内容　通过地形的高低或利用压力系统，通过管道将肥料溶于水中对植物进行灌溉，肥料被作物利用需要经历截获、扩散和质流3个过程。截获，即肥料与作物根接触而被吸收，但该情况只占根系吸收的很小部分；扩散，即根系吸收养分后造成靠近根表的地方养分浓度降低，而远离根表的地方养分浓度较高，从而产生浓度差，在土壤溶液中，养分从高浓度区向低浓度区扩散，使离根系远的养分通过扩散到达根表；质流，即通过蒸腾作用靠近根系的周围水分减少，距离根表远处的水分补充水分流失，同时溶解在水中的养分也随之流向根表。扩散和质流是养分流向根表的主要途径，均需水作为媒介。在灌溉的同时施肥，能够很好地完成质流和扩散过程，加快养分吸收，提高肥料利用率。该过程即为水肥一体化方式。

在生产实践中，马铃薯种植户已经很早就采用了这种方式并得到了广泛应用。因此，大部分追肥都是用水肥一体化形式。人工的操作方式是将肥料溶解在大桶里，通过人工给马铃薯施肥，这种施肥方式浪费肥料和人工。借助灌溉设备，就可以实现现代的、省水省肥省工的“水肥一体化”管理。

（2）水肥一体化在马铃薯栽培中应用的优势　减少烂种、烂薯率：马铃薯的传统种植采用沟灌的方式，土壤湿度太大，深播烂种现象严重，但如果浅播又担心水分不足，影响出芽。通过采用水肥一体化技术，可以保持土壤良好的湿度和通气性，薯种播种深10～14厘米，大大降低烂种率，将成熟时提前，且不会产生浸泡的现象，烂薯率下降。

节约水源：传统的耕作灌溉方式浪费水资源，采用水肥一体化技术既能满足作物对水分和养分的需求，又能将水的利用减到最少。

施肥均匀：传统的施肥方式不能保证按马铃薯的需肥规律施肥，对于马铃薯生长的旺盛时期，由于封行，大量的肥料只能封行前施用。采用“水肥一体化”技术，可以保证按照马铃薯的营养规律适时施肥，真正达到“前期少、中期多、后期持续”的科学肥料分配方式，做到均匀施肥，提高肥料利用率50%～70%。

节省人工：水肥一体化技术是科学的灌溉和施肥技术，智能操作性强，只需打开田间布置的阀门和将肥料倒入施肥池，1个人就可以完成150亩的灌溉和施肥任务。

防止作物病虫害：水肥一体化技术大大提高了水分和肥料的利用率，充分发挥作物的生长潜力，抗病能力提高，由于采用的是滴灌，没有地表径流，切断了作物真菌的传播途径，行间杂草少，农药和除草剂的使用也会减少。

维持生态平衡：传统的灌溉方式，一些养分（如氮）会淋溶到根系底层，采用水肥一体化技术可以保证肥料只供应根部，养分的淋溶损失大幅度减少。肥料施用的减少对环境则意味着保护，减少肥料对土壤和水体的污染及农药的使用，有利于生态环境保护。

便于集约化的水肥管理：水肥一体化技术灌溉和施肥效率高，

1～2天就可以管理数十亩的施肥和灌溉任务，并且保证马铃薯长势均匀一致。这些优势有利于规模化的农场建立标准化的水肥管理规程，提高农场管理效率。

（3）技术要点　标准的灌溉系统：土壤地理环境不同，管道系统不同，根据所要达到的有效湿润区的面积和土层深度、滴头间距、毛管大小及最大铺设长度等建立灌溉系统。如利用冬闲的水稻田种植马铃薯，则滴灌系统需可回收，保证不影响第二年的早稻种植。通常用滴头间距20～30厘米薄壁滴灌带，流量1.0～1.5升/小时，铺在两行马铃薯之间，置于土面。首部可固定或移动。如果场地允许，可在田头建一泵房，将首部安装在泵房里，如果没有场地，可将柴油机水泵或汽油机水泵和过滤器组装在一起成移动式。灌溉以少量多次为原则，每次灌溉面积0.5～1.0亩，时间为2～3小时。

制定科学合理的施肥计划：合理施肥计划的内容包括确定肥料的种类、用量和肥料在各个生长期的分配。施肥量根据土壤养分状况、目标产量等因素决定，肥料分配根据作物的生长规律安排。由于滴灌施肥肥料利用率较高，在没有土壤数据和不了解作物养分规律的情况下，防止因施肥过多而导致的过旺营养生长，对于初次使用这项技术的人员，施肥量的确定可按传统用量的40％～50％确定，保证基肥和追肥比例在1∶3左右。基肥主要为有机肥、过磷酸钙、氮磷钾复合肥，硫酸钾等。对于有机质含量高的稻田，不必施用有机肥为基肥，如果在沙壤土上种植，建议施足有机肥作基肥。从定植后开始，每10天追肥1次，共计8次。

适合于水肥一体化技术的肥料应满足如下要求：一是肥料中养分浓度较高。二是在田间温度条件下完全或绝大部分溶于水。三是含杂质少，不会阻塞过滤器和滴头。常用的有尿素、磷酸一铵和二铵（结晶态）、白色粉状氯化钾、硫酸钾、硝酸钾、硝酸钙、硫酸镁等。颗粒状复合肥不宜用于管道施肥，需用水溶性粉状复合肥。鸡粪沤腐后的沼液通过过滤系统也可用于滴灌系统。

科学合理施肥：滴灌技术操作简单，只需要将肥料（固体或液体）倒入施肥罐或肥料池，启动施肥泵，系统会吸水与吸肥同时进行，所有肥料在灌溉时由水泵吸入滴灌系统，做到施肥不下田，水、肥会随着灌溉系统运输到马铃薯根际。施肥应最好采取单独施用的方式，保证肥料不发生反应，如施完尿素再施氯化钾，施完硫酸镁再施磷酸二铵等。施肥后保证足够的时间冲洗管道，防止藻类生长堵塞系统。冲洗时间与灌溉区的大小有关，滴灌一般为 15～30 分钟，微喷 5～10 分钟。收获前，对滴灌管和输水管回收，以备来年使用。

(4) 水肥一体化技术在马铃薯中的应用效率　据统计，一般前期投资为每亩 500 元，设备使用寿命 3 年，质量好的设备，使用年限更高。除投资外，该技术对管理有一定要求，管理不善，易导致滴头堵塞，长期应用滴灌施肥，易造成湿润区边缘的盐分累积的问题。根据实际应用情况来看，马铃薯的年产量提高 20%以上，节约用水 50%，农药使用量减少 25%，劳动成本减少 30%，解决了水土流失问题，提高了肥料利用率，利于生态环境保护。

第五节　马铃薯科学用药技术

103. 马铃薯生产上推荐使用的农药有哪些，如何使用？

马铃薯生产上推荐使用的杀虫剂、杀螨剂有辛硫磷、晶体敌百虫、吡虫啉、氯氰菊酯、阿维菌素等，杀菌剂有霜脲·锰锌、硫酸链霉素、中生菌素、甲基硫菌灵、多菌灵、新植霉素等。具体使用方法见表 12。

表 12　马铃薯生产上推荐使用的农药及使用方法

农药品种	毒性	稀释倍数与使用方法	防治对象
50%辛硫磷乳油	低毒	4000 倍稀释液，喷雾或浇根	蚜虫、蓟马、粉虱、金针虫、块茎蛾、地老虎、蛴螬、二十八星瓢虫、潜叶蝇等
90%晶体敌百虫	低毒	800～1000 倍，喷雾或浇根	蚜虫、蓟马、粉虱、金针虫、块茎蛾、地老虎、蛴螬、二十八星瓢虫、潜叶蝇等

续表

农药品种	毒性	稀释倍数与使用方法	防治对象
10%吡虫啉可湿性粉粉剂	低毒	2000～4000倍稀释液，喷雾	蚜虫、粉虱等
10%氯氰菊酯乳油	低毒	2500～4000倍稀释液，喷雾	蓟马、粉虱、块茎蛾、二十八星瓢虫等
0.9%阿维菌素乳油	低毒	4000～6000倍稀释液，喷雾	螨虫等
72%霜脲·锰锌可湿性粉剂	低毒	500～700倍稀释液，浸种或喷雾	晚疫病等
72%硫酸链霉素可溶性粉剂	低毒	4000倍稀释液，浸种或喷雾	青枯病、环腐病等
3%中生菌素可湿性粉剂	低毒	800～1000倍稀释液，浸种或喷雾	环腐病等
70%甲基硫菌灵可湿性粉剂	低毒	600～700倍稀释液，浸种或喷雾	青枯病、环腐病等
50%多菌灵可湿性粉剂	低毒	500～600倍稀释液，浸种或喷雾	青枯病、环腐病等
90%新植霉素	低毒	4000倍稀释液，浸种或喷雾	青枯病、环腐病等

104. 如何识别与防止马铃薯药害?

由于马铃薯病虫害防治和除草的农药种类不断增加，有些农民对农药使用缺乏了解，因而使用时稀释的倍数、用量、次数和时期掌握的不准确，时有药害发生（彩图24）。有时也发生由于附近地块农药的漂移，而产生大量药害的现象。

（1）发生症状　主要表现在马铃薯植株的地上部，如植株萎缩、生长迟缓或叶片黄化卷缩，茎秆细弱，扭曲畸形等。在识别药害时，要注意与病毒病害和其他生理病害的区别。

（2）防止措施　必须注意各种农药的性质和使用方法，要求严格按照各种农药规定的稀释倍数，用量和使用次数、方法、时期等正确使用。同时要注意不要对周边作物产生药害。

105. 怎样进行马铃薯田杂草化学防除？

马铃薯既可秋播，又可春播，特别是作为晚稻茬套种，在全国种植面积大，生育期长，杂草繁多（彩图 25），影响产量，可采用适当的化学防除。

（1）播后苗前或移栽前土壤处理

① 90％乙草胺乳油　播后苗前或移栽前，每亩用药 100～130 毫升，对水 30～40 升喷施。

② 48％氟乐灵乳油　防除马唐、牛筋草、狗尾草、旱稗、千金子、早熟禾、硬草及马齿苋、藜、反枝苋、婆婆纳等杂草。播后苗前或移栽前，每亩用药 100～125 毫升，加水 40～50 升喷雾于土表。

③ 33％二甲戊灵乳油　防除稗草、马唐、狗尾草、早熟禾、看麦娘、马齿苋、藜、蓼等杂草。播后苗前或移栽前，每亩用药 150～200 毫升，加水 40～50 升喷雾于土表。

④ 20％敌草胺乳油　防除旱稗、马唐、牛筋草、千金子、狗尾草、早熟禾及马齿苋、藜、繁缕、蓼等杂草。播后苗前或移栽前，每亩用 20％敌草胺乳油 200～300 毫升，或 50％敌草胺可湿性粉剂 100～150 克，加水 40～50 升喷雾于地表。

⑤ 48％仲丁灵乳油　防除稗草、牛筋草、马唐、狗尾草、苋、藜、马齿苋等杂草。播后苗前或移栽前，每亩用药 150～200 毫升，加水 60 升喷雾于地表。

⑥ 70％嗪草酮可湿性粉剂　防除藜、蓼、马齿苋、苣荬菜、繁缕、苍耳、稗草、狗尾草等杂草。播前或播后苗前，每亩用药 25～65 克，加水 40～50 升喷雾于土表。

⑦ 25％绿麦隆可湿性粉剂　防除看麦娘、繁缕、早熟禾、狗尾草、马唐、稗草、苋、藜、婆婆纳等杂草。对猪殃殃、苣荬菜和田旋花等效果差。播后苗前或移栽前，杂草芽前或萌芽出土早期，每亩用药 250～300 克，加水 40～50 升喷雾于土表。

⑧ 24％乙氧氟草醚乳油　防除稗草、千金子、牛筋草、狗尾草、硬草、看麦娘、棒头草、早熟禾、马齿苋、铁苋菜、苋、藜、

婆婆纳、鳢肠、蓼等杂草。播后苗前或播种（移栽）前，每亩用药40～50毫升，加水60升喷雾于土表。

⑨ 42%乙·乙氧乳油　防除千金子、马唐、牛筋草、硬草、看麦娘、棒头草、繁缕、婆婆纳、鳢肠等杂草。播后芽前或移栽前，每亩用药70～120毫升，加水60～120升喷雾于土表。

⑩ 25%恶草酮乳油　防除马唐、稗草、千金子、牛筋草、鳢肠、铁苋菜、蓼、苋、藜、泽漆等杂草。播后苗前或移栽前，每亩用药100～150毫升，加水60升喷雾于土表。

（2）马铃薯田封闭除草

① 乙草胺混嗪草酮　每亩90%乙草胺乳油113～130毫升混70%嗪草酮可湿性粉剂30～40克。

② 异丙甲草胺混嗪草酮　每亩72%异丙甲草胺乳油90～110毫升混70%嗪草酮可湿性粉剂30～40克。

③ 乙草胺混异恶草松　每亩用90%乙草胺乳油113～130毫升混48%异恶草松乳油53～67毫升。

④ 异丙甲草胺混异恶草松　每亩用72%异丙甲草胺乳油90～110毫升混48%异恶草松乳油53～67毫升。

⑤ 异恶草松混嗪草酮　每亩用48%异恶草松乳油40～50毫升混70%嗪草酮可湿性粉剂30克。

以上配方在马铃薯播后苗前进行土壤封闭处理。春天气温变化较大，因异丙甲草胺安全性高，即使在不良气候条件下也不会影响马铃薯产量，建议尽量选用安全性高的异丙甲草胺配方。

（3）地膜马铃薯田除草　采用地膜覆盖的，播种前先整好地，做好畦，随后喷洒氟乐灵、二甲戊灵、恶草酮、乙氧氟草醚、仲丁灵等芽前除草剂，最后覆盖地膜。

（4）除草剂地膜除草　用Y－2除草地膜，防除旱稗、狗尾草、马唐、早熟禾、看麦娘、藜、马齿苋等杂草。马铃薯播种时直接将药膜盖在平整好的畦面上，当有一定湿度时药剂发挥除草作用。能使整个生育期无杂草。

（5）茎叶处理

① 10.8%高效氟吡甲禾灵乳油　内吸传导型茎叶处理剂。防

除稗草、千金子、马唐、狗尾草、看麦娘、硬草、棒头草、狗芽根等杂草。对阔叶草和莎草无效。一年生禾本科杂草于3～6叶期，每亩用药20～30毫升，加水40～50升喷雾杂草茎叶。多年生禾本科杂草为主的，可在生长旺盛期，每亩用药40～50升，加水40～60升喷雾杂草茎叶。

② 15%精吡氟禾草灵乳油　内吸传导型茎叶处理剂。防除看麦娘、硬草、千金子、马唐、牛筋草、狗尾草、棒头草等杂草，对阔叶杂草和莎草无效。一年生禾本科杂草2～5叶期，每亩用药30～60毫升，加水40～50升喷雾杂草茎叶。多年生禾本科杂草生长旺盛期，每亩用药80～120毫升，加水40～60升喷雾杂草茎叶。高温干旱或杂草苗大时，适当增加用药量，对马铃薯安全，施药后2～3小时下雨，不影响效果。

③ 10%喹禾灵乳油　防除稗草、千金子、马唐、狗尾草、牛筋草、看麦娘、硬草、早熟禾、棒头草、狗牙根等杂草，对阔叶草和莎草无效。一年生禾本科杂草2～5叶期，每亩用药60～80毫升，加水40～50升喷雾杂草茎叶；多年生禾本科杂草生长旺盛期，每亩用药150～250毫升，加水40～60升喷雾杂草茎叶。

④ 20%烯禾定乳油　防除旱稗、狗尾草、马唐、牛筋草、看麦娘、狗牙根等杂草。禾本科杂草2叶至2个分蘖期，每亩用药60～100毫升，加水40～50升喷雾杂草茎叶。

⑤ 12%恶唑禾草灵乳油　传导型茎叶处理剂。防除看麦娘、稗草、千金子、狗尾草、牛筋草等一年生杂草，在杂草出苗后2叶期至分蘖期前，每亩用药30～45毫升，加水40～50升喷雾杂草茎叶。防除狗牙根等多年生禾本科杂草于生长旺盛期，每亩用药40～100毫升，加水40～50升喷雾杂草茎叶。

⑥ 25%砜嘧磺隆干悬浮剂　内吸传导型茎叶处理剂。防除苍耳、藜、鸭舌草、苣荬菜、狗尾草、油荷、牛筋草等一年生禾本科杂草及阔叶杂草。每亩用药5～7.5克，对水30～40升，杂草2～4叶期茎叶喷雾，可有效配药时先将所需用量的砜嘧磺隆配置成母液，加入喷桶中，然后按0.2%的比例加入中性洗衣粉或洗洁精并补够水量，充分搅拌。据观察，在天气炎热时施用砜嘧磺隆对马铃

薯叶片会出现如花叶病似的斑驳，几天后才能恢复。

⑦ 5%精喹禾灵乳油　内吸传导型茎叶除草剂。防除马唐、稗草、野燕麦、看麦娘、狗尾草、早熟禾、画眉草、牛筋草、千金子、白茅、棒头草、狗牙根、芦苇等一年生和多年生禾本科杂草。在禾本科杂草3～5叶期，每亩用药40～60毫升，对水30～50升喷雾。

⑧ 12%烯草酮乳油　内吸传导型苗后选择性茎叶处理剂。可杀灭一年生和多年生禾本科杂草。每亩用药35～40毫升（若草龄较大可每亩用药量为60～80毫升），加水40～50升喷雾杂草茎叶。

106. 如何识别马铃薯的除草剂飘移药害，有哪些补救措施？

薯农在有风的天气或风力较大、施用方法不当，常使除草剂飘移，使其他作物出现药害，出现卷叶，生长迟缓等现象。可采用如下补救措施：当药害发生时要马上灌水排毒，减少土壤中的残留量；发生药害的农作物田块应加强管理，多施有机肥，有机质对除草剂有吸附作用，对一些除草剂还有分解钝化作用，能使除草剂丧失部分活性，同时促进作物健康生长；用600倍天达2116壮苗灵＋3000倍天达恶霉灵＋200倍红糖＋500倍尿素，7天1次，连喷2～3次，能有效防止、缓解药害。

有些除草剂不能用于马铃薯，如误用或使用过量除草剂，都会影响马铃薯的正常生长，造成减产、甚至绝产。如误用除草剂，应及时采取补救措施，超量使用除草剂会使叶片皱缩、生长缓慢，发生这种情况，地膜覆盖的应尽早揭膜，通风换气，排出有毒气体，减轻危害。同时可用解害灵（一种叶面肥）、赤霉酸或其他叶面肥等进行叶面喷施1～2次；也可用浓度为20毫克/千克的赤霉酸＋0.2%尿素＋0.2%磷酸二氢钾水溶液叶面喷施，危害严重的只能改种其他作物。

107. 马铃薯田除草有何注意事项？

（1）采用轮作，土壤多次耕翻。露地马铃薯在苗高10厘米左右时第一次中耕，第二次在封垄前完成。小面积或大草田块可采用人工除草。采用黑色膜或绿色膜等覆盖，具有一定抑草作用。对稗草和苦菜等杂草，建议采用马铃薯田放养大鹅（大鹅不吃马铃薯）。

（2）播后苗前或移栽前土壤处理用药，要准确掌握用药量，均匀喷洒，整地要细。提高拌土质量，减少露药。避免种子与药剂直接接触。用药前，应人工清除已出土的杂草。土壤湿润是药效发挥的关键，但施药后遇有较大降水或大水漫灌，易产生药害，应予避免。若土壤干燥应先浇水再施药。

（3）氟乐灵易光解失效，施药后应立即拌土，把药混入土中。一般要求喷药后 8 小时内拌土结束，药剂入土深度 3～5 厘米。低温干旱地区，氟乐灵施入土壤后残效期较长，因此，下茬不宜种植高粱、谷子等敏感作物。

（4）绿麦隆在土壤中残留时间长，分解慢，施药不匀或单位面积用药量过大，影响后茬作物生长。绿麦隆水溶性差，使用时应先将可湿性粉剂加少量水搅拌，然后加水稀释。

（5）用除草剂进行茎叶处理时，喷雾要均匀周到，并保持施药后 3 小时内无降雨，对禾本科作物敏感，切勿喷到邻近水稻、麦子、玉米等禾本科作物上，以免产生药害。

（6）地膜覆盖时，整地要细，覆膜的畦面土壤要求细碎疏松，无植物残株，喷药要均匀，不重喷、漏喷，除草剂单位面积的用量应比露地栽培常规用量略少。盖膜时使地膜和土壤表面紧密结合，两者之间不留空隙。除畦面需喷药外，畦埂也应喷药。

（7）应注意长残留除草剂对后茬马铃薯的影响。马铃薯对除草剂比较敏感，上茬施用除草剂，往往因长残留对下茬马铃薯产生影响，因中毒使植株萎缩，造成严重减产，所以马铃薯种植者在选地时必须了解清楚上茬是否施过除草剂，用的什么除草剂，对下茬马铃薯是否有危害，再做决定。用作倒茬的土地，种植其他作物，使用除草剂时，也一定控制不用对下茬马铃薯有危害的除草剂。表 13 中列出了对马铃薯下茬有碍生长的除草剂种类，需在安全隔离期后才可种植马铃薯。

（8）初次使用时，应先小规模试验，找出适合当地使用的最佳施药方法和最适剂量后，再大面积使用。使用除草剂要根据土壤有

表 13　施用除草剂下茬种植马铃薯安全隔离期

除草剂名称	异　名	每亩用量/克、毫升	安全隔离期/月
5%咪草烟水剂	普施特、普杀特、豆草唑	100	36
20%氯嘧磺隆可湿性粉剂	豆磺隆、豆威、豆草隆	5	40
48%异恶草酮乳油	广灭灵、豆草灵	100	9
25%氟磺胺草醚水剂	虎威、除豆莠、北极星	100	24
38%莠去津悬浮剂	阿特拉津、盖萨普林	350	24
10%甲磺隆可湿性粉剂	合力、甲氧嗪磺隆	5	34
20%氯磺隆可湿性粉剂	绿磺隆	5	24
50%二氯喹啉酸可湿性粉剂	快杀稗、杀稗特、神锄、克稗灵、杀稗灵、稗草亡	15～24	24
4%烟嘧磺隆浓乳剂	玉农乐	10	18
70%嗪草酮可湿性粉剂	赛克、赛克津、立克除、甲草嗪	33～66	0

机质含量高低确定使用量，通常情况下，有机质含量高（肥沃）的可适当多施，反之，沙土地宜少施。在北方风大的地区，为了提高除草剂在地表的吸附力减轻损失，可在除草剂溶液中加入1%～2%优质洗涤剂或洗衣粉。

（9）注意药剂对人畜与环境的危害　使用对人有较大刺激的药剂时，要做好防护工作，注意药液不要流入到池塘毒杀鱼类。如果皮肤沾上药剂应及时用肥皂水与清水冲洗干净。在使用不同品种的除草剂时，如果使用不当，一定会造成不堪设想的后果。因此，一定要按技术要求去使用。

108. 植物生长调节剂在马铃薯生产上的应用有哪些?

（1）赤霉酸　如果种薯尚未度过休眠期，而又必须播种时，则需要用赤霉酸催芽处理，打破休眠。赤霉酸的浓度一般为2～10毫克/升，整薯催芽时，可用5～10毫克/升的浓度浸泡5～10分钟；切块时，浓度在1～3毫克/升。取出之后，将切面向上，晾干切块表面的水分，便可直接下种。但当种薯有环腐病、青枯病或晚疫病时，为防互相传播病害，不宜用浸种催芽。在采收前1～4周内，用10～50毫克/升的赤霉酸溶液喷洒全株，也有促进种薯萌发的作用。

（2）甲哌鎓（助壮素） 在马铃薯蕾期至花期，叶面喷洒60～120毫克/升的甲哌鎓（蕾期浓度取低限），能抑制植株地上部分的生长，增加产量，增加大、中薯块的比例。

（3）生根粉（ABT） 播种前用10～15毫克/升的ABT5号溶液，浸薯种0.5～1小时，取出晾干后即下种，可促进种薯萌芽，促进块茎膨大。

将马铃薯块茎切成重50克左右的种块，置于阴凉干燥处晾干5～7天，使薯块失水大约10%。然后用10～15毫克/升的ABT 6～8号溶液浸泡1～2小时，捞出沥干后，按常规方法催芽播种及田间管理。出苗率高，苗期生根早而多，秧蔓长而且分枝多，叶色绿，结薯早，薯块大，增产20%～50%。使用时，不同型号的生根粉作用略有不同，使用浓度也略有不同，在大面积使用前应先做少量试验，以决定最好的剂型及最佳的使用浓度。其中以ABT8号10～15毫克/升溶液效果最好，使用浓度不可过高或过低，否则增产效果不明显。

（4）石油助长剂 播种前用10毫克/升的石油助长剂浸泡种薯2小时，取出后晾干可打破休眠，即可下种。开花期叶面喷施50～500毫克/升的石油助长剂药液，用量为50升/亩，能提高产量。

（5）6-苄基氨基嘌呤 用0.01毫克/升的6-苄基氨基嘌呤溶液，浸泡种薯块12小时后播种，或在生长期用0.06毫克/升的溶液喷雾，隔7～10天1次，连喷2～3次，增加产量。原药不溶于水，使用前要先配成母液。在培育马铃薯匍匐茎（2.5厘米）厘米的培养基中，每升加入0.25～2.5毫克6-苄基氨基嘌呤，可促进马铃薯在试管培养条件下形成块茎。

（6）芸薹素内酯 用0.1毫克/升的芸薹素内酯，在马铃薯结薯初期及薯块迅速膨大期各喷施1次，每亩用药液50升，均匀喷雾，增产24%左右。

（7）植物龙（DA-6） 用植物龙1500倍液，在马铃薯结薯初期喷药1次，薯块迅速膨大期再喷施1次，每次每亩用药液50升，均匀喷雾，增产40%左右，且提高大中薯的比例。注意浓度不可过高。

（8）5406细胞分裂素　以1000毫克/升的5406细胞分裂素浸泡薯种8小时，或在开花期用1500毫克/升的药液喷洒茎叶，能提高叶绿素含量，增强抗病、抗寒能力，增加产量。

（9）乙烯利　马铃薯斑点病，为马铃薯产区的常见病，病状为块茎中出现褐色斑点，在马铃薯栽植5周后，用200～600毫克/升的乙烯利溶液喷洒叶面，该症状可得到控制。

（10）矮壮素　防止徒长。为控制地上部分旺长，在马铃薯开花期用1000～2500毫克/千克矮壮素溶液叶面喷洒，可使植株矮壮，叶色浓绿，防止徒长，促进地下部块茎生长，增加产量。也有用2%药剂拌马铃薯种块，药液与种块重量比例为1∶10，晾干后播种。虽出土晚1～2天，但苗壮、叶厚、根系发达，可明显地控制徒长，增加产量。

（11）三碘苯甲酸（TIBA）　马铃薯现蕾期至花期，用三碘苯甲酸溶液叶面喷雾，使用浓度100～200毫克/升，10天1次，连喷3次，增加叶绿素含量、提高产量、增加大薯比例。原药不溶于水，可先配成母液，然后再稀释。

（12）烯效唑　用30～70毫克/升烯效唑溶液，在马铃薯花期（即薯块膨大时）叶面喷洒，可使茎蔓节间缩短，叶色浓绿，地上部分生长延缓，地下薯块加快，增加薯块数量。

（13）硫脲　将种薯块放在500～1000毫克/升的硫脲溶液中浸泡4小时，取出后密闭12小时，然后将其埋于湿沙中10天，薯块可发芽。

（14）氯乙醇或高锰酸钾　将薯块放在1.2%的氯乙醇溶液中，浸湿后立即取出，密闭16～24小时，即可直接播种；也可用0.1%～0.2%高锰酸钾溶液浸种10～15分钟，促使种薯打破休眠。

（15）萘乙酸钠盐　在马铃薯采收前15～20天，田间喷施萘乙酸钠盐溶液，可抑制贮藏期间马铃薯块茎发芽。喷施时用100克萘乙酸钠盐，对水10升，摇匀后即可喷施马铃薯植株，以喷湿为宜。

（16）α-萘乙酸甲酯　在马铃薯块茎收获后的贮藏期间，可用α-萘乙酸甲酯抑制马铃薯块茎发芽。应用时以3.5%的α-萘乙酸甲酯，混入96.5%细黏土作为稀释剂制成粉末，撒在马铃薯上。用配合好的粉末3千克处理1000千克马铃薯块茎，处理时间要在马铃薯块茎萌动之前，度过了休眠期的块茎不宜施用。喷洒粉末时应尽量使其分布均匀，具体喷洒时，无论是堆藏、沟藏或是大型永久式贮藏库，都要将贮入的块茎分层喷粉，每层厚度为10～12厘米。喷粉多用筛眼0.25毫米的喷粉器，喷粉后的薯堆上层避免有水汽，可覆盖谷草等。此法可使马铃薯保鲜1年。

（17）抑芽丹（青鲜素）　在收获前2～3周，用25%的抑芽丹1份加水70～90份，对生长期马铃薯叶片进行喷洒，可抑制马铃薯发芽。喷洒过早或过晚，药效都不明显。据试验，抑芽丹在春作薯叶上需要48小时，秋作薯叶上需72小时，才能被吸收。施药后，如在这段时间内遇雨应重喷。

（18）吲哚乙酸

① 促进种子萌发。插条生根后，移植于培养基中，诱导其在高糖分的培养基中生长块根，吲哚乙酸可促进块根形成；在低糖分培养基中，由于不能供应充分的糖类，则不起作用。

② 促进生长，提高产量。在种植前用50毫克/千克吲哚乙酸溶液浸泡种薯12小时，可增加种薯吸水量，增强呼吸作用，增加种薯出苗数、植株总重和叶面积，有利于增加产量。在生长早期用50毫克/千克吲哚乙酸溶液，也可加磷酸二氢钾（每升10克）喷洒马铃薯，可促进植株生长，提高叶片中过氧化氢酶的活性，增加光合作用强度及叶片和块茎中维生素C与淀粉的含量。注意只有在早期喷洒才有增产效果。

（19）2,4-滴　促进生长，增加产量。以1%或5% 2,4-滴粉剂，另加铜、硼、锰、锌、铁和硫的无机盐的粉剂，每亩用454克，施于马铃薯植株叶片上，能增产11%～15%。种植前用200毫克/千克2,4-滴钠盐溶液喷洒马铃薯种薯，可促进发芽，并增加产量38.5%。

（20）复硝酚钠　促进作物生长。用1.8%复硝酚钠水剂6000

倍液浸种 8～12 小时，可促进生根，有利于培育壮苗。马铃薯整块块茎浸种 5～12 小时，有良好的促生根效果。

（21）激动素

① 打破植株休眠。对需要一年两收的马铃薯，夏季收获后用 10 毫克/千克激动素溶液浸泡 10 分钟，可以打破休眠，使薯块在处理后 2～3 天就发芽。

② 组织培养。在组织培养中，对全植株、离体器官或器官的一部分，应用 0.2～1 微摩/千克激动素，配合生长素，有明显的刺激组织或器官分化的作用，应用面较广。如马铃薯茎尖培养基中，每升加入 0.25～2.5 毫克激动素可以诱导 80%～100%马铃薯块茎形成。

（22）丁酰肼　盛花期后 2 周，用 3000 毫克/千克丁酰肼溶液喷洒植株，可抑制地上部分旺长，促进块茎膨大，增加块茎数量。如处理后阴雨天多，光合效率低，则块茎数量多，但薯块小。

（23）多效唑　控制植物营养生长。在结薯初期用浓度为 50 毫克/千克的多效唑溶液叶面喷洒，可控制地上部分旺长，促进薯块膨大，增加产量。

（24）噻节因　可促进叶片脱落或干燥，用于促使马铃薯蔓干燥。收获前 14～20 天，用浓度为 700～1400 毫克/千克的噻节因溶液喷洒茎蔓，能使地上部分迅速干燥，促进地下部块茎形成，有利于收获。

（25）整形素　促进地下部分块茎生长，用浓度为 10～100 毫克/千克的整形素喷洒马铃薯幼苗的叶片，能控制幼苗生长，提高块茎产量。

109. 在马铃薯生产上使用植物生长调节剂有哪些注意事项?

（1）确定合理的喷施浓度　精确计算用药总量，配制适宜浓度的植物生长调节剂，避免浓度与实际需要偏差过大。植株对植物生长调节剂的浓度要求比较严格，若配制的植物生长调节剂的浓度不当，植物生理变化会与预期目标相反。高浓度会造成叶片增肥变脆，出现畸形叶片，严重者叶片干枯脱落，全株死亡；低浓度则不能满足植株需求，达不到预期效果。这就要求喷施植物生长调节剂时要做到浓度准确，并且均匀施用。

（2）确定适宜的喷施时间　根据气候条件，在考虑植物生长调节剂的种类和药效持续时间的基础上，结合一定的栽培需要，确定最佳的使用时间，使其发挥最大效果，并且节约成本。最佳的喷药时间为晴天傍晚前，不要在下雨前或烈日下进行喷施，防止药液浓度的改变，影响药效。

植物生长调节剂的喷施浓度和时间非常关键。在马铃薯上的喷施时期不能过早，防止地上部同化系统的建立受到影响，一般在现蕾至开花期喷施。

（3）注意药剂残留问题　植物生长调节剂对植物生长能起到促进作用，提高产量，改善品质，但是其在环境中的残留问题和对人畜的健康危害也应该引起重视。针对性强且更环保的植物生长调节剂的研发将是今后的研究重点。植物生长调节剂属于农药类，因此必须注意药剂残留问题。低毒的植物生长调节剂有烯效唑、萘乙酸、矮壮、多效唑、2,4-D和苄氨基嘌呤等；微毒类的有吲哚乙酸和脱落酸等，对人畜无毒的有赤霉酸和三十烷醇等。大量的研究表明，多效唑在马铃薯上使用效果比较好，但是其在土壤中残留的较多，对下茬作物影响较大。受其污染的土壤中细菌、真菌和放射菌的含量均会下降。矮壮素和缩节胺是比较安全的，但要注意喷施的浓度，并且尽量不要喷到土壤上。丁酰肼在土壤中残留时间可达1年，降解比较缓慢，喷施已久的土壤种植其他作物后可能会产生较大影响。另外，尽可能不要把植物生长抑制剂应用到种薯生产中，以免对下一代马铃薯正常生长产生影响。

110. 在马铃薯生产上如何正确使用膨大素?

膨大素，为江苏省淮阴市农科所发明的一种植物生长调节剂的复配剂。它能提高叶片制造营养的能力，增加光合效率，较多地把制造的营养运送到薯块里去。还能促进根系生长，增强抗旱能力。马铃薯施用膨大素后，可增产10%～30%，一般能增产15%左右，并能提高大薯率5%左右，增加切片率0.2%～1%。

（1）拌种　用膨大素1包（10克），对水20升，溶化后加黏性土适量，和成稀泥浆，沾在150千克左右的芽块上，使每个芽块都均匀沾上泥浆，然后堆在一起，用麻袋或塑料布覆盖12～24小时。然后进行催芽或直接播种。据调查，沾膨大素的芽块比不沾膨大素的提前3天出苗，且出苗整齐一致，苗全苗壮。

（2）喷雾　在马铃薯开花前5～7天，用1包膨大素（10克）对水20～30升配成水溶液均匀喷雾1亩地用的马铃薯植株。

只拌不喷或只喷不拌，同样有增产效果，但增产幅度要小一些。

也可用1包膨大素对水3升左右，用喷雾器把它喷在150千克芽块上，并随喷随翻动，使所有芽块都均匀着药。喷后堆积芽块，用麻袋、塑料布盖严，闷种12小时，晾干后播种，效果也很好。

四川省国光农化有限公司生产的马铃薯专用的国光膨大素，只能用于喷施植株，严禁用于拌种。

111. 在马铃薯生产上如何正确使用多效唑?

马铃薯在开花期进入块茎增长时，地上部生长已达到高峰，不宜继续增长，营养分配应主要面向地下的块茎，但由于天气因素及管理不当等原因，地上部分仍继续旺长，因而影响了地下块茎的增长和干物质的积累。这时可以采用喷施多效唑的办法，抑制植株生长，保证产量的增加。

（1）产品特点　多效唑，是一种较强的生长延缓剂。它有明显的抑制植株疯长作用，可以调整植株外形结构，使植株高度降低，生长紧凑，茎秆变粗，叶色深绿，叶片增厚，增加营养物质积累。

（2）增产机理　多效唑能改善叶片的光合性能和条件，增加叶绿素的含量，提高光合能力，抑制和延缓叶片的衰老，改变营养物质在植株各部位的分配，促进向块茎运转，使产量提高。喷施多效唑，可使马铃薯产量增加10%～20%。

（3）使用方法　在马铃薯株高25～30厘米时，用浓度为150～200毫克/升的多效唑溶液喷施叶面，每亩用药液50升，可控制茎叶徒长。在马铃薯植株生长末期至结薯期，喷用浓度为100毫克/升的多效唑药液，用量为50升/亩，可促进块茎肥大，提高大、中薯比例，增加产量。施用时，用喷雾器把对好的药液均匀地喷在马铃薯茎叶上。

(4) 注意事项

① 喷施时期不能过早或过晚，不然效果不好。

② 浓度一定要准确，以保证效果。

③ 喷药时，用药量不要过大，不要把药液喷在地上，以防止对下一茬作物产生不良影响。

④ 如使用多效唑过量，导致苗子黑绿、茎粗绿，叶片不上长，可采用叶面喷施 30～50 毫克/千克的赤霉酸溶液，依秧苗长势喷施 1～2 次，缓解多效唑的抑制作用，促使秧苗生长，及时封垄，争取高产。

112. 在马铃薯生产上如何正确使用增产灵?

增产灵，是中国林业科学院林业研究所在 1981 年研制成 ABT 生根粉的基础上，根据农作物的特殊需要，而研制成的一种复合型植物生长调节剂。

(1) 产品特点　用增产灵处理农作物种子，能提高发芽率，加速幼苗生长。对根用茎用作物可促进生长，提高抗旱能力。提高成活率，增加产量。在马铃薯种植上应用增产灵，可增产 20%左右。

(2) 使用方法　选用的剂型为 5 号增产灵或 6 号增产灵。使用的浓度，浸种用为 5～15 毫克/千克，闷种用为 5～10 毫克/千克，喷施用为 5～10 毫克/千克。施用时间，浸种和闷种在播种前，喷施在开花初期。用量为每克增产灵可处理芽块 400～600 千克，每克增产灵作叶面喷施可用于 6～7 亩地的马铃薯，平均每亩用量为 0.15 克左右。施用的方法如下。

① 把切好的、伤口阴干后的芽块，放入 5～15 毫克/千克的增产灵溶液中浸泡 0.5～1 小时，捞出稍干后即可播种。

② 把增产灵 5～10 毫克/千克的溶液，用喷雾器均匀喷在芽块上，然后用麻袋、塑料布覆盖。闷 12～24 小时后直接播种。

③ 在晴天早晨露水干后，用喷雾器把 5～10 毫克/千克浓度的增产灵溶液，均匀喷在植株茎叶上。

(3) 注意事项　产品必须是正式厂家或科研单位研制的。有效成分含量准确，并在说明书上做了标明。使用时掌握好用量，配准浓度。正确把握施用时间，防止出现不良后果。

113. 在马铃薯生产上如何使用“731”打破马铃薯休眠期?

“731”即二氯乙醇7份、二氯乙烷3份、四氯化碳1份，把三种化学药剂混合成熏蒸液，用以熏蒸种薯，起到打破休眠的作用。北种南调的种薯，有时从收获到播种时间较短，往往因休眠期未过，出苗晚或出苗不齐，可用此法熏蒸，打破休眠，使出苗早、齐。微型种薯当年2～3月份收获，5月份就得播种，休眠期未过，不出苗，采用此法熏蒸，可保证及时播种。

（1）用量　每千克种薯用“731”混合液0.5～1毫升。

（2）具体做法　如果种薯数量少，可用缸、桶等容器，把计算好数量的熏蒸液用瓷盘装好放在底部，上边架起来，把种薯放进去，然后盖好并用胶带封严，确保不漏气。种薯数量再多可用大木箱或集装箱等，下边放托架，架下放熏蒸液，托架上放种薯，种薯上边留有一定空间，而且要求上边高度一致，外边所有缝隙都用胶带封严。种薯数量太大可用密封的房间，种薯装量不超过容积的1/2，下边托架要有15～20厘米高，以便用风扇强制空气循环，熏蒸液盘放在上下不同位置。无论哪种容器或房间，处理时温度要保持在25℃左右。熏蒸时间，不同品种有所差别，一般在60～72个小时。

（3）注意事项　此熏蒸剂对人体属高毒性，操作过程中，必须注意安全，采取一定的防护措施。熏蒸液不能离种薯太近或直接接触种薯，否则会造成种薯腐烂。

第六节　马铃薯灾害及其预防技术

114. 马铃薯高温危害的表现有哪些，如何防止?

（1）危害特点　高温对马铃薯的危害有如下几种情形。

茎叶灼伤：高温造成小叶尖端和叶缘退绿，变褐，最后叶尖变成黑褐色而枯死，枯死部分呈向上卷曲状，俗称“日烧”。保护地温室、大棚进行早熟栽培时，应注意高温危害。

块茎灼伤：块茎翻出来后放在阳光下直射时，如遇上高温天气也可能被损伤。这种损伤除了可能从皮孔渗出水状溢物外，没有直接的外部症状。阳光过度地照射引起呈环形下凹的灼伤区域很容易寄生微生物，使块茎组织变成暗褐色，甚至腐烂。诱发块茎组织发生软腐的临界温度是43℃。受高温伤害后的块茎即使不腐烂，也不能正常发芽。因此，在炎热干燥的年份，种植在轻沙土、沙砾土或泥炭土里的马铃薯，一般不宜留种。

出现“绿薯”（彩图26）：马铃薯的块茎在田间或收获后，暴露在强烈的阳光下，过一段时间白色体就会变成叶绿素，使块茎组织变绿，称为绿薯。“绿薯”上市后很难卖掉，会给生产者带来很大的损失。因此在马铃薯生产中防止薯块变绿也是很重要的。

（2）防止措施　针对高温对马铃薯危害的不同情形采取相应的措施。在夏季高温干燥天气来临前，进行田间灌溉，增施有机肥料，增强土壤保水能力，分期培土，减少伤根等，都可以减轻茎叶灼伤的危害。保护地栽培注意通风降温，及时揭去塑料薄膜。深培土，并采用遮荫降温覆盖，可减少块茎灼伤。春马铃薯收获时气温较高，应选晴天的早、晚进行收获，随即收集运到阴暗通风场所，薄摊晾干，不要暴露在高温下。

115. 低温冻害对马铃薯生长发育有哪些影响?

（1）对块茎的伤害　马铃薯块茎在田间和贮藏期都会遭受冷害和冻害。受冻块茎解冻后其组织逐渐由白色（或其本底色）变成桃红色，直至变为灰色、褐色或黑色。冻伤组织迅速变软、腐烂。当水分蒸发后，成为石灰状残渣。因为韧皮部比周围薄壁细胞对低温更敏感，受冷害的块茎横切面出现网状坏死，网状坏死可布满整个块茎，也可能只分布于受害的一侧。随着冷害的加重，维管束环周围出现黑褐色斑点。通常脐端附近更严重。

（2）对叶片的伤害　马铃薯在播种后、出苗前，一般受冷害的影响不大，块茎在气温回暖后会继续萌发，即表现为出苗延迟；出苗后，－0.8℃时幼苗受冷害，气温降到－2℃时幼苗受冻害，表现为叶片迅速萎蔫、塌陷（彩图27），当气温变暖时，受害部位变成水渍状，死亡后变褐。由于马铃薯有再生特性，在气温回升后会从茎的腋芽部分重新发出茎叶继续生长；－3℃时茎叶全部冻死，但只要种薯薯块未被冻死，气温回升后，块茎会由芽眼处重新萌芽。因此，低温冻害对马铃薯产量形成有一定的影响，但一般不会造成绝收。此外，不同品种的抗寒性不同，对温度的反应也有差异，受冻害后恢复生长的程度也不同。

116. 怎么预防马铃薯的低温冻害?

（1）选用抗低温品种，合理调整播期　针对不同地区气候特点和生产的实际情况，建议在生产上选用抗低温品种，并进行多年播期试验以寻找合理的播期，在保证经济效益的前提下合理调整播期，尽量避免冻害的影响。地膜覆盖栽培春马铃薯，应把握在露地播种高峰期播种，避免早春晚霜冻害。

（2）采取预防措施增强作物的抗寒能力

① 排水　做好田间排水渠道，保证沟沟畅通，以便及时排干田间渍水，降低地面水位，提高土壤通透性，减轻冻害和渍害对作物的双重影响。

② 播种时应适当深开穴、覆地膜　穴深10～12厘米，覆土后，留有2厘米深的土穴，后覆盖地膜。幼苗出土后，可先在地膜下面生长，在苗的上方用竹针将薄膜扎一个小孔，以便通气。幼苗在地膜下面生长可以躲避早春季节的低温危害。3～5天，待幼苗生长顶着薄膜时，再开口放苗，结合放苗进行培土，封严薄膜。有条件的地方，还可搭小拱棚，但在气温回升后，要及时揭除覆盖物或小拱棚，以防止温度过高烧苗或引起病害的发生。

③ 培土　结合中耕除草，及时进行田间培土。有条件的地方还可结合培土追施火土肥、草木灰等热性农家肥，提高防寒防冻能力。

④ 熏烟　如遇寒流，可于夜晚在田间走道上用秸秆、稻草、

杂草、木屑等熏烟，每亩4～5个点。

及时喷施600倍天达2116壮苗灵，提高植株的耐寒、抗冻能力和对各种恶劣环境条件的适应性能。要特别注意在霜前3～5天和霜冻发生后，立即喷施600倍天达2116壮苗灵+200倍红糖+3000倍天达有机硅药液，喷施时注意茎叶的正反面都要均匀着药，要间隔3～5天，再喷一次，即可有效预防和缓解低温、晚霜对马铃薯的危害。

（3）受低温冻害勿轻易毁掉重种，应加强后期管理　近几年，我国南方地区地膜马铃薯受冻害严重，而且播种越早的冻害越重。调查发现，绝大部分受冻害的马铃薯地下根茎尚好，部分马铃薯有侧芽生长，随着气温的逐渐回暖，受冻的马铃薯又会萌发出新芽来，所以，只要加强管理，受冻害的马铃薯仍能取得好的收成。一是清沟排渍，趁晴天及时清理好田间“三沟”，确保明水能排，暗水能滤，以减少渍害对地膜马铃薯的影响；二是破膜放苗，3月中旬以后，随着气温的逐渐回升，地膜马铃薯将陆续出苗，此时要及时破膜放苗，防止高温烧苗；三是追肥提苗，一般受冻害影响的地膜马铃薯，其生育期将会比正常的马铃薯迟10～15天，因此，要抓好追肥提苗工作。可在马铃薯苗高15～20厘米时，施一次较浓的人畜粪尿，亩施腐熟粪水3000千克，现蕾时根据植株生长状况，再酌情施尿素5千克。在初花期用20%马铃薯膨大素15克加磷酸二氢钾30克兑水15千克喷施，可促进薯块膨大，有助于提高产量和品质；四是防治病虫害，马铃薯的主要病虫害有晚疫病、蚜虫等。晚疫病可在出苗后用72.2%霜霉威可湿性粉剂600倍液和65%代森锌水分散粒剂500～600倍液等喷施防治，每隔7～10天1次，连续用药2～3次。蚜虫可用10%吡虫啉可湿性粉剂3000倍液喷施防治。

117. 大棚马铃薯受冻后的补救措施有哪些?

大棚马铃薯受冻后可以采取以下措施：

一是及时浇水，增加土壤热容量，防止地温下降，稳定近地表气温，有利于气温平衡上升，稳定棚内温度，并抑制受冻组织脱水挥发，促使受冻组织吸水恢复生机。

二是遮阴保护。在棚内搭设遮阴物，防止植株受冻后直接受阳光照射，以避免受冻组织失水干缩，失去生命活力。

三是通风降温。马铃薯受冻后，不能立即扣棚升温，只能使棚内温度缓慢上升，给受冻组织以充分时间吸收受冻而脱出的水，从而提高细胞活力，减少组织坏死。

四是补施肥料。受冻植株缓苗后，要追施速效肥料，用2%的尿素液或0.2%的磷酸二氢钾液叶面喷洒，尽快使植株恢复生长。

五是防病治虫。植株受冻后，病虫容易乘虚而入，危害植株生长，应及时喷一些保护剂和防病治虫的药剂。

118. 如何做好马铃薯连阴雨灾害的防控?

连续5天及以上出现无日照、任意3天白天降水量≥0.1毫米的天气过程称为一次连阴雨。连阴雨一年四季都有可能发生，对农业影响最大的是初夏和秋季连阴雨，此时正是大田作物后期生长和收获季节，如遇持续的连阴雨，将严重影响结实率，造成发芽霉烂以致严重减产，甚至颗粒无收。4～6月正值马铃薯现蕾期至块茎膨大期，受连阴雨影响可导致晚疫病流行，出现水渍状叶、烂叶、薯块小，严重时整株死亡，导致减产。

(1) 连阴雨对马铃薯生长发育的危害　导致晚疫病流行：持续低温、连绵阴雨、寡照气候，为马铃薯晚疫病的发生和流行提供了适宜的条件，感病品种如费乌瑞它等发病严重。连绵阴雨不仅不利于马铃薯的生长，也给病害防治带来困难。

块茎膨大受限，影响产量：4～6月是马铃薯块茎膨大期和产量形成期，强降水、持续阴雨、区域性洪涝灾害气候，特别是低温寡日照不利于块茎膨大，影响产量，且大薯率减少，影响商品性和产值。

造成马铃薯湿害：造成马铃薯植株湿害，严重的被毁损导致减产。

(2) 连阴雨危害的预防措施　采取高垄种植，播种时留好排水沟。

开沟排湿，严防积水。对强降水造成积水的地块要及时清沟排水，疏浚沟渠，降低田间湿度和涝渍危害。

叶面追肥，提高产量。叶面喷施0.3%～0.5%的磷酸二氢钾、喷施宝、碧护等，促进块茎膨大，提高产量。

遇降雨增加、气温高的情况，在现蕾期施用生长调节剂来控制地上部的生长，增加通风透光性，调节营养分配，保证块茎的膨大。

(3) 连阴雨灾后补救与恢复生产措施　中耕松土除草，增加土壤透气性。

病害统防统治，提效减损。发挥植保专业队在病虫防控工作中快速、高效的作用，及时组织专业队开展统防统治。抢晴天和雨停间隙选择治疗性对路农药防治晚疫病，如68.75%氟菌·霜霉威悬浮剂75毫升、50%氟啶胺悬浮剂25毫升、72%霜脲·锰锌可湿性粉剂100克交替使用，每隔7～10天喷1次，连喷3～4次，减缓晚疫病流行速度，防止扩散蔓延，提高防治效果。

开沟排湿，严防积水。对强降水造成积水的地块要及时清沟排水，疏浚沟渠，降低田间湿度和涝渍危害。

抢晴收挖，供应市场。5～6月马铃薯早、中熟品种已进入收获期，要及时抓住晴好天气搞好收获和销售，减少损失，增加收入。

因势利导，降低损失。在发病严重区域，采取灭菌消毒，改种补植红薯、蔬菜等措施，最大限度地降低损失。

119. 马铃薯在冰雪灾害期间如何进行管理?

(1) 种薯准备　晴天晾晒种薯、切块后拌草木灰，在室内或大棚温暖处催芽，芽长0.5～1厘米后在散射光阴凉处炼芽，待田间冰雪融化、气温回升后立即抢晴播种。若冰雪灾害延续，可先在大棚中育苗。

(2) 排除田间积水　雪后应立即疏通田间排水沟，确保沟沟相通，尽快排出融化的雪水，以降低土壤水分，避免已播种田块的种薯腐烂。并要抢晴中耕，疏松土壤，破除板结，提高地温，以提高作物抗灾能力。没有播种的田块，一旦墒情合适便可施肥、翻耕整地、播种，可采用地膜覆盖和增施有机肥等措施，提高土壤温度，促进早出苗。

（3）加强田间管理　受冻较轻或苗期受害的地块，雪后及时清除叶片上的雪和冰，清除冻死的地上植株、老叶和死叶。追施速效有机肥及磷、钾复合肥或草木灰、火土灰等热性农家肥，并结合中耕松土，促进新芽或腋芽萌发。气温回升后，追施叶面肥、少量氮肥（如每亩追施尿素 15 千克），促进植株生长。喷洒 800～1000 倍 70％甲基硫菌灵或百菌清可湿性粉剂 600～800 倍药液以防止植株发病，及时喷施甲霜·锰锌或霜脲·锰锌可防病控病。

（4）加强保护地马铃薯管理　因积雪造成地膜损坏或风吹缺垄的地块，要及时用土压膜或重新覆膜，并及时清除大棚及两边积雪、加固棚室，避免更大损失。还应清理棚室排水沟，避免大棚出现积水；及时修复已损坏的大棚；雪后适时通风以降低大棚内空气湿度，以提高作物抗寒能力。还可采取拱棚外浮面覆盖草帘、遮阳网等保温设施，大棚内覆盖地膜、加盖草席、熏烟增温等措施，以达到增温防寒防冻的作用。天气突然放晴后，保温覆盖物要缓慢揭除，以增强作物适应性。此外，还应及时追肥，在棚内使用腐霉利或百菌清烟雾剂加强病害预防。

（5）对年前冬种的马铃薯田块中以种薯切块较多或播种较浅、因冻烂种严重的要及时重种。为了抢时间提进程，需采用薄膜育芽带薯移栽。

（6）对部分烂种可能造成缺苗的田块，可待马铃薯出苗长到 1.5 厘米后掰芽移栽补缺。

（7）加强苗期的田间管理。马铃薯出苗后，在肥水管理上要把握“前促后控”的原则，早施破土肥，稳施蕾肥。同时要积极进行病害预防，增强马铃薯苗的抗性。让马铃薯在花期前达到应有的苗高和营养叶片数，为马铃薯的高产打好基础。

120. 如何按月搞好马铃薯的防灾减灾及薯事安排？

（1）元月　元月为一年中最冷的月份，主要有低温冻害和雪灾。在平原地区正是马铃薯播种期，温度低，薯块易受冻害。因此，元月上旬播种时，可采用条穴点播，地膜覆盖，以防冻害。

（2）二月　二月份主要农业灾害有早春冻害、连阴雨、大风。此时正是马铃薯出苗期，月初也是春马铃薯地膜覆盖直播期。应深耕细整土地，加厚活土层，提高土壤的通气性和保水能力。开好厢沟、腰沟、围沟，沟沟相通，防止渍涝。育芽带薯移栽的马铃薯做好大田施肥、起垄，待薯芽长度到1～2厘米及时移栽，每个薯块留3～4个芽。

（3）三月　三月份是春季的开始，气温逐渐回升，雨量明显增加，万物复苏，土壤解冻。但冷暖空气活跃并交替影响，气温变化大，有时出现气温偏低明显，出现典型的低温连阴雨天气。主要灾害有：（低温）连阴雨，晚霜冻（倒春寒），渍害及风害等。此时，马铃薯正处于发芽期，应争取苗全苗壮，促进早发，追施芽肥，中耕松土，出苗30%～50%时每亩施碳酸氢铵30～40千克。

（4）四月　清明后气候温暖，草木茂盛，天气晴朗，但气温变幅大，有时受较强冷空气影响，出现晚霜冻，或春涝、渍害等。此时马铃薯正处于幼苗期或发棵期，早熟品种进入结薯期。应采取措施促使茎粗、叶健、早封行。松土除草促进早发，防病害。雨后，要随即清理厢沟和排水沟，防止渍水。

（5）五月　五月份立夏，夏季开始，降水变率大，有时多晴少雨，有时雨季来临特别早，中下旬即有暴雨、大暴雨或阴雨绵绵，易受干旱干热风、大风冰雹、暴雨洪涝、大风等的灾害。此时，马铃薯进入发棵、结薯期，要采取措施延长绿叶功能期，防止早衰，促早结薯，结大薯。高温、高湿是晚疫病的高发期，要加强对晚疫病的防治。当晚疫病中心病株出现时，用50%甲霜·锰锌可湿性粉剂或甲霜灵稀释成800倍液灌蔸，现蕾期用15%多效唑可湿性粉剂30克对水40千克喷施叶面，控制旺长。进行浅中耕和培土，雨后要随即清理厢沟和排水沟，防止渍水。

（6）六月　六月份进入夏收夏种季节，若梅雨来的早，持续时间长，则发生涝梅，气温会持续偏低。若空梅或出梅早，梅雨期短，梅雨量极少，则会出现旱梅，气温会明显偏高。主要有暴雨洪涝，高温热害，干旱，大风冰雹等强对流天气的气象灾害。此时，马铃薯进入结薯、收获期，上中旬低山进入收获期，二高山以上为结薯期，下旬末二高山进入收获期。低山地区的马铃薯要及时抢收，以便对玉米培土壅蔸；二高山以上地区是马铃薯块茎膨大的关键时期，要中耕培土和做好开沟排渍、防治晚疫病工作。

（7）七月　七月份一般是一年中最热的月份，降水年际变化大，是旱涝的多发月份，有洪涝和干旱（伏旱）、低温阴雨、高温热害、大风、冰雹等强对流天气的气象灾害。此时，二高山上旬、高山中下旬的马铃薯进入收获期。应选择晴天或阴天，抢挖收获，力争挖捡干净，以免来年生长隔年薯。在挖、捡、搬运、堆放过程中尽量减少机械损伤，有条件的地方采用机械收获。收获的块茎应予短暂的晾晒，使表皮干燥，切忌淋雨。

（8）八月　立秋后，易发生雨涝、伏旱、高温热害、强对流天气等气象灾害。马铃薯进入贮藏（休眠）期，下旬秋马铃薯育芽期。秋马铃薯低山一般在8月下旬催芽，二高山8月中旬催芽。

① 选好种　要选用早熟或早中熟、休眠期短的品种，选择纯度高、健康无病虫、无破伤、大小适中的脱毒种薯。

② 做好种薯安全调运　长途大批量调种，要注意气温不超过30℃时调运，因为高温有利于病菌尤其是青枯病菌和晚疫病菌的繁殖扩散，造成大量烂种。在调运过程中要避开高温行车，最好在傍晚以后夜间行车，长途调运中注意防水、防晒、通风、降温。种薯运到后要及时组织下货，轻下、轻放，减少机械损伤。

③ 催芽处理　整薯用10～15毫克/千克的赤霉酸溶液加500倍甲霜灵和多菌灵液喷在中等粗的河沙（或沙质细土）上，边喷边拌匀，达到润而不湿的程度，在室内通风阴凉处做沙床，沙床下铺3厘米厚的河沙，平铺一层种薯后再撒一层河沙掩盖，如此3～5层，上层需盖3厘米厚的河沙。如河沙干了，早上可泼点清凉水，始终保持床沙润而不湿。如果种薯超过50克需要切块，切刀必须用酒精消毒，凡切到病薯，切刀必须再消毒一次。将薯块切口朝上，薄摊于通风处晾干。用赤霉酸催芽，浓度不得超过1毫克/千克。经5～7天后扒开河沙，芽长1厘米左右把种薯掏出来，放在

散光通风处炼芽2～3天，芽长未达到要求的继续催芽。严格剔出病薯、烂薯和线芽薯。

④ 适时播种　根据当地初霜来临时间和品种生育期安排播种期。二高山一般在8月下旬播种。播种时如遇30℃以上的高温，播期应后延，继续炼芽。播种时间，晴天应安排在上午9时以前、下午5时以后，随播随覆土。播种深度视土温而定，如果10厘米土温低于平均气温时，宜浅播厚盖土，反之宜深播浅盖土。

(9) 九月　九月份白露开始，气温降低较快，雨水逐渐减少，晴天增多，气温日差较大，有连阴雨、低温冷害（寒露风）、干旱等气象灾害。秋马铃薯低山播种至出苗期，应采取措施争取苗全、苗壮，促进早发。

① 垄作密植　秋马铃薯由于只生顶芽，一个种块上出1～2个芽，加上出苗后日照逐渐缩短，气候日趋冷凉，植株不如春马铃薯繁茂，因此要加大种植密度，一般以0.85～0.9米开厢作垄，垄上种双行，株距20厘米，每穴2个种块。

② 施肥管理　开播种沟（穴）后，亩施肥效较快又可保墒的稀猪粪或腐熟有机肥2000千克左右，三元复合肥15千克。出苗后结合中耕培土追施尿素15千克。干旱时必须及时浇灌，保证马铃薯各生长发育阶段对水分的要求，是夺取秋马铃薯高产的关键。

(10) 十月　寒露开始，气温已经很低，此时露水已很凉，气候将逐步转冷，霜降后，气候渐冷，气温逐步降低，晚上地面水汽开始凝结成白霜。易出现连阴天、干旱和早霜冻等气象灾害。秋马铃薯要搞好晚疫病的防治和防涝、防旱及低温霜冻工作。如遇秋雨连绵，晚疫病极易暴发，应及时用药防治，并搞好清沟排渍。当极端最低温度降至5℃时，及时拱棚覆膜，既可防冻又可延长生育期，如果无拱棚覆膜，也可用塑料膜平铺在马铃薯植株上，天晴温度升高随即揭膜。

(11) 十一月　进入立冬，冬季开始，降水量明显减少，气温下降幅度较大，有时强寒潮来得早，强度大，可造成低温、严寒、冰冻天气。上中旬低山秋马铃薯进入收获期。中旬二高山地区进入最佳播种期。高山年前直播，要浅窝（穴）厚盖土，以免积雪融化后烂种。

（12）十二月　开始下雪，气温迅速下降，雨量减少，为强冷空气侵袭和寒潮多发月份，常发生大幅度降温，出现降雨严寒天气，易发生（寒潮）冻害、雪灾、大风、干旱等气象灾害。二高山上旬、低山地区下旬是春马铃薯的最佳播种期。种薯以脱毒薯最好，未脱毒的种薯应选择大小一致（50克左右）、没有病虫、没有受冻、芽眼深浅适中、表皮光滑、形状整齐和具有该品种特征的薯块。育芽带薯移栽增产显著，一是经过苗床育芽可进一步淘汰病薯、烂薯、纤芽薯，可保苗全、苗齐、苗壮；二是能充分发挥顶芽优势，提早出苗7天以上，发苗快，现蕾、开花、结薯期比直播提早10天左右，大中薯率提高13%～23%。育芽带薯移栽的育芽床选择在避风向阳、透水的地方，按130厘米开厢，床底土要疏松、细平。播种时，将种薯有芽眼的顶端朝上，种薯按间隔1厘米左右摆播，要使种薯顶端平齐，再盖上约2厘米的细土，然后再架低棚覆膜，四周用细土封严，开好排水沟。

第四章
马铃薯主要病虫害全程监控技术

第一节　马铃薯病虫害综合防治技术

121. 怎样进行马铃薯病虫害综合防治?

马铃薯病虫害较多，其中病害有晚疫病、早疫病、青枯病、黑胫病、黑痣病、干腐病、环腐病和疮痂病等，害虫主要有蚜虫、茶黄螨、地下害虫、二十八星瓢虫和甜菜夜蛾等。病害传播途径也多，土传、虫传、种传等，因此在病虫害防治方面更要遵循“预防为主，综合防治”的原则，采取多方面的措施，才能达到较好的防治效果。目前国家有农业行业标准 NY/T 2383—2013《马铃薯主要病虫害防治技术规程》，可依照进行。

(1) 农业防治

① 严格种薯调运制度　对种薯的调入、调出产地进行严格检验检查，或对种薯进行室内分离检验。严禁从疫病区调运种薯。

② 实行轮作　要注意茬口的选择，与非茄科作物实现 2～3 年轮作，可减少土壤中有害生物种群数量的积累，降低植株对农用化学品的依赖。

③ 选用抗性品种　要尽量选择对病虫害有抗性的品种。目前在生产上推广应用的抗性品种有抗晚疫病品种、抗病毒病品种、抗旱品种、抗线虫品种、抗青枯病品种、抗环腐病品种、抗癌肿病品

种、抗疮痂病品种、耐盐碱品种和耐低温品种等。

在选择抗性品种时，要根据当地种植中主要病虫害发生情况，尽可能选用相对应的抗性品种。如南方地区宜选用抗/耐青枯病品种，同时兼抗晚疫病或病毒病，以及所需要的经济性状等；北方地区宜选用耐旱品种，同时兼抗病毒病或其他病虫害，并具有所需要的经济性状等。

④ 选用脱毒种薯　种薯带病是马铃薯晚疫病、青枯病、环腐病、黑胫病和癌肿病等的主要传播来源，通过带病种薯还可将病虫害扩大到无病地区，健康的种薯应当是不带影响产量的主要病毒的脱毒种薯，同时不含通过种薯传播的真菌性、细菌性病害及线虫，有较好的外观形状和合理的生理年龄。最好选用小整薯播种，避免切口传染。

⑤ 切刀消毒　准备2～3把刀具，将刀具放入每千克含0.1%高锰酸钾0.1克、1%硫酸链霉素100毫克、春雷霉素200毫克的溶液中浸泡处理。注意用塑料桶配制药液，每隔4小时更换一次药液，药液现配现用。切薯时将薯块先从脐部切一刀检查，剔除有病症的薯块，再把切过病薯的切刀放入消毒液中消毒。

⑥ 药剂拌种　切好的薯块用1%硫酸铜水溶液、1%硫酸链霉素、72%异丙草胺乳油300倍液均匀喷雾后，闷种24小时，再在阴凉处晾干后播种；或用2.5%咯菌腈悬浮种衣剂、70%吡虫啉湿拌种剂、70%噻虫嗪湿拌种剂按种薯质量的0.1%拌种；或用52.5%恶酮·霜脲氰水分散粒剂1500倍液浸种。

⑦ 加强管理　施用有机肥必须腐熟，不可用马铃薯病株残体沤制土杂肥。采用宽垄密植，可改善田间通风状况，减轻晚疫病发病程度。调整适宜播种期，避开蚜虫发病高峰。分次加厚培土，防止植株上的晚疫病孢子被冲刷落入土壤，减少块茎感病。加强生长期间的肥水管理，不施带病肥料，用净水灌溉，雨季注意排水。种薯田适量施用氮肥，可促进植株的成龄抗性早形成，减少蚜虫传播病毒，以及病毒在植株体内的增殖和积累。田间发现中心病株和发病中心后，应立即割去病秧，用袋子把病秧带出大田后深埋，病穴处撒石灰消毒。及时清除田间杂草，减少害虫产卵场所，减轻幼虫

为害。

⑧ 适时收获　块茎成熟，应及时收获。为减少收获时的机械损伤，应于收获前7～10天灭秧，使块茎表皮木栓化。特别当植株感染晚疫病时，更应提早灭秧，并将病秧运出田间，使土壤得以暴晒，杀死土表病原菌，减少收获时块茎感染晚疫病的概率。收获的块茎呼吸强度大，散发热量多，应放于通风、避光处预贮10～20天，再进行贮藏，减少块茎腐烂。

（2）物理化学防治措施

① 播种期　病害，应根据当地需控制的马铃薯病害种类，选择不同药剂进行组合后稀释拌种，预防病害发生。

地下害虫，可选用吡虫啉、噻虫嗪、辛硫磷、氯氟氰菊酯、氯吡硫磷、敌百虫等杀虫剂与适量土壤、细沙拌匀沟施或拌入底肥中，防控地老虎、蝼蛄、蛴螬、金针虫等地下害虫发生。药剂使用和选择参考表14。

表14　马铃薯主要病虫害防控药剂推荐表

病虫害	推荐药剂		施用方法	作用方式
	通用名	剂型		
晚疫病	嘧菌酯	悬浮剂	封垄后喷雾	保护、内吸治疗
	丙森锌	可湿性粉剂	喷雾	保护
	代森锰锌	可湿性粉剂	喷雾	保护
	霜脲·锰锌	可湿性粉剂	喷雾	保护、内吸治疗
	双炔酰菌胺	悬浮剂	喷雾	保护、内吸治疗
	氟吡·霜霉威	悬浮剂	喷雾	内吸治疗
	精甲霜锰锌	水分散粒剂	喷雾	保护、内吸治疗
	烯酰吗啉	可湿性粉剂	喷雾	内吸治疗
	霜霉威	水剂	喷雾	内吸治疗
	氟吗啉	可湿性粉剂	喷雾	保护、内吸治疗
	氰霜唑	悬浮剂	喷雾	保护、内吸治疗
早疫病	代森锰锌	可湿性粉剂	喷雾	保护
	嘧菌酯	悬浮剂	封垄后喷雾	保护、内吸治疗

续表

病虫害	推荐药剂		施用方法	作用方式
	通用名	剂型		
早疫病	丙森锌	可湿性粉剂	喷雾	保护
	苯醚甲环唑	水分散粒剂	喷雾	内吸治疗
	肟菌·戊唑醇	水分散粒剂	喷雾	保护、内吸治疗
黑痣病	嘧菌酯	悬浮剂	垄沟喷雾	保护、内吸治疗
环腐病 黑胫病 青枯病	硫酸链霉素	水溶剂	拌种	内吸治疗
干腐病	甲基硫菌灵	可湿性粉剂	拌种	内吸治疗
蚜虫 斑潜蝇	吡虫啉	可湿性粉剂	喷雾	内吸
	噻虫嗪	水分散粒剂	喷雾	内吸
	啶虫脒	乳油	喷雾	内吸
地下害虫	噻虫嗪	可湿性粉剂	拌种	内吸
	辛硫磷	乳油;颗粒剂	垄沟喷雾,垄沟撒施	触杀、胃毒
	毒死蜱	乳油;颗粒剂	垄沟喷雾,垄沟撒施	触杀、胃毒
二十八星瓢虫 豆芫菁	氯氰菊酯	乳油	喷雾	触杀、胃毒
	氯氟氰菊酯	乳油	喷雾	触杀、胃毒

② 苗期至现蕾期　黑胫病和环腐病，拔除萎蔫、叶面病斑较多、黄化死亡的植株，挖出遗留于土壤中的块茎，并在遗留病穴处施用72%硫酸链霉素。及时销毁带病的植株和块茎。

晚疫病，在西南多雨地区，从苗高15～20厘米开始交替喷施代森锰锌、双炔酰菌胺等保护性杀菌剂1～2次。如出现中心病株则交替喷施霜脲·锰锌、恶酮·霜脲氰、恶霜·锰锌、氟吡·霜霉威等混剂或内吸性治疗剂1～2次。施药间隔期为7～10天。

疮痂病，增施绿色或增施酸性物质（如施用硫黄粉等），改善土壤酸碱度，增加有益微生物，减轻发病。秋种马铃薯避免施用石灰或用草木灰等拌种，保持土壤pH在5.2以下。在生长期间常浇水，保持土壤湿度，防止干旱。

蚜虫和斑潜蝇，田间插挂黄板监测蚜虫和斑潜蝇，并根据害虫群体数量适量增加黄板数量。在发生期喷施苦参碱、吡虫啉、啶虫脒、抗蚜威、溴氰菊酯、氰戊菊酯、噻虫嗪等药剂2～3次，对薯田蚜虫进行防治，并预防病毒病，重点喷植株叶背面，施药间隔期7～10天。在幼虫2龄前交替喷施阿维菌素、毒死蜱、灭蝇胺等药剂4～5次防治潜叶蝇，施药间隔期4～6天。

二十八星瓢虫和豆芫菁，人工网捕瓢虫和豆芫菁，在幼虫分散前交替喷施阿维菌素、三氟氯氰菊酯、敌百虫、溴氰菊酯等药剂2～3次，重点喷叶背面，施药间隔期7～10天。喷药时间以上午11时之前和下午5时之后为佳。

地下害虫，悬挂白炽灯、高压汞灯、黑光灯、频振灯等杀虫灯诱杀蛴螬、蝼蛄、地老虎等地下害虫成虫。灯高1.5米，每灯控制面积30～60亩，根据虫害情况适时增加杀虫灯数量。当地下害虫为害严重时，可开展局部防治或全田普防，用辛硫磷乳油或毒死蜱乳油兑水灌根2次，施药间隔期7～10天。

③ 开花期至薯块膨大期　晚疫病，有预测预报条件的地区，根据病害预警进行提前防控。没有预测预报条件的地区，根据天气预报，在连阴雨来临之前，选择保护性杀菌剂，如代森锰锌和双炔酰菌胺等，在植株封垄前1周或初花期喷药预防1～2次。中心病株出现后，连根挖除病株和种薯，带出田外深埋，病穴撒上石灰消毒。同时交替喷施内吸性治疗剂3～5次，如霜脲·锰锌、烯酰吗啉、氟吗啉、恶酮·霜脲氰、恶霜·锰锌、氟吡菌胺等，根据降雨情况及药剂持效期确定用药间隔期，一般施药间隔期为5～7天。

早疫病，田间马铃薯底部叶片开始出现早疫病病斑时开始施药，交替喷施代森锰锌、醚菌酯、苯甲醚菌酯和丙森锌等药剂3～5次，施药间隔期为7～10天。

青枯病、环腐病和黑胫病，拔除萎蔫、叶面病斑较多、黄化死亡的植株，挖出遗留于土壤中的块茎，及时销毁带病的植株和块茎，并在遗留病穴处施72%硫酸链霉素。

二十八星瓢虫和豆芫菁的防治同苗期和现蕾期。

④ 收获期　用物理或化学方法杀秧，防控晚疫病、干腐病、

黑痣病等病菌的侵染和扩散。在收获前 7 天喷施 20%立收谷水剂等干燥剂进行化学杀秧，促进薯皮老化，减少收获时的机械损失伤，防控干腐病、晚疫病和早疫病等病原菌的侵染。深耕冬灌，消灭越冬害虫，减少越冬基数。

⑤ 贮藏期　贮藏窖消毒，贮藏前用硫黄粉熏蒸消毒，也可选用 15%百·腐烟剂或 45%百菌清烟剂每立方米 2 克熏蒸消毒，或用石灰水喷洒消毒。

把好选薯入窖关，要严格剔除病菌和带有伤口的薯块，入窖前先在阴凉透风的场所堆放 3 天，降低薯块湿度，以利伤口愈合，产生木栓层，可减少发病。贮藏期间控制窖内的温湿度，必要时用烟雾剂处理，防止病菌在块茎间传染。

第二节　马铃薯主要病害防治技术

122. 如何防治马铃薯黑痣病?

马铃薯黑痣病，病原为立枯丝核菌，属半知菌亚门真菌。又叫立枯丝核菌病、茎基腐病、丝核菌溃疡病、黑色粗皮病，是一种土传病害，在马铃薯上经常发生，分布广泛，在全国各种植区普遍发生。通过寄生在块茎和土壤中越冬，在土壤中可以存活 2～3 年，翌年春季，在适宜的温度、湿度条件下，侵入马铃薯植株体内为害其生长发育，播种早或播后土温较低发病重。

（1）为害特点　主要为害幼芽、茎基部及块茎。

幼芽染病：在种薯发芽时以菌核或菌丝产生的芽管直接入侵芽的幼嫩组织，受害严重的幼芽，出土前腐烂死亡，形成芽腐造成田间缺苗，受害较轻微的幼芽，出土延迟。

幼苗染病：幼苗出土后染病初植株下部叶片发黄，茎基形成褐色溃疡或一至数个红褐色椭圆形大小的凹陷斑，大小 1～6 厘米，以后色泽变深，扩大并包围茎部，在潮湿条件下，病斑上着生一层淡淡的白霉，病菌侵染到输导组织时植株变黄，叶片卷曲，匍匐茎缩短，块茎少而小，茎节腋芽产生紫红色或绿色气生块茎。

地上茎染病：马铃薯植株地上茎也容易被侵染，并经常引起环剥和地上茎死亡。

根部染病：受害时，产生褐色斑点，严重时根系死亡。

块茎染病：病菌在土壤中通过块茎的皮孔侵染块茎，病部多以芽眼为中心，染病的块茎形成木栓组织，于干燥条件下收缩，形成干腐，变成疮痂头龟裂、畸形、锈斑和茎末端坏死，有的只在块茎表面形成土粒状黑褐色小菌核，菌核长1～5毫米，散生或聚生成块状或片状，且冲洗不掉，贮藏期间块茎病情可进一步发展。

（2）防治方法　对马铃薯黑痣病的防治，目前研究均表明单一方法是不可能彻底防治的，需要采取多种方法、多方面防治措施综合运用，目前还是主要通过科学的田间农艺措施以严格控制侵染源和阻断侵染循环，使用化学药剂和生物防菌剂的方法进行生长期间预防和控制，或者通过生物因子或非生物因子诱导马铃薯块茎对立枯丝核菌的抗性等。

① 播种沟喷施预防　用25%嘧菌酯悬浮剂每亩40～60毫升，在开沟、下种时喷药，然后覆土。还可每亩用25%吡唑醚菊酯乳油40毫克兑水30升，或22.2%抑霉唑乳油1000倍液喷入播种沟的芽块及土壤中。每平方米用25%戊菌隆可湿性粉剂0.5～1.5克浸渍土壤或干混土壤对防治立枯丝核菌效果很好。

② 化学防治　发现病株及时拔除，然后可选用3.2%恶·甲水剂300倍液，或20%甲基立枯磷乳油1200倍液、36%甲基硫菌灵悬浮剂600倍液、30%苯醚·甲环坐乳油3000倍液、23%噻氟菌胺悬浮剂14～20升/亩喷雾。或用30%苯噻氰乳油200～375毫克/千克、50%多菌灵悬浮剂500倍液、70%甲基硫菌灵可湿性粉剂1000倍液、25%嘧菌酯悬浮剂1000倍液等进行灌根，每穴灌药液50毫升。也可施用移栽灵（一种植物抗逆诱导剂）混剂。

③ 农业防治　因地制宜，选择抗病品种；建立无病留种田，采用无病薯播种，播种前精心挑拣种薯，剔除表皮带有菌核的薯

块，以不带菌的脱毒原原种为最佳；提倡与非寄主植物实行2～3年以上轮作，阻止菌核在土壤中积累，减少土壤中菌核数量，避免与茄科、十字花科蔬菜及蚕豆、菜豆轮作；不能轮作的重病地应进行深耕改土，以减少该病发生；尽量选择地势高燥、排水良好、质地松软的轻壤或中壤的碱性或偏碱性土壤种植。加强栽培管理，发病重的地区，尤其是高海拔冷凉山区，要特别注意适期播种，避免早播；合理密植，保护地每亩栽培4000株左右，露地每亩栽培4600株左右，注意通风透光，低洼地应实行高畦栽培，雨后及时排水，收获后及时清园。

④ 药剂浸种　播种前用50%多菌灵可湿性粉剂500倍液，或50%异菌脲可湿性粉剂600～800倍液，或15%恶霉灵水剂500倍液，或35%福·甲可湿性粉剂800倍液，或50%福美双可湿性粉剂1000倍液等浸种消毒10分钟。或用50%异菌脲0.4%溶液浸种5分钟。

⑤ 药剂拌种　选当天切的薯块，每100千克薯块用25%嘧菌酯悬浮剂20毫升对水1千克拌种，晾晒1小时后，当天播种，或用50%多菌灵悬浮剂500倍液喷洒薯块，堆闷2小时，摊开晾干后当天播种。

⑥ 播种沟喷施预防　每亩用25%嘧菌酯悬浮剂40～60毫升，在开沟、下种时喷药，然后覆土。还可用25%吡唑醚菊酯乳油40毫克对水30升，或22.2%抑霉唑乳油1000倍液喷入播种沟的芽块及土壤中。每平方米用25%戊菌隆可湿性粉剂0.5～1.5克浸渍土壤或干混土壤对防治立枯丝核菌效果很好。

⑦ 化学防治　发现病株及时拔除，然后可选用3.2%恶·甲水剂300倍液，或20%甲基立枯磷乳油1200倍液、36%甲基硫菌灵悬浮剂600倍液、30%苯醚·甲环乳油3000倍液、23%噻氟菌胺悬浮剂14～20升/亩喷雾。或用30%苯噻氰乳油200～375毫克/千克、50%多菌灵悬浮剂500倍液、70%甲基硫菌灵可湿性粉剂1000倍液、25%嘧菌酯1000倍液、40%菌核净可湿性粉剂800倍液、80%代森锰锌可湿性粉剂1000倍液、1%申嗪霉素水剂800倍液等进行灌根，每穴灌药液50毫升。

123. 如何防治马铃薯早疫病?

早疫病（彩图 28），病原为茄链格孢菌，属半知菌亚门真菌。是马铃薯最普遍、最常见，也是最主要的叶片病害之一，也称夏疫病、轮纹病和干枯病。在马铃薯各个栽培区都有发生。一般年份造成的损失为 5%～10%，重发生田块为害损失 30%以上，近年呈上升趋势，其危害程度仅次于马铃薯晚疫病。早疫病对马铃薯最大的危害是茎叶受害干枯，严重时整株死亡，从而降低产量，并使马铃薯块茎发生枯斑，降低商品薯的食用价值，有时还会导致块茎腐烂。生长早期雨水多，有利于早疫病流行。重茬地，邻近辣椒、番茄棚室的田块，菌源较多，发病早而重。土壤瘠薄，植株脱肥，生长不良，抗病性降低，发病加重。土壤贫瘠，后期植株早衰，病害发生较重。

（1）发病特点　早疫病菌可侵染叶片、叶柄、茎、匍匐茎、块茎和浆果。以叶片上的症状最明显。

① 叶片发病　叶片上初生数量较多的暗褐色或黑色、形状不规则的小病斑，直径 1～2 毫米，以后发展成为暗褐色至黑色，直径 3～12 毫米，有明显的同心轮纹的近圆形病斑，与健康组织界限明显，有时病斑周围褪绿。潮湿时，病斑上生出黑褐色或黑色霉层（彩图 29、彩图 30），即病菌分生孢子梗和分生孢子（彩图 31、彩图 32）。病斑多从植株下部老叶片先发生，逐渐向上部叶片蔓延。发生严重时，多个病斑相互连接形成不规则形斑，大量叶片黄化、枯死，全株变褐死亡。

② 块茎发病　产生黑褐色的近圆形或不规则形病斑，大小不一，大的直径可达 2 厘米。病斑略微下陷，边缘清晰略突起，有的老病斑表面出现裂缝。病斑下面的薯肉变紫褐色，木栓化干腐，深度可达 5 毫米。

（2）综合防治

① 农业防治　因地制宜选用高产抗病良种，一般晚熟品种较抗早疫病。加强肥水管理，配方施肥，增施钾肥，适时喷施叶面肥，合理用水，雨后及时清沟排渍降湿，促植株稳生稳长，增强抗

病性。收获后及时清除病残组织，深翻晒土，减少越冬菌源。重病地区实行2～3年非茄科蔬菜轮作。

② 合理贮运　收获充分成熟的薯块，尽量减少收获和运输途中的损伤，病薯不入窖，贮藏温度以4℃为宜，不可高于10℃，并且通风换气；播种时剔除病薯。

③ 生物防治　可选用3％嘧啶核苷类抗菌素水剂100～150倍液，或77％氢氧化铜可湿性粉剂500倍液，1∶1∶200的波尔多液等喷雾防治，隔7～10天喷1次，连喷2～3次。

④ 化学防治　及早喷药预防。应于植株封行开始，喷施75％百菌清＋70％硫菌灵（1∶1）1000倍液，或30％氢氧化铜＋70％代森锰锌（1∶1，即混即喷）600～800倍液、40％三唑酮·多菌灵可湿性粉剂1000倍液、45％三唑酮·福美双可湿性粉剂1000倍液、70％丙森锌可湿性粉剂600～800倍液、50％敌菌灵可湿性粉剂400～500倍液、80％代森锰锌可湿性粉剂600～800倍液、50％异菌脲可湿性粉剂或悬浮剂1000～1500倍液、75％百菌清可湿性粉剂600倍液、75％肟菌·戊唑醇水分散粒剂2700～4000倍液、18.7％烯酰·吡唑酯水分散粒剂320～533倍液、50％啶酰菌胺水分散粒剂1300～2000倍液、52.5％恶铜·霜脲氰水分散粒剂1000～1300倍液、500克/升氟啶胺悬浮剂1200～1600倍液、250克/升嘧菌酯悬浮剂800～1300倍液、60％唑醚·代森联水分散粒剂700～1000倍液、42.5％吡唑醚菌酯·氟唑菌酰胺悬浮剂2500～5000倍液、560克/升嘧菌·百菌清悬浮剂800～1200倍液、10％苯醚甲环唑水分散粒剂1500倍液＋70％丙森锌可湿性粉剂600～800倍液、50％甲·咪·多可湿性粉剂1500～2000倍液＋70％代森联干悬浮剂800倍液、64％氢铜·福美锌可湿性粉剂600～800倍液、60％琥铜·锌·乙铝可湿性粉剂600～800倍液＋75％百菌清可湿性粉剂600～800倍液等喷雾，7～10天1次，视病情防治1～3次，交替喷施，前密后疏。

发病普遍时，可选用如下药剂防治：20％唑菌胺酯水分散粒剂1000～1500倍液、25％溴菌腈可湿性粉剂500～1000倍液＋50％克菌丹可湿性粉剂400～600倍液、20％苯霜灵乳油800～1000倍液＋75％百菌清可湿性粉剂 600～800 倍液、50％甲基·硫磺悬浮剂 800～1000 倍液＋70％代森锰锌可湿性粉剂 700 倍液、70％丙森·多菌可湿性粉剂 600～800 倍液、50％福美双·异菌脲可湿性粉剂 800～1000 倍液等喷雾防治，视病情间隔 7～10 天喷 1 次。

早疫病可与晚疫病同时防治，每亩第一次用 72％霜脲·锰锌可湿性粉剂 100～150 克 300～450 倍液，第二次用 70％丙森锌可湿性粉剂 150 克 300 倍液，或 58％甲霜·锰锌可湿性粉剂 150 克 300 倍液，第三次用 64％恶霜·锰锌可湿性粉剂 100 克 400 倍液，或 68.75％氟菌·霜霉威水剂 100 毫升进行喷面喷雾，效果好。马铃薯早疫病、晚疫病的防治一定要掌握在发病初期，甚至发病前期，进行药剂叶面喷雾，喷雾做到均匀周到，方能起到良好的防治效果。

124. 如何防治马铃薯晚疫病?

马铃薯晚疫病（彩图 33～彩图 36），病原为致病疫霉，属鞭毛菌亚门真菌。是发生最普遍、最严重的侵染性、速发性、毁灭性病害，既造成茎叶枯斑和枯死，又引起田间和贮藏期间的块茎腐烂，一旦发生并蔓延，很难控制，并会造成非常严重的损失，轻者减产 30％～40％，重者 70％～80％，同时还能引起田间和窖藏的块茎腐烂，特别是多雨、气候冷湿的年份，受害植株提前枯死。马铃薯的根、茎、叶、花、果、匍匐茎和块茎都可发生晚疫病，最直观最容易判断的症状是叶片和块茎上的病斑。48 小时的最低气温不低于 10℃，48 小时之内的空气相对湿度在 80％以上，早晨马铃薯植株上有露水，这些条件出现后的未来 3 周内，将会发生晚疫病，此时喷药可有效地防治晚疫病的流行。

（1）发病特点

① 叶片发病　叶上多从叶尖或叶缘开始，先发生不规则的小斑点，随着病情的严重，病斑不断扩大合并，感病的植株叶面全部或大部分被病斑覆盖。湿度大时，叶片呈水浸状软化腐败，蔓延极快，在感病的叶片背面健康与患病部位的交界处有一层褪绿圈，上有绒毛状的白色霉层，有时叶面和叶背的整个病斑上也可形成此种

霉轮，干燥时叶片会变干枯，质脆易裂，没有白霉。

② 茎和叶柄感病　呈纵向褐色条斑，发病严重时，干旱条件下整株枯干，湿润条件下整株腐败变黑。也可在病斑上产生白色霉轮，有时可造成叶丛的凋萎枯死。

③ 块茎感病　形成大小不一、形状不规则的微凹陷的褐斑。病斑的切面可以看到皮下呈红褐色，其变色面积的大小、深浅依发病程度而定，当湿度大、温度高时，病斑可蔓延到块茎的大部分组织，一旦感染其他腐生菌，可使整个块茎腐烂。

（2）防治方法　马铃薯晚疫病蔓延速度非常快，一旦发生并开始蔓延，就很难控制。鉴于马铃薯晚疫病的普遍发生和对马铃薯生产的危害重要性，农业部制定了行业标准 NY/T 1783—2009《马铃薯晚疫病防治技术规范》。现据此整理如下。

① 农业措施　选用抗、耐病脱毒种薯品种：因地制宜选择种植抗、耐病的脱毒种薯品种，做好品种的合理布局。早熟品种抗晚疫病性能较差，一般中晚或晚熟品种较抗晚疫病。

种植无病种薯：播前晾晒种薯 5～7 天，淘汰病薯，集中深埋。对种薯进行消毒，播种时，选用有效杀菌剂干拌或湿拌种薯。干拌，根据药剂推荐剂量加 2.5～3 千克滑石灰或细灰与 100 千克种薯混合均匀后播种；湿拌，根据药剂推荐剂量对水均匀喷洒在薯块上，避光晾干后播种。

适当调整播期：适期早播，以避开晚疫病发生期。

加厚培土：栽培时适当深培土，以降低薯块感染晚疫病病菌的比例，在晚疫病发生频繁的地区应特别注意，如果培土过浅，由于块茎的膨大而使垄表面产生裂缝或块茎露出地面，当地上部病菌落到土壤上，就很容易与块茎接触而发病。

现蕾期控制徒长：徒长后叶片茂密，通风差，使得小气候湿度增加，造成晚疫病发生严重。为预防马铃薯徒长，在现蕾期当株高 30～40 厘米表现出徒长情况时，每亩用 15%多效唑可湿性粉剂 50 克对水 50 千克，均匀喷雾。

割秧防病：在晚疫病开始流行时，对种植密度大、行距小、不能厚培土的地块，要在植株还未严重发病前把薯秧割掉，运出田间。作为留种的地块更应及早割秧，尽量防止病菌孢子侵入块茎，以免后患。

② 催芽处理　催芽期间，凡不发芽或发芽慢、出现病症的全部剔除。催芽前用25%的甲霜·锰锌可湿性粉剂500倍液，或72%霜脲·锰锌可湿性粉剂600倍液对种薯均匀喷雾，然后将薯块堆在一起用塑料膜盖严，4～5小时后摊开晾干，切块催芽。

③ 物理防治　种薯入窖前汰选，种薯入窖前晾晒1～2天，播前将出窖后种薯晒晾2～3天。同时淘汰病、烂薯和小老薯、畸形薯。淘汰的病、烂薯集中深埋等处理。

④ 化学防治　晚疫病只能预防不能治疗，最重要的防治措施是药剂的定期防治。晚疫病病害的发生与蔓延是有条件的，因此各栽培区要根据当地晚疫病发生和蔓延的情况，总结经验教训，制定有效的防治计划，在晚疫病流行前进行药剂防治。

根据天气预报，在连阴雨来临之前，选择保护性杀菌剂，在植株封垄前1周或初花期喷药预防1～2次。一般在日平均气温在10～25℃之间，空气相对湿度超过90%达48小时以上的情况出现4～5天后，就要及时用保护性药剂喷雾，可选用波尔多液类药剂300～400倍液，75%百菌清可湿性粉剂600倍液，77%氢氧化铜可湿性粉剂500倍液，80%代森锰锌可湿性粉剂400～500倍液等。

田间发现发病中心病株和发病中心后，应立即割去病秧，用袋子把病秧带出大田后深埋，中心病株周围应及时用药剂防治。选用内吸治疗药剂，可选用70%代森锰锌可湿性粉剂，每亩用量为175～225克，对水后进行喷施，或58%甲霜灵可湿性粉剂800～1000倍液、72%霜脲·锰锌可湿性粉剂500～700倍液、64%恶霜灵可湿性粉剂400～500倍液、25%嘧菌酯悬浮剂1000倍液、68%精甲霜·锰锌水分散粒剂600倍液、50%烯酰吗啉可湿性粉剂1500倍液、50%烯酰·锰锌可湿性粉剂700倍液、50%烯酰·乙铝可湿性粉剂600倍液、47%烯酰·唑嘧菌悬浮剂600～900倍液、52.5%恶酮·霜脲氰水分散粒剂1000～2000倍液、60%唑醚·代森联水分散粒剂700～1000倍液、72%丙森·膦酸铝可湿性粉剂800～1000倍液、66.8%丙森·异丙菌胺可湿性粉剂600～800倍液、18%霜脲·百菌清悬浮剂1000～1500倍液、40%氰霜唑·烯酰吗啉悬浮剂2000～3000倍液、60%代森锰锌·氟吡菌胺可湿性粉剂700～850倍液、3%帕壳素可湿性粉剂200～300倍液、40.2%咪唑菌酮·霜霉威盐酸盐悬浮剂450倍液、250克/升双炔酰菌胺悬浮剂30～50毫升亩对水45～75千克、687.5克/升氟菌·霜霉威悬浮剂70～100毫升/亩对水65～75千克、70%丙森锌可湿性粉剂700倍液、25%吡唑醚菌酯乳油1500～2000倍液、25%烯肟菌酯乳油900倍液等喷雾防治，喷药时应均匀喷施叶片正面和背面，同时要交替喷施不同药剂。连防2～3次，每次间隔7～10天。

近几年出现的几种新药剂对防治马铃薯晚疫病有特效，每亩用68.75%氟菌·霜霉威悬浮剂80～100毫升，或25%双炔酰菌胺悬浮剂20～40毫升、52.5%霜脲氰·恶酮水分散粒剂40～50克、100克/升氰霜唑悬浮剂53～67毫升、50%氟啶胺悬浮剂27～33毫升等喷雾。建议小区试验效果。

农药每隔7～10天防治1次，最好晴天下午喷洒，喷洒要均匀。农药可以交替使用，例如第一次喷施25%嘧菌酯悬浮剂，第二次喷施72.2%霜霉威水剂800倍液，第三次视情况可喷施68.75%氟菌·霜霉威悬浮剂或53%精甲霜·锰锌水分散粒剂等，一般喷施3次即可。

一般在高湿多雨条件下应间隔5～7天用药1次。根据病情发生风险的大小可适当调整用药次数。

125. 如何防治马铃薯病毒病?

马铃薯病毒病也称马铃薯种性退化，它是马铃薯的重要病害。马铃薯新品种推广后，随着种植年限的增加，产量逐年下降，植株变矮，薯块变小，并伴有茎叶异常现象，如花叶、叶片卷曲或皱缩等。这种现象称之为退化。引起马铃薯退化的主要原因就是病毒病，是一种传染性病毒。这种病害在田间靠昆虫（主要是蚜虫）或叶片接触而传播。它可以导致植株生理代谢紊乱、活力降低造成大量减产。一般使马铃薯减产20%～50%，严重时可减产70%～

80%，甚至没有产量。目前全世界已发现能侵染马铃薯的病毒有18种，专门寄生在马铃薯上的病毒有9种，国内发现的有7种，分别是普通花叶病毒（PVX）、重花叶病毒PVY、潜隐花叶病毒（PVS）、花叶病毒（PVM）、纺锤块茎类病毒（PSTV）、粗皱缩花叶病毒（PVA）、卷叶病毒（PLRV）。此外，侵染烟草、黄瓜、番茄等的一些病毒也侵染马铃薯。

（1）发病症状

① 普通花叶病　植株感病后，生长正常，叶片平展，但叶脉间轻花叶，表现为叶肉色泽深浅不一。叶片易见黄绿相间的轻花叶。在某些品种上，高温和低温下都可隐症，受害的块茎不表现症状。但随着马铃薯品种、环境条件及病毒株系的不同而有一定的差异，毒性强的株系也可引起皱缩、条纹、坏死等。

② 重花叶病　发病初期，顶部叶片产生斑驳花叶或枯斑，以后叶片两面都可形成明显的黑色坏死斑，并可由叶脉坏死蔓延到叶柄、主茎，形成褐色条斑，使叶片坏死干枯，植株萎蔫。不同品种反应不同，如植株矮小，节间缩短，叶片呈普通花叶状，叶、茎变脆。带毒种薯长出的植株可严重矮化皱缩或出现条纹花叶状，也可隐症。病株薯块变小。

③ 皱缩花叶病　病株矮化，叶片小而严重皱缩，花叶症严重，叶尖向下弯曲，叶脉和叶柄及茎上有黑褐色坏死斑，病组织变脆。为害严重时，叶片严重皱缩，自下而上枯死，顶部叶片可见斑驳。病株的薯块较小，亦可有坏死斑。

④ 卷叶病　典型的症状是叶缘向上弯曲，病重时成圆筒状。初期表现在植株顶部的幼嫩叶片上，先是褪绿，继而沿中脉向上卷曲，扩展到老叶。叶片小，厚而脆，叶脉硬，叶色淡，叶背面可呈红色或紫红色。病株不同程度的矮化，因韧皮部被破坏，在茎的横切面可见黑点，茎基部和节部更为明显。块茎组织表现导管区的网状坏死斑纹。

⑤ 纺锤块茎病　受害植株分枝少而直立，叶片上举，小而脆，常卷曲。靠近茎部，节间缩短，现蕾时明显看出植株生长迟缓，叶色浅，有时发黄，重病株矮化。块茎变小变长，两端渐尖呈纺锤

形。芽眼数增多而突出，周围呈褐色，表皮光滑。

（2）防治方法

① 热处理　热处理方法于20世纪50年代已证实可以钝化马铃薯卷叶病毒。块茎经35℃ 56天或36℃ 39天热处理，可完全除去一些品种块茎中的卷叶病毒。芽眼切块后变温处理（每天40℃ 4小时，16～20℃ 20小时，共处理56天）也可以除去卷叶病毒。

② 选用抗病、无病种薯　目前国内主栽品种中尚无对病毒病具抗性的。一般都是选用茎尖组培后经病毒检测无病毒，在隔离条件下逐级繁殖的脱毒种薯为生产用。种薯田应采用整薯播种，杜绝部分病毒及其他病害借切刀传播。利用马铃薯实生种子（因病毒侵染不到实生种子里）生产无病毒种薯，即实生种子—实生薯—留种的生物学疗法，在我国西南山区、内蒙古、黑龙江等地均有应用，效果显著。

③ 防蚜控蚜　出苗前后及时防治蚜虫，尤其靠蚜虫进行非持久性传毒的条斑花叶病毒更要防好。药剂可选用10％吡虫啉可湿性粉剂2000倍液，或240克/螺虫乙酯悬浮剂4000～5000倍液、10％烯啶虫胺水剂3000～5000倍液、15％唑虫酰胺乳油1000～1500倍液、10％吡丙·吡虫啉悬浮剂1500～2500倍液、3％啶虫脒乳油2000～3000倍液、25％噻虫嗪可湿性粉剂2000～3000倍液等喷雾，视虫情间隔7～10天喷1次。

④ 夏播和两季作留种　这是防止种薯退化解决就地留种的有效方法。在无霜期短的地区，可将正常的春播推迟到夏播留种（6月下旬～7月上中旬播种）；在无霜期长的地区，一年种两茬马铃薯，即春秋两季播种，以秋播马铃薯作种用。这样种薯既有利于马铃薯生长健壮，又可以控制病毒增殖扩展的速度。

⑤ 改进栽培措施　包括留种田远离茄科菜地；及早拔除病株；实行精耕细作，高垄栽培，及时培土；避免偏施过施氮肥，增施磷钾肥；注意中耕除草；控制秋水，严防大水漫灌。

⑥ 化学控制　发病初期喷洒0.5％菇类蛋白多糖水剂300倍液，或20％吗啉胍·乙铜可湿性粉剂500倍液、5％菌毒清水剂500倍液、2％宁南霉素水剂200～400倍液、4％嘧肽霉素剂200～

300倍液、2.1%烷醇·硫酸铜可湿性粉剂500～700倍液、1.05%氮苷·硫酸铜水剂300～500倍液、3%三氮唑核苷水剂600～800倍液、15%氨基寡糖素可湿性粉剂500～700倍液、40%吗啉胍·羟烯腺·烯腺可溶性粉剂1000倍液、3.95%三氮唑核苷·铜·锌水乳剂500倍液、7.5%菌毒·吗啉胍水剂500倍液等，视病情间隔5～7天喷1次。

用20%吗啉胍·乙铜可湿性粉剂500倍液+0.004%芸薹素内酯水剂1000～2000倍液，10～15天1次，共喷2次，防治病毒病不仅增效，还可催进薯块膨大、增产，提高品质。

126. 如何防治马铃薯粉痂病?

马铃薯粉痂病（彩图37），病原为马铃薯粉痂菌，属藻状菌纲霜霉目白锈科真菌，为土传病害，在南方一些地区常造成不同程度的产量损失。患粉痂病的植株生长势差，产量急剧下降。主要为害块茎及根部，受害的块茎后期和疮痂病相似，块茎外形受到严重影响，降低商品价值，而且患病块茎不易贮藏。一般雨量多、夏季较凉爽的年份易于发病。

（1）发病特点（表15） 病症主要发生于块茎、匍匐茎和根上。

表15 马铃薯不同部位粉痂病发生症状

块茎染病	发病初期，在表皮上呈现针头大的褐色小斑，外围有半透明的晕环，后小斑逐渐隆起、膨大，成为直径3～5毫米不等的"疱斑"，用手指下压时，发硬而不易破裂。疱斑内充满病菌孢子团，呈褐色粉状物，以后"疱斑"表皮破裂、反卷，皮下组织呈现橘红色，散发出大量深褐色粉状物，"疱斑"下陷呈火山口状，外围有木栓质晕环
匍匐茎和根上染病	形成大小不同单生或聚生的瘿状瘤，初期为白色或浅黄色，后期变黑，崩溃后散出孢子团。在土壤潮湿的条件下，可以发生深入薯内的不规则溃疡

（2）防治方法

农业防治：严格执行检疫制度。病区实行5年以上轮作。田间增施基肥或磷钾肥，多施石灰或草木灰，改变土壤pH值。并用高畦栽培，避免大水漫灌，防止病菌传播蔓延。

选留无病种薯：把好收获、贮藏、播种各个关口，汰除病薯。可用2%盐酸溶液或40%甲醛200倍液浸种5分钟，再用塑料布盖严闷2小时，晾干播种。还可用72%霜脲·锰锌可湿性粉剂500倍液浸种薯6～8小时后晾干播种。用甲烷钠熏蒸土壤也可以防病。

127. 如何防治马铃薯枯萎病?

马铃薯枯萎病（彩图38），病原为尖镰孢菌，属半知菌亚门真菌，是马铃薯上的常见病害，分布广泛，全国各种植区普遍发生。田间湿度大、土温高于28℃或重茬地、低洼地易发病。

（1）识别要点　地上部出现萎蔫，剖开病茎，薯块维管束变褐，湿度大时，病部常产生白色至粉红色菌丝。

（2）防治方法

① 农业防治　提倡与禾本科作物或绿肥等进行4年轮作。选择健薯留种，施用腐熟有机肥，加强水肥管理，可减轻发病。

② 药剂防治　必要时浇灌12.5%增效多菌灵浓可溶剂300倍液，或50%咯菌腈可湿性粉剂5000倍液、25%咪鲜胺乳油1000倍液、70%恶霉灵可湿性粉剂1500倍液、5%丙烯酸·恶霉·甲霜水剂800～1000倍液、80%多·福·福锌可湿性粉剂500～700倍液、5%水杨菌胺可湿性粉剂300～500倍液、50%苯菌灵可湿性粉剂1000倍液+50%福美双可湿性粉剂500倍液、70%福甲硫黄可湿性粉剂800～1000倍液，每株灌药液300～500毫升，视病情间隔5～7天灌1次。

128. 如何防治马铃薯疮痂病?

马铃薯疮痂病（彩图39），病原为疮痂链霉菌，是一种放线菌病害，是当前除晚疫病以外发生情况较为严重的病害，是世界性难题，并誉为马铃薯癌症，很难彻底治愈，目前有逐年发展趋势。一般在二季作区秋季发生比较普遍。分布很广，尤其在碱性土壤里发病更多。秋季马铃薯结薯初期正遇气温和地温偏高的时期，发病比春季重。

(1) 发病特点　块茎感染疮痂病后，先是在表皮产生浅棕色的小突起，几天后形成直径0.5厘米左右的圆斑。病斑表面形成硬痂，疮痂内含有成熟的黄褐色病菌孢子球，一旦表皮破裂、剥落，便露出粉状孢子团。根据病斑形态可分为突起型疮痂病和凹陷型疮痂病，病斑仅限于皮部，不深入薯内（别于粉痂病）。表皮组织被破坏后，易被软腐病菌入侵，造成块茎腐烂。

马铃薯疮痂病仅发生在薯块上，受害薯块品质低劣。

(2) 防治方法

① 农业防治　选用高抗病品种和无病种薯。在发病严重地区，不在易感疮痂病的甜菜等作物地块上种植马铃薯，应与谷类作物实行4～5年的轮作。避免施用碱性肥料，由于疮痂病的发生与土壤pH有关，因此在发病较频繁的地区应减少碱性肥料的施用，也不能撒施石灰、草木灰等，应多施酸性肥料和有机肥。不要用带病薯块和植株沤肥。加强田间管理，忽干忽湿或长期干旱易导致病害发生，因此在块茎形成期及膨大期应注意浇水，保持土壤湿润，但不要积水。

② 种薯消毒　为防止种薯带菌，可在催芽前用0.2%甲醛溶液浸种2小时，或用0.1%对苯二酚溶液浸种30分钟，然后取出晾干播种。为保证药效，在浸种前需将块茎上泥土去掉。避免用草木灰拌种。微型薯用98%棉隆颗粒剂处理育苗土，每平方米30克。

③ 土壤消毒　秋季用1.5～2千克硫黄粉撒施后犁地进行土壤消毒，播种开沟时每亩再用1.5千克硫黄粉沟施消毒。

④ 化学防治　可选用72%硫酸链霉素可溶性粉剂5000倍液，或新植霉素（100万单位）5000倍液、45%代森铵水剂900倍液、47%春雷·王铜可湿性粉剂600倍液、77%氢氧化铜可湿性粉剂600倍液、500克/升氟啶胺悬浮剂1500～2000倍液等喷雾。每隔7～10天喷1次，连喷2～3次。

129. 如何防治马铃薯干腐病?

马铃薯干腐病（彩图40），病原为深蓝镰孢菌和腐皮镰刀孢霉，均属半知菌亚门真菌。是一种在田间和窖储都常发生的块茎病害，其常年发病率达到10%～30%。其主要引起贮藏期块茎腐烂，通常生长在沙土和泥炭土的马铃薯易发该病，早熟品种比晚熟品种易发病。在感病品种中，因品种不同，对病害的易感程度也有明显差别：一个品种可能对致病菌的某一种生理小种有抗性，对其他的生理小种则易感。

其病原菌通常在土壤和块茎中存活，作为一种主要病害，干腐病既能在马铃薯生长过程中发病直接造成作物大幅减产，也可以通过收获后块茎间感染造成损失。另外，收获期间造成的伤口会成为日后病原菌的侵染入口，伤口多、贮藏或贮运时通风条件差，易发病。贮藏初期发病少，大约贮藏1个月后，块茎陆续发病，在块茎休眠后，体内可溶性糖增多时蔓延最快。适宜发病的温湿度范围较宽，高温、高湿条件对病害发展最为有利。另外，马铃薯生长的腐殖质含量低的土壤比生长在有机质含量高的土壤中更易感病。

（1）识别要点　干腐病的最初症状会在收获后几周内显现出来，也有些干腐病症状出现的相对要晚些。发病初期仅局部出现褐色凹陷病斑，扩大后病部出现很多皱褶，呈同心轮纹状，其上有时长出灰白色的绒状颗粒，即病菌子实体。开始时薯块表皮局部颜色发暗、变褐色，以后发病部略微凹陷，逐渐形成褶叠，呈同心环状皱缩。

病重的块茎病部边缘出现浅灰色或粉红色多泡状凸起，剥去薯皮，可见病变组织呈浅褐色至黑褐色粒状，并有暗红色斑，后期薯块内部变褐色，常呈空心，空腔内长出菌丝；最后薯肉变为灰褐色或深褐色、僵缩、干腐、变轻、变硬。剖开病薯可见空心，空腔内长满菌丝，薯内则变为深褐色或灰褐色，终致整个块茎僵缩或干腐，无法食用。

如果干腐病大面积发生，则收获的块茎不能用作种薯或贮藏食用。以防种薯田间萌发时发生腐烂，造成缺苗断垄。另外，干腐病在贮藏期间容易发展成湿腐病，这些病薯的分泌物接触相邻健康的种薯，导致一窝烂薯。

干腐病和坏疽病的发病症状非常相似，二者的区别在于坏疽病形成的腐烂颜色较淡，在病害侵染部位和健康部位之间有渐变和过渡，界线不明显。在种薯内部空洞处形成灰白色逐渐转成蓝色的菌丝，在潮湿条件下，还会在受害部位表皮形成灰白色孢子垫，随着病害的发展，孢子垫颜色转为深蓝色。

此外，该病还在播种时表现，种薯多从切口处逐渐向内扩展，染病薯肉变褐腐烂，慢慢变干，种薯僵缩、变轻，有的形成空心，内部长满菌丝，呈现黄、粉、褐等颜色。个别种薯也能从芽眼或表皮感染发病。发病较轻的种薯可以正常出苗，但生长势较弱，发病较重的，不能发芽或大多芽势很弱，导致部分薯芽没有长出须根即已被浸染变褐，无法出土，造成缺苗断垄，部分能够出土，但由于地下茎维管束或根系已被病原菌侵染，发生根腐病或枯萎病，在苗期就萎蔫枯死。

（2）防治措施

① 贮藏窖消毒　贮藏前要将窖内杂物清扫干净。在贮藏前几天先进行消毒处理，用点燃的硫黄粉熏蒸，也可采用高锰酸钾＋甲醛，或百菌清烟剂，或15％百·腐烟剂，或45％消菌清烟剂熏蒸。

② 选择无病种薯　挑选健康的种薯做种子，以最大限度地保证后代不会感病。切种时在保证每个种薯带1～2个芽眼、薯块质量大于30克的前提下，尽量减少切口，切好后摊薄至2～3层晾晒，伤口愈合后拌种。备2把以上的切刀轮换使用，切种前将整个刀面置于5％高锰酸钾溶液中消毒5分钟，然后开始切种，每切2～3个种薯换刀消毒。种薯切块后尽快播种。尽量整薯种植，避免因切割薯块造成伤口而引起不必要的感染。

③ 种薯处理　每亩种薯（250千克）用58％甲霜·锰锌可湿性粉剂150克＋2.5％咯菌腈悬浮种衣剂50毫升＋100万单位链霉素8克兑水2～3千克稀释成药液拌种，拌种时将种薯和配好的药液倒入拌种器，搅拌2分钟，倒出摊薄晾干后播种；或将种薯倒在彩条布上，将配好的药液加入喷雾器，边喷药边翻拌，使药液均匀附着在种块上，晾干后播种，对干腐病防效达80％以上，兼防马铃薯茎溃疡病和晚疫病。

不偏施氮肥，增施磷钾肥，培育壮苗，以提高植株自身的抗病力。生长后期和收获前抓好水分管理，尤其是在雨后需及时清沟排水降湿，保护地种植要避免或减少叶片结露水，收获时尽量避免或减少人为对种薯造成伤口，以减轻贮运期块茎发病。

④ 适时收获　马铃薯最好在表皮韧性较大、皮层较厚而且较为干燥时适时收获，这样可以有效地避免收获过程中由于相互摩擦、碰撞、挤压等造成伤口。

选晴天收获，收获后摊晒数天。贮运时轻拿轻放，尽量减少伤口，并剔除可疑块茎后再装运或入窖，入窖时清除病、伤薯块。

在马铃薯的挑选和分类过程中，要将储藏条件提高到至少12℃以上。在收获1周内，要将储存条件控制在较高温度（15℃以上）及较高的相对湿度条件下（90%以上），保持良好的通风条件，以促使伤口尽快愈合，降低被侵染的机会。此外，薯块小堆贮藏可以防止温度过高，减轻病害的发生。

贮藏入窖前清除病、伤薯；也可用杀菌剂（如多菌灵等）喷洒消毒种薯。贮藏早期适当提高温度，搞好通风，促进伤口愈合；以后控制温度在1～4℃间，减少发病。

将奥力-克霉止按300～500倍液稀释，在发病前或发病初期喷雾，每5～7天喷药1次，具体喷药次数视病情而定。病情严重时，奥力-克霉止按300倍液稀释，每3天喷施1次。施药避免高温时间段，最佳施药温度为20～30℃。重要防治时期为开花期和果实膨大期。

发病初期及时进行药剂防治，可选用58%甲霜·锰锌可湿性粉剂400倍液，可缓解马铃薯块茎干腐病的扩展蔓延。

发病严重地区，在贮藏前种薯可用41%氯霉·乙蒜素（特效杀菌王）乳剂800倍液，或0.2%甲醛溶液均匀喷雾，注意处理后要晾干表皮；用未污染的器具运送、播种种薯。

130. 如何防治马铃薯白绢病？

马铃薯白绢病（彩图41），病原为齐整小核菌，属半知菌亚门真菌。在南方6～7月高温潮湿，栽植过密，行间通风透光不良，施用未充分腐熟的有机肥及连作地发病重。

（1）识别要点　主要为害块茎。薯块上密生白色丝状菌丝，并有棕褐色圆形菜籽状小菌核，切开病薯皮下组织变褐。

（2）防治方法

① 农业防治　发病重的地块应与禾本科作物轮作，有条件的可进行水旱轮作效果更好；深翻土地，把病菌翻到土壤下层，可减少该病发生；在菌核形成前，拔除病株，病穴撒石灰消毒；施用充分腐熟的有机肥，适当追施硫酸铵、硝酸钙发病少；调整土壤酸碱度，结合整地，每亩施消石灰 100～150 千克，使土壤呈中性至微碱性。

② 土壤消毒　发病地区应从育苗开始防治，每平方米用 50％福美双可湿性粉剂 10 克与 500 克细土混匀后，播种时底部衔垫1/3药土，另 2/3 覆盖在种子上面。

③ 化学防治　发病初期，可选用 50％福美・拌种灵可湿性粉剂 500 倍液，或 50％甲硫・硫或 36％甲基硫菌灵悬浮剂 500 倍液、50％腐霉利可湿性粉剂 1000 倍液、50％异菌脲可湿性粉剂 1000 倍液、50％异菌・福美双可湿性粉剂 800 倍液、50％苯菌灵可湿性粉剂 1500 倍液、80％多菌灵可湿性粉剂 600 倍液、20％三唑酮乳油 2000 倍液等喷雾防治，隔 7～10 天 1 次。

此外，也可用 20％甲基立枯磷乳油 1000 倍液，或 78％波・锰锌可湿性粉剂 600 倍液、40％菌核净水乳剂 600 倍液等，于发病初期灌穴或淋施 1～2 次，隔 15～20 天 1 次。

也可用 50％甲基立枯磷可湿性粉剂 150 克与 15 千克细土拌匀撒在病穴内。

131. 如何防治马铃薯环腐病?

马铃薯环腐病（彩图 42），又称轮腐病，是由马铃薯环腐棒状杆菌侵染所引起的细菌性维管束病害，俗称“转圈烂”、“黄眼圈”，可导致毁灭性为害。北方一季作区发生较严重，二季作区发生较轻。此病一般造成马铃薯减产 20％，严重的减产 30％，个别严重的达 60％以上。在贮藏期间仍可继续为害，严重时引起块茎腐烂，致使病源充足。近年来随着脱毒种薯的推广应用，环腐病的发生明显减少。通过切刀传播给健康块茎。切刀带菌会扩大侵染，如果菌量充足、条件适合，切一刀病薯，再切30刀健康薯，几乎可以刀刀传播，传播速度惊人。田间发病率高的品种，病株所结薯块的病薯率较高，植株发病率低的品种，病株的病薯率则较低。在生产上常出现以下几种情况：催芽过程中即烂种；播种后不出苗；出苗后枯死；形成病株、结薯少、薯块小、种薯烂掉，造成缺苗短垄严重。

（1）识别要点　该病为维管束病害，一般病株在生育前期表现正常，到现蕾至开花盛期症状明显。

① 植株症状　因品种而异，可分为枯斑型和萎蔫型。枯斑型多从茎部复叶顶上先发病，叶尖、叶缘和叶脉呈绿色，叶肉黄绿色或灰绿色、叶尖干枯或向内纵卷，发展严重时会致全株枯死。萎蔫型初期顶部复叶先开始萎蔫，叶缘稍内卷，似缺水状，逐步向下发展，叶不变色，在中午时症状最明显，之后叶片开始褪绿并向内卷、下垂，最后倒伏枯死。

② 薯块症状　病薯尾部（脐）皱缩凹陷，皮色变暗发软，纵切后可以看到环形的维管束部分变为有光亮的乳黄色腐烂（严重时，用手挤压病薯，会从腐烂环里挤出黏稠的乳黄色菌液），皮层与髓部发生分离。但芽眼并不首先受害（别于青枯病）。经贮藏后，病薯症状明显出现，皮色变暗，脐部红褐色而软。

（2）防治方法

① 加强检疫，严防病薯传入　可以从无病地区调种，建立无病留种田。播种时严格淘汰病薯和不合格种薯。环腐病菌不侵染实生种子，所结实生块茎不带病菌，可利用实生块茎繁种，还可利用其杂交优势达到增产，选种培育出新品种。就地选育种植杂交实生种薯，是防治环腐病的有效方法。

② 选用抗病品种　选用抗病良种进行种植这是防治病害的一个有效方法。目前，全国表现抗病性较高的品种有克新1号、郑薯4号、紫花白、高原4号等，各地都在培育和引进抗病品种用于生产。

③ 建立无病留种田　无病留种田的面积一般为马铃薯播种面积的10％～15％。通过建立无病留种田，获得无病种薯，是防治

马铃薯环腐病的根本措施。

④ 土壤消毒　在大棚种植马铃薯时，施用氰氨化钙，每亩用50～100千克，与有机肥混合，撒在地表，于种植前7～10天旋地，并压土盖膜，密闭5～7天，揭膜后晾2～4天即可种植马铃薯。对于没有催出芽的种薯（块），可不用晾地直接催芽，具有打破休眠期的作用。对已催好芽的种薯（块）必须进行浅中耕，适当疏土晾一下，种植后才不烧苗。可防治环腐病、马铃薯根腐病。

⑤ 脱毒种薯播种　由于种薯不经切刀，种薯外面有1层完整的表皮，可有效防止环腐病的发生。小的脱毒整薯播种在我国南方具有抗种薯腐烂的优点，在北方也可起到抗旱的作用；保苗率高，又能防腐增产。还可利用顶芽优势，增产显著，比同等质量的切块薯增产20%～30%。

⑥ 筛选健康薯苗　播种前取出种薯后，堆放室内5～7天，进行晾种或催芽晒种，以促进病薯症状的发展和暴露，便于剔除病薯。盛花期，深入田间调查，发现病株，及时连同薯块挖除干净，对降低发病率有一定效果；种薯入窖时，挑选病薯，可避免烂窖。

⑦ 小型整薯播种　生产上提倡优先选用小整薯做种薯。选择质量50～75克，健壮的小种薯播种，小整薯生命力强，抗病性好，出苗率高，生长整齐，同时避免环腐病菌等交叉感染，也避免切面愈合不好和腐生菌的入侵。为获得大量小整薯，可适时采取晚播、夏播留种，以及芽栽和顶芽播种等方法。

⑧ 种薯消毒　播前淘汰病薯，把种薯先放在室内堆放5～6天，进行晾种，不断剔除烂薯，使田间环腐病大为减少；也可采用72%硫酸链霉素可溶性粉剂拌种，用药量为100千克种薯拌药210克。

⑨ 切块和切刀消毒　需切薯时提倡先整薯催芽，播前现播现切，以避免切面与切面长时间接触。催芽前严格挑选、剔除病薯。切薯时每人尽可能多准备切刀，切刀先进行必要的酒精或火焰消毒，切时观察切面，发现切面有维管束变为乳黄色至黑褐色时，首先剔除病薯，再换切刀，切前先把切刀放入50毫克/升的硫酸铜溶

液中浸泡10分钟以上或用47%春雷·王铜可湿性粉剂400倍液浸泡灭菌。切后的薯块用50毫克/千克硫酸铜浸泡种薯10分钟或用47%春雷·王铜可湿性粉剂500倍液浸种30分钟，晾干后播种。

⑩ 草木灰拌种　切面撒一层草木灰，既保持切面干燥，防治病菌，又增施了钾肥，还有抗旱、抗寒作用。

⑪ 穴施药剂　每穴均匀撒入50毫克/千克的硫酸铜毒土50克。

⑫ 配方施肥　垄作栽培，增施有机肥，氮、磷、钾配比约为2.5∶7∶4.5，磷肥使用过磷酸钙，以补充钙元素；起垄种植，增强植株的抗病性。播种时每亩穴施或沟放25千克过磷酸钙，切块播种时按切块重量5%拌种后再播种，防病效果很好。

⑬ 注重栽培管理　主要目的是促进早熟，保证增产，并避免在高温天气下结薯。为此，需因地制宜，适时播种，高畦栽培，合理管理用肥，及时拔除病株，勤中耕培土，注意改良土壤理化性状。

露地马铃薯发病初期喷淋500克/升氟啶胺悬浮剂1800倍液。

132. 如何防治马铃薯青枯病？

青枯病（彩图43），又叫细菌性枯萎病、褐腐病、洋芋瘟，病原为茄青枯劳尔氏菌，异名青枯假单胞菌或茄假单胞菌，属细菌界薄壁菌门。是一种典型的维管束病害，尤其在温暖潮湿、雨水充沛的热带或亚热带地区更为重要，在黄河以南、长江流域青枯病最重。发病重的地块产量损失达80%左右，已成为毁灭性病害，严重时甚至造成绝收，带来重大经济损失。青枯病最难控制，既无免疫抗原，又可经土壤传病，需要采取综合防治措施才能收效。马铃薯青枯病在6月中、下旬开始发病，7月上、中旬为发病高峰，8月上旬基本结束。

（1）发病特点（表16）　青枯病可发生在植株生长的任何阶段，但因幼芽萌动和苗期温湿度不适宜青枯病菌发生，所以不表现症状或症状不明显。在现蕾开花期症状明显，特别在温暖潮湿、雨水充沛的环境下发病严重。

表 16 马铃薯各部位青枯病的表现症状

部位	症状
叶片染病	叶片、分枝或整个植株呈急性凋萎,开始早晚恢复,持续 4～5 天后,全株茎叶全部萎蔫死亡,但仍保持青绿色,叶片不凋落,叶脉褐变,病株叶片一般不脱落(典型症状)
茎秆发病	茎出现褐色条纹,发病植株茎秆基部维管束变黄或黄褐色,若将病茎切下一段,垂直浸泡于玻璃杯内的蒸馏水中,静置数分钟,可以看到从茎秆的切成处流出乳白色黏稠菌液(别于枯萎病)
块茎染病	轻的不明显,重的脐部呈灰褐色水浸状,切开薯块,维管束圈变褐,挤压时溢出白色黏液,但皮肉不从维管束处分离,严重时外皮龟裂,髓部溃烂如泥(别于环腐病)。有些薯块、芽眼被侵害,不能发芽,全部腐烂

(2) 防治方法

① 农业防治　选用抗青枯病品种。

选用无病种薯：种薯带菌是该病害传播的主要途径，建立无病种薯繁育体系，不在发病地块繁殖种薯；加强种薯管理，彻底控制带病种薯传播蔓延；在选种时，尽可能采用小整薯播种，尽量不从青枯病发生严重的地区调用种薯。利用脱毒技术繁殖原种。

实行轮作：在青枯病发生严重的地区，不能与茄科作物和花生、生姜等作物连作，应与小麦、玉米、大豆、甘薯、油菜、棉花等实行 3 年以上的轮作。

切刀消毒：当切到带病块茎时，应将带病块茎煮熟废弃，并用 75%的酒精擦洗切刀，或用火烤。适时播种，春薯应适时早播，秋薯则应适时晚播。

配方施肥：氮磷钾配方施肥，施足基肥，勤施追肥，增施生物肥及微肥，不施用马铃薯、茄子、番茄等茄科作物沤制的肥料。喷施植宝素 7500 倍液或 1.8%复硝酚钠水剂 6000 倍液，施用充分腐熟的有机肥或草木灰、“5406” 3 号菌 500 倍液，可改变微生物群落。

调节土壤酸碱度：对酸性土壤可在耕地前每亩用 100～150 千克生石灰均匀撒施翻入土壤中，可较好地抑制青枯病菌的生长发育与繁殖。

适时播种：春薯应适时早播，秋薯则应适时晚播。

加强栽培管理：采用高畦栽培，开好排水沟，使雨后能及时将积水排干，避免大水漫灌，严禁用被青枯病菌污染的水源浇地；发现病株及时连株带薯和穴土全部消除，远离薯田，清除病株后，撒生石灰消毒。

② 化学防治　发现病株立即拔除烧毁，用药剂进行灌根。定植时，用南京农业大学试验的青枯病拮抗菌 MA-7、NOE-104 浸根。

在盛花期或者田间发现零星病株时应立即进行施药预防和控制，可选用72%硫酸链霉素可溶性粉剂4000倍液500倍液，或新植霉素3000倍液、25%络氨铜水剂500倍液、77%氢氧化铜可湿性微粒粉剂400～500倍液、12%松脂酸铜乳油600倍液、47%春雷·王铜可湿性粉剂700倍液、30%琥胶肥酸铜悬浮液500～600倍液、50%琥铜·乙膦铝可湿性粉剂400倍液、70%甲霜·铝·铜可湿性粉剂250倍液、20%叶枯唑可湿性粉剂1000倍液、65%代森锌可湿性粉剂1000倍液、70%甲基硫菌灵可湿性粉剂500倍液、50%代森锰锌可湿性粉剂500倍液、50%消菌灵可湿性粉剂600倍液、50%氯溴异氰尿酸可溶性粉剂1200倍液等灌根，每株灌对好的药液0.3～0.5升，隔10天1次，连续灌2～3次。

同时重视防治地下害虫和线虫病，以减少根系虫伤，降低发病率。

133. 如何防治马铃薯黑胫病?

受害的马铃薯植株茎基部变黑，故称黑胫病（彩图44、彩图45），又称黑脚病，病原为胡萝卜软腐欧文氏菌马铃薯黑胫亚种，属细菌性病害，从苗期到生育后期均可发病，以苗期最盛，病重的块茎播种后未出苗即烂掉，有的幼苗出土后病害发展到茎部，也很快死亡，所以常造成缺苗断垄。也引起贮藏期的烂窖。在北方和西北地区较为普遍，轻者发病率2%～5%，重者可达50%左右。温湿度是病害流行的主要因素。温暖潮湿病害蔓延迅速，冷湿地块薯块伤口木栓化速度慢易发病，田间积水烂薯严重。一些地下害虫如金针虫、蛴螬造成的伤口以及镰刀菌侵染，有利于此病的发生和加重。

（1）发病特点　见表17。

表17　马铃薯各生长时期黑胫病的发生症状

发芽期	种薯染病腐烂成黏团状，不发芽，有可能在出苗前就死亡，造成缺苗。或刚发芽即烂在土中，不能出苗
幼苗	一般株高15～18厘米出现症状，植株矮小，节间短缩，或叶片上卷，褪绿黄化，或胫部变黑（地下茎皮层和髓部变黑），表皮破裂，呈水渍状腐烂，萎蔫而死。横切茎可见三条主要维管束变为褐色
生长期	叶片褪绿变黄，顶部叶片边缘向上卷曲，植株硬直萎蔫，基部变黑，受害的植株因基部在土壤中腐烂，用手非常容易拔出
块茎	先从块茎脐部发生病变，呈放射状向髓部扩展，轻的匍匐茎末端变色，然后从脐向里腐烂，用手挤压皮肉不分离。湿度大时，薯块变为黑褐色，并发出恶臭气味（别于青枯病）

（2）防治方法　农业防治：实行检疫。对芽块装载器具及播种工具，经常进行清洁和消毒。选择沙壤土、高燥地种植，精细整地，适时排灌，合理施肥。田间发现病株后，应及时拔除销毁。

种薯入窖前要严格挑选，入窖后加强管理，先在温度10～13℃的通风条件下放置10天左右，入窖后要加强管理，贮藏期间也要加强通风换气，窖温控制在1～4℃，防止窖温过高，湿度过大。

选用抗病、耐病品种。选留无病种薯。种薯切块时淘汰病薯。切刀可用沸水消毒；或把刀浸在5%石碳酸液或0.1%度米芬液中消毒。

种薯处理：可以进行催芽，淘汰病薯，或用杀菌剂浸种杀死芽块或小种薯带的病菌。其具体方法是：用0.01%～0.05%的溴硝丙二醇溶液浸种15～20分钟，或用0.05%～0.1%的春雷霉素溶液浸种30分钟，或用0.2%高锰酸钾溶液浸种20～30分钟，浸后晾干用以播种。也可用硫酸链霉素或硫酸铜液进行种薯消毒，或种植前晾晒，使种薯木栓化。

化学防治：发现病株及时挖除，在病穴及周边撒少许熟石灰，并用72%硫酸链霉素可溶性粉剂4000倍液，或25%络氨铜水剂

500 倍液、40%氢氧化铜可湿性粉剂 600～800 倍液、50%琥胶肥酸铜可湿性粉剂 500 倍液、20%喹菌酮可湿性粉剂 1000～1500 倍液、20%噻菌铜悬浮剂 600 倍液、88%水合霉素可溶性粉剂1500～2000 倍液、3%中生菌素可湿性粉剂 600～800 倍液、20%叶枯唑可湿性粉剂 600～800 倍液、20%噻唑锌悬浮剂 300～500 倍液＋12%松脂酸铜乳油 600～800 倍液、45%代森铵水剂 400～600 倍液等喷雾防治，每隔 7～10 天喷 1 次，连喷 2～3 次。

134. 如何防治马铃薯软腐病?

马铃薯软腐病（彩图 46、彩图 47），又称腐烂病，病原菌有 3 种：胡萝卜软腐欧文氏菌、胡萝卜软腐致病变种、胡萝卜软腐欧文氏菌，马铃薯黑胫亚种及菊欧氏菌，属细菌性病害，在各个栽培区均有发生。软腐病在田间生长期和贮藏期都能发生，主要发生在贮藏期或收获后的运输过程中。在收获期间遇到阴雨潮湿天气或粗放操作，存放时不注意通风透气、散湿散热，可引起大量腐烂，造成严重损失。块茎未成熟、受伤、太阳照射及其他真菌侵害，温暖、高湿和缺氧、施用氮肥过多均有利于软腐病的侵染为害。植株在高温潮湿条件下最适宜发病。

（1）识别要点　见表 18。

表 18　马铃薯不同部位软腐病发生症状

叶片感病	靠近地面的老叶先发病，初期呈现暗绿色或暗褐色不规则病斑，湿度大时，很快腐烂
茎感病	多始于伤口，初期呈现褐色条斑，向茎干蔓延，随后茎内髓部组织腐烂，具有恶臭味，病茎上部枝叶萎蔫下垂，叶片变黄，植株倒伏腐烂
块茎感病	多从伤口或脐部开始，初期块茎出现水浸状褐色病斑，整个块茎很快呈软腐状腐烂，并有黏液流出，散发出恶臭味，黏液带有很多病菌。如接触健薯，容易感病。腐烂薯块干缩后，呈灰白色粉渣状

（2）防治方法　目前生产中主要采取综合防治措施。

目前生产中主要采取综合防治措施。

① 播种时防病　播种前进行选种和晒种，清除有病块茎；最

好采用小整薯播种；切块中遇到带病种薯时，应对切刀进行消毒。

② 加强田间管理　注意田间通风透光，降低田间湿度。浇水应小水勤浇，避免大水漫灌，雨后及时排除田间积水。发现病株及时拔除，并用石灰进行土壤消毒，减少田间初侵染和再侵染病源。

③ 收获期防病　准备贮藏的块茎应于成熟后收获；收获前5～7天停止浇水，以保证土壤干燥；收获时要避免擦伤薯皮；晾干薯皮后再装运。

④ 贮藏期防病　要贮藏的薯块应于通风荫凉处存放2～3天，使薯块温度降至贮藏环境温度，早期温度控制在13～15℃，经2周促进伤口愈合，以后在5～10℃通风条件下贮藏；贮藏前进行薯窖灭菌；贮藏期间保持窖内通风，防止薯堆“出汗”。

⑤ 减少侵染源　在收获和贮藏过程中不能乱扔有病块茎和茎叶，尤其不能扔到田边地头的灌溉渠中，也不能用来沤肥。

⑥ 化学防治　入库前剔除伤、病薯，用0.05%硫酸铜液剂或0.2%漂白粉液洗涤或浸泡薯块可以杀灭潜伏在皮孔及表皮的病菌。

发病初期，可选用72%硫酸链霉素可溶性粉剂4000倍液，或25%络氨铜水剂500倍液、77%氢氧化铜可湿性粉剂400～600倍液、47%春雷·王铜可湿性粉剂700倍液、30%琥胶肥酸铜悬浮液500～600倍液、86.2%氧化亚铜可湿性粉剂2000～2500倍液、70%甲霜·铝铜可湿性粉剂250倍液、500克/升氟啶胺悬浮剂1800倍液、10%苯醚甲环唑微乳剂2000倍液、88%水合霉素可湿溶性粉剂1500～2000倍液、2%春雷霉素可湿性粉剂300～500倍液、3%中生菌素可湿性粉剂600～800倍液、60%琥·乙膦铝可湿性粉剂500～700倍液、20%叶枯唑可湿性粉剂600～800倍液、36%三氯异氰尿酸可湿性粉剂1000～1500倍液等喷雾防治。7～10天喷1次，连续喷2～3次。

135. 如何防治马铃薯灰霉病?

马铃薯灰霉病，病原为灰葡萄孢，属半知菌亚门真菌。可为害茄科、葫芦科、十字花科、豆科、菊科等很多蔬菜作物。低温高湿、早春寒、晚秋冷凉时发病重。重茬地、密度过大、冷凉阴雨等，病害易于侵染。干燥、阳光充足时，病斑扩展受到抑制。增施钾肥可降低块茎侵染比率。收获后块茎在低温高湿下贮存，不利于伤口愈合，会加重侵染和腐烂。

（1）发病特点（表 19） 可侵染叶片、茎秆，有时为害块茎。生长后期，叶上症状明显。

表 19 马铃薯不同部位灰霉病发生症状

叶片	病斑多从叶尖或叶缘开始发生，呈"V"字形向内扩展，初时水渍状，后变青褐色，形状常不规整，有时斑上出现隐约环纹。受害残花落到叶片上产生的病斑多近圆形。湿度大时，病斑上形成灰色霉层。后期斑部碎裂、穿孔。严重时病部沿叶柄扩展，殃及茎秆，产生条状褪绿斑，病部产生大量灰霉
块茎	偶有受害，收获前不明显，贮藏期扩展严重。病部组织表面皱缩，皮下萎蔫，变灰黑色，后呈褐色半湿性腐烂，从伤口或芽眼处长出霉层。有时呈干燥性腐烂，凹陷变褐，但深度常不超过 1 厘米

（2）防治措施

① 农业防治 重病地实行粮薯轮作；高垄栽培，合理密植，减低郁蔽度；春季适当晚播，秋薯适当早收，避开冷凉气温；增施钾肥，提高植株抗性；适当灌水，提高地温，增强伤愈力；清除病残体，减少侵染菌源。

② 种薯收获后干燥高温下阴干一段时间，促进伤愈，减少侵害发病。

③ 化学防治 发现初期病株，立即喷药。可选用 75%百菌清可湿性粉剂 600 倍液，或 40%多·硫悬浮剂 600 倍液、50%乙烯菌核利可湿性粉剂 1000 倍液、50%腐霉利可湿性粉剂 1000 倍液、65%硫菌·霉威可湿性粉剂 1000 倍液、51%长川·嘧菌可湿性粉剂 800 倍液、40%嘧霉胺可湿性粉剂 800 倍液、40%甲基嘧菌胺可湿性粉剂 800 倍液等喷雾防治。或发病初期喷淋 500 克/升氟啶胺悬浮剂 25～30 毫升/亩对水 30～45 升，兼治菌核病。

136. 如何防治马铃薯白粉病?

在昼夜温差大、多雾重露条件下发病重。较干旱时，植株长势不良，抗性下降，而病菌孢子较耐旱仍可萌发，也会造成病害发展蔓延。

（1）发病特点　主要为害叶片，严重时也可侵害叶柄和茎秆。

① 叶片发病　初为淡褐色褪绿小斑点，逐渐扩大变色形成深褐色大斑，病健交界不甚明显。以后病斑两面产生粉白色至灰白色的粉状物，犹如撒布的面粉状。严重时，后期病斑连片，变暗褐色，坏死，叶片脱落，仅残存丛生的新叶。

② 叶柄和茎秆受害　产生长形褐色斑，常汇合成片，病斑上亦产生粉状物，后病部变棕褐色。病害侵染严重时，全株发病，可导致整株凋萎和死亡。

（2）防治措施　加强肥水管理，保证植株生长健壮；密度合理，科学灌水，减缓病害。

搞好田间卫生，收后清除病残体，随之深翻土壤，铲除蓼科杂草，消灭初侵菌源。田间种植避开邻近的茄科蔬菜冬季种植的保护地。

及时进行药剂防治，初见病叶摘除后喷药。可选用50%苯菌灵可湿性粉剂1000倍液，或25%三唑酮可湿性粉剂1000倍液、30%氟菌唑可湿性粉剂1500倍液、25%丙环唑乳油3000倍液、50%嗪胺灵乳油500倍液、2%武夷菌素150倍液、2%嘧啶核苷类抗菌素水剂150倍液等喷雾防治。

137. 如何防治马铃薯黄萎病?

马铃薯黄萎病，又称早死病或早熟病，叶片常在复叶一侧和植株一侧黄化，另一侧颜色颜色正常，俗称“半身不遂”。为典型土传维管束萎蔫病害，全国各地均有发生。20～26℃的温度，辅以土壤高湿度，利于病害发展，灌水过大，利于传播，又降低土温，且不利于根部伤口愈合，利于病害发生，地势低洼，土质黏重，土壤阴湿，施用未腐熟粪肥，均会加重病情。连作地块发病重，与禾谷作物轮作病害减轻。土壤中线虫和地下害虫多，发病也重。

（1）发病特点（表20）　在整个生育期均可侵染。

表 20 马铃薯各部位黄萎病发生特点

叶片发病	早期侵染引起叶片衰弱变黄，植株提早枯死。成株期发病，植株一侧叶片或全部逐渐萎蔫，引起植株凋萎
茎秆发病	茎的维管束变成淡褐色，有时在茎的基部呈现坏死条纹
块茎发病	被侵染块茎维管束环呈淡褐色。严重者通过块茎扩展到茎的髓部，形成"八"字形半圆形变色条带。受害重的块茎内部可形成空洞，围绕芽眼内形成粉红、棕红或棕褐色变色区，有的病薯表面形成不规则的褐色的斑点

（2）防治措施　农业防治：选种适合的抗病品种。避免连作或与茄科等作物轮作，选择禾本科或豆科作物轮作效果较好。留用无病种薯；播前用50%多菌灵可湿性粉剂500倍液或70%甲基硫菌灵可湿性粉剂800倍液种薯消毒1小时。播前土壤消毒，有条件的用苯菌灵和杀线虫剂如棉隆等处理土壤，有一定防效。田间管理注意晴天浇水，勿大水漫灌，灌水后及时中耕。农事操作注意减少伤根，结合消灭线虫和地下害虫。施用腐熟肥料。及时拔除病株，收获后清除病残体，减少侵染源。

化学防治：发病重的地区或田块，每亩用50%多菌灵可湿性粉剂2千克进行土壤消毒；发病初期用50%多菌灵可湿性粉剂600～700倍液，或50%苯菌灵可湿性粉剂1000倍液喷雾防治，此外可用30%琥胶肥酸铜可湿性粉剂500倍液浇灌防治，每株灌药液500毫升，或用12.5%增效多菌灵浓可溶剂200～300倍液，每株浇灌100毫升。或用54.5%恶霉·福可湿性粉剂650倍液，每株灌对好的药液500毫升，隔10天灌1次，连灌1～2次。

138. 如何防治马铃薯癌肿病?

马铃薯癌肿病，病原为内生集壶菌或马铃薯癌肿菌，属鞭毛菌亚门真菌。广泛分布在高海拔冷凉多雨地区。不抗病的品种感染癌肿病，可造成毁灭性的损失，发病轻的减产30%左右，重的减产90%，甚至绝收。感病块茎品质变劣，无法食用，连猪也不吃，完全失去了利用价值。而且块茎感病后易于腐烂。这种病还侵染番茄、龙葵等，病菌可在土壤中潜存多年，很难防治。主要为害植株地下部分，薯块和匍匐茎上发生普遍。病重时，也可发展到地上茎，但茎叶发病较少。病菌在低温高湿、气候冷凉、昼夜温差大、土壤湿度高（70%～90%）、12～24℃温度条件下易于侵染。土质疏松、有机质丰富、偏酸性的地块易于发病。

（1）识别要点　见表21。

表21　马铃薯不同部位癌肿病发生症状

块茎和匍匐茎染病	由于病菌刺激细胞不断分裂，形成大小不一、形状不定、粗糙疏松突起的肿瘤，状如花椰菜。受害薯块表面常龟裂。癌瘤组织前期黄白色，后期变为粉红色至黄褐色，最后变黑褐色，易腐烂。发展到地上茎的肿瘤，主要在叶片、分枝与主茎交界处产生，在光照下初期变为绿色，后期呈暗棕色，较地下肿瘤小，长瘤的叶片叶色淡，易提早枯死，其枝条横伸瘦短。病株主茎末端花器畸形，组织增厚变脆，叶色淡，叶背出现许多无叶柄和叶脉呈鸡冠状的小叶。多数瘤状物在芽眼附近先发生，逐渐扩大到整个块茎，最后类似肉质的瘤状物组织松软，易腐烂并产生恶臭味，有褐色黏液物。贮藏期间病薯仍能发展，甚至造成烂窖。病薯变黑，发出恶臭味；经长时间煮沸不易变软，难以食用
地上部染病	外观与健株差异不明显，但后期病株较健株高，保绿期限比健株长，分枝多，结浆果多。重病株的茎、叶、花均可受害而形成癌肿病变或畸形

（2）防治措施　农业防治：严格实行检疫。对需要调进和调出的马铃薯种薯，要严格进行检疫，防止带菌种薯传入和传出，把病菌控制在发病区域，确保无病区的马铃薯生产安全。

种薯处理：选用抗病品种。利用脱毒茎尖苗，快繁高度抗病品种，尽快更替不抗病的品种。播种前，用1%的石灰水或0.1%的高锰酸钾溶液浸种薯1小时，晾干后再播种。

选择粮谷作物轮作，消除隔年生马铃薯。重病地改种非茄科作物。采用高垄栽培，减少马铃薯茎基部与水直接接触的机会，同时也可以改善马铃薯根际土壤的通透性，提高植株的抗病力，避开低洼易涝地；施用腐熟无病肥料，增施磷钾肥；销毁病残株体。用10%的甲醛溶液处理农事人员所用的农具和衣物，防止将病原菌带到无病田块。

药剂防治：苗期和薯期，可用20%三唑酮可湿性粉剂或乳油叶面喷施，或每亩用药400～500克，拌细土600～750千克于播种时盖种；药水灌窝，于马铃薯出苗 70%时，用 1000 倍液灌根；药水喷雾，于出苗 70%时喷 1 次，初蕾期 1 次，每亩用 1500 倍液 60 千克。还可选用 50%溶菌灵可湿性粉剂 600～800 倍液，或 69%烯酰·锰锌可湿性粉剂 800～1000 倍液、72%霜脲·锰锌可湿性粉剂 600～800 倍液、20%三唑酮乳油 1500 倍液、250 克/升嘧菌酯悬浮剂 1000 倍液喷浇。

139. 如何防治马铃薯根腐线虫病?

根腐线虫病（彩图 48、彩图 49）是马铃薯上的重要线虫病，不仅直接造成马铃薯产量损失，线虫为害产生的伤口，为病菌侵染提供了条件，会加重枯萎病、黄萎病等土传病害的发生和蔓延。

（1）发病特点　仅为害根部皮层组织，出现褐色伤痕，外层破裂、腐烂。其中某些可严重为害块茎，引起块茎细胞死亡，出现紫褐色病斑。病斑形状不规则，周围有一圈稍凹陷，使块茎产量和品质大大下降。高密度根腐线虫为害使马铃薯植株矮化，叶片变黄、凋萎。同时，还可以引起一些真菌、细菌相伴侵入，加重为害。贮藏中病斑扩展后引起腐烂。

（2）防治方法　农业防治：严格选种，种植无线虫种薯以及抗线虫品种。提倡与非寄主植物实行 2 年以上轮作，有条件的最好实行水旱轮作。种植前每亩施干鸡粪 150～500 千克，有较高防治效果；收获后立即清除病残体，集中深埋或烧毁。

药剂防治：播种前用 98%棉隆微粒剂防病，每亩用药沙壤土 4.9～5.8 千克，黏壤土 5.8～6.8 千克。沟施深度为 20 厘米，施药后马上盖土，10～15 天后松土、通气、再播种。

或用 20%二溴氯丙烷（DBCP）颗粒剂于栽植前施药，在开沟时沟距 60 厘米，沟深 15 厘米，把药撒匀后覆土，用药量每平方米 15～20 克；也可用 30%除线特乳剂，先开好播种沟，按每亩用药 1.5～2.5 千克，1 份药对 140～230 份水稀释后淋浇，有较好防效。

140. 如何防治马铃薯茎线虫病?

马铃薯茎线虫病是为害马铃薯块茎的重要病害，属于检疫性病害，近年来随着种薯的调运，发生区域不断扩大，危害也不断加重，不仅降低产量，而且严重影响了马铃薯的品质。湿润、疏松的沙质土利于其活动为害，极端潮湿、干燥的土壤不宜其活动。

（1）发病特点　主要为害块茎。表皮现褐色龟裂，有的外部症状不明显，内部出现点状空隙或呈糠心状，薯块重量减轻。

（2）防治方法　农业防治：严格执行检疫，严禁随意调运种苗，防止传播蔓延。因地制宜选用抗病品种。进行轮作。提倡与烟草、水稻、棉花、高粱等非寄主作物进行轮作。加强田间管理。收获后及时清除病残体，带出田外烧毁或深埋，以减少菌源。使用净肥，不要用病薯及其制成的薯干、病秧做饲料，防止茎线虫通过牲畜消化道进入粪肥传播。建立无病留种田，选用无病种薯。种薯用51～54℃温汤浸种，苗床用净土培育无病壮苗。或用50%辛硫磷乳油100倍液浸薯苗10分钟。

可用圣泰土壤净化剂（微粒氰氨化钙）与有机肥混合施在沟内或撒施在耕作层内，每亩用50～100千克，对防治茎线虫病有效。

化学防治：发病重的地区，每亩用80%二氯异丙醚乳油5千克，或10%噻唑磷颗粒剂1～1.5千克，混入细沙10～20千克撒在离块茎15厘米处，开沟10～15厘米深，两侧施药后马上盖土。也可于播种前7～20天，每亩用80%二氯异丙醚乳油5千克，混入细沙10～20千克，进行土壤处理，施药后播种覆土更好。

应急时，可喷洒10%吡虫啉可湿性粉剂1200倍液、1.8%阿维菌素乳油1500倍液，持效约15天。选用50%辛硫磷乳油1500倍液，或90%晶体敌百虫800倍液，每株用药液250～500克进行田间灌根。

第三节　马铃薯常见生理病害防治技术

141. 如何防止马铃薯出现绿皮（青头）块茎？

马铃薯绿皮也称青头（彩图50），经常发生，绿皮薯不能食用。

（1）发生症状　正常马铃薯块茎收获时薯皮白色或黄白色，存放一段时间后颜色变深，呈淡褐色或黄褐色。青头是整薯的一部分薯皮变绿或墨绿，变色区域面积大小不等，变色区与正常色区域间往往有过渡区，这部分除表皮呈绿色外，薯肉内 2 厘米以上的地方也呈绿色。青头现象使块茎完全丧失了食用价值，从而降低了商品率和经济效益。

主要在生长后期或贮藏期的块茎上发生。在田间，某些薯块拱出土面后，暴露在阳光下，表面组织由黄变绿。变绿面积视暴露面积大小而不同。绿色组织可以向块茎内部扩展，并常伴有紫色色素沉积。

贮藏期间，薯块暴露在自然光下，表面也会变绿，有时甚至殃及深层组织。通常这种变绿不会通过块茎回到暗中贮藏而恢复，即变绿具有不可逆性。

（2）发生原因　本病属生理性病害。其诱发的直接原因是阳光照射。当块茎在田间或收获后在太阳光下暴露一段时间后，组织内的白色体会转化形成叶绿素，使块茎组织变绿。由于马铃薯块茎是由茎的变态生成，所以具有生成叶绿素的能力，只是马铃薯块茎生长在地下不见阳光没有生成叶绿素的机会而已。

食用马铃薯在市场上陈列时，受到自然光或荧光照射，都会使块茎表面、有时甚至使深层组织变绿。

马铃薯品种不同，绿皮的严重度和发展深度不同，某些易于接近土表结薯的品种青皮病发生多。

贮藏期间，块茎较长时间见到散射光或照明灯光，也会形成绿皮，冷凉条件下比温暖的条件发病要缓慢。用表面活化剂漂洗块茎，可减少绿皮的严重度。

（3）防止措施　绿皮块茎影响食用价值和商品性，但作为种薯用，薯皮变绿，可减少细菌的感染和腐烂，不影响种用质量。为防止马铃薯的绿皮，可采取如下措施。

① 加强田间管理，种植时应当加大行距、播种深度，生长后期搞好植株培土，必要时对生长的块茎进行有效的覆盖（比如用稻

草等盖在植株的基部），减少暴露的块茎，可有效减少青头。

② 选择块茎不易外露出土的品种种植。

③ 块茎贮藏期间尽量避免见光，保持环境黑暗。同时尽量保持冷凉的温度，减缓青皮发展速度。

④ 有条件时，用表面活化剂漂洗块茎，以减轻青皮的严重度。

142. 如何防止马铃薯块茎空心？

马铃薯块茎空心现象在较大的薯块上发生较多。多发生于块茎的髓部，外部无任何症状。一般大块茎易出现空心现象。空心块茎表面和它所生长的植株上都没有任何症状，但空心块茎却对质量有很大影响，特别是用以炸条、炸片的块茎，如果出现空心，会使薯条的长度变短，薯片不整齐，颜色不正常。

（1）空心表现　空心多呈星形放射状或扁口形，其边缘多呈角状，有时几个空洞连接起来。也有的空心形状呈球形或不规则形。洞壁呈白色或淡棕褐色至稻草黄色，形成不完全的木栓化层，外部无任何症状。在出现空心之前，其组织呈水浸状或透明状。内部组织张力增大而引起开裂。通常，空洞随着块茎的生长而扩大。有时空心部位可见有霉菌，但很少由此而造成腐烂。

（2）发生原因　植株群体结构不合理。引起一些块茎膨大速度过快、组织扩展不均衡。一般在马铃薯生长速度比较平稳的地块里，空心现象比马铃薯生长速度上下波动的地块比例要小。水分供应不合理时，前期水分缺乏，在块茎膨大期间肥水大，使块茎急剧增大，大量吸收水分，淀粉再转化为糖，造成块茎大而干物质少，因而增加了张力而引起空心；块茎膨大前期土壤干旱，后期突然浇水或降雨，也容易引起空心。钾素缺乏的影响，钾肥在临界含量以下可能是易患空心的因素之一。在种植密度结构不合理的地块，比如种得太稀，或缺苗太多，造成生长空间太大，都会使空心率增高。不同的品种间发病率不同。

（3）预防措施　空心马铃薯空腔附近淀粉含量少，煮熟吃时会感到发硬发脆，失去了食用性，要提早进行预防。应选择空心发病率低的品种。在块茎膨大期保持适宜的土壤湿度。合理密植，避免缺苗，播种时做到行距株距均匀一致，调节株间距离，增加植株间的竞争，从而阻止块茎过速生长和膨大，降低空心的发病率。配方施肥，增施钾肥。高培土，加厚培土层不仅可以防止青头薯产生，而且高培土使土壤温度和土壤湿度稳定，减少空心产生。加强栽培管理，保证植株生长的水分供应，避免出现旱涝不均的情况，促进块茎发育速度均衡一致。

143. 如何防止马铃薯黑心？

（1）发生症状与原因

① 在田间生育期黑心　植株矮化、僵直，叶片黄化，小叶向上卷曲。发病后期，茎基部变黑腐烂，植株枯死。病株所结薯块，先从匍匐茎处变黑腐烂，向内发展使心部变黑，形成黑心。在潮湿条件下，病程发展很快，导致整个薯块腐烂，并发出恶臭味。

这种黑心是马铃薯黑胫病造成的，由一种细菌侵染引起。发病轻的薯块，在贮存期仍可继续腐烂，并发出恶臭味。

② 在贮藏期黑心　在贮藏期，马铃薯还会产生生理性黑心。症状出现在块茎内部，外表无症状。切开块茎后，可见中心部位变黑，有的变黑部分中空，表现为失水变硬，呈革质状，但不易腐烂，无异味。如发病严重时黑心部分可延伸到芽眼部位，薯皮局部变竭并凹陷。

如受细菌侵染也可发生腐烂。这种黑心是贮运过程中，堆积过厚，通风不良，缺氧呼吸造成黑心，属生理病害。此外，也与温度有关，一般来说，在较低的温度下，症状发展较慢；但在0～2.5℃又比在5℃下发展快；在高温缺氧条件下，黑心病发展很快。如，在36℃时，3天即发生黑心；27～30℃时，6～12天发生黑心。此外，生理性黑心薯块，因会引起腐烂而不出苗，也不宜作种。

（2）防治方法　对黑胫病黑心，在播种前切薯时，严格汰除病薯，杜绝病薯下地；种植抗病品种。田间及早发现病株，拔除销毁。对切到病薯的切刀要用高锰酸钾溶液浸泡消毒，避免切刀传播病原菌，扩大发病率；种植抗病品种；田间及早发现病株，拔除清理到田外销毁。

对生理性黑心，要改善薯块贮运条件，散埋贮存时防止过厚、密封严实或薯堆过大，并选阴凉、通风处。装袋时，要避免采用不透气的塑料袋，并避免强光长时间照射。调节贮藏温度。注意控制贮窖温度相对温凉条件，避免0℃左右的低温和36℃以上的高温，以减缓病害发展。控制通风条件，封闭性贮藏或地下窖贮，均应设法设立通风透气条件，减少缺氧情况，有条件时，安装供氧换气装置，供以充足氧气。

144. 如何防止马铃薯块茎开裂?

马铃薯开裂不仅影响质量、降低商品性，而且严重开裂的马铃薯由于裂口严重会迅速脱水霉烂失去价值。

(1) 开裂表现　马铃薯收获时常常可看见有的块茎表面有一条或数条纵向裂痕，表面被愈合的周皮组织覆盖，即块茎裂口。裂口的宽窄长短不一，严重影响商品率。

块茎在迅速生长阶段，受旱未能及时灌水和及时追肥，或长期处于高温高湿或高温干旱条件下，块茎的淀粉向表皮溢出，出现“疙瘩”或薯皮溃疡。

有的由于内部压力超过表皮的承受能力而产生了裂缝，随着块茎的膨大，裂缝逐渐加宽。有时裂缝逐渐“长平”，收获时只见到“痕迹”。

(2) 产生原因　块茎开裂是因为块茎快速生长所致，在一些不利气候条件下栽培会发生块茎内部细胞分裂快、膨大快速，而外部细胞分裂慢，在块茎表面就会出现裂痕，甚至深裂痕的现象。

土壤中有机肥施量不足，致使田间肥力不均匀，使块茎膨大速度不一致，化肥施用量大，尤其是马铃薯生长后期加大钾肥和氮肥的使用量，使马铃薯因吸收养分过盛，块茎膨大速度太快，从而使块茎产生开裂现象。

马铃薯块茎开始膨大时如遇高温、降温，致使马铃薯块茎外层细胞分裂速度减慢，而块茎内部细胞还处在迅速分裂生长，这样使块茎内、外层细胞生长速度不平衡，极易造成马铃薯块茎出现开裂现象。

土壤忽干忽湿，块茎在干旱时形成周皮，膨大速度慢，潮湿时植株吸水多，块茎膨大快而使周皮破裂。

（3）预防措施　主要是增施有机肥，保证土壤始终肥力均匀；同时要适时浇水，在块茎膨大期保证土壤有适宜的含水量，避免土壤干旱；还要保持土壤透气性好。一般可采取高畦栽培，深挖边沟，水沟深度需在50厘米以上，而且做到沟沟相通，遇雨能迅速排走田间积水；同时，要防除田间杂草丛生，雨季来临前经常进行清沟防积水。

145. 如何防止马铃薯块茎畸形？

随着马铃薯脱毒技术的日益成熟，脱毒种薯有可能完全取代常规种薯，从而使马铃薯的产量大幅度提高。但在提高产量的同时，有时块茎生长过程中常常会出现畸形薯（彩图51），尤其是中原二季作区春季栽培时，由于气候反常，高温干燥交替出现，常使块茎发生二次生长，形成畸形块茎，严重影响了马铃薯的商品性，大大降低马铃薯的种植效益。

（1）畸形表现　畸形块茎多是由于块茎发生两次膨大而形成的。畸形的类型有以下五种。

① 肿瘤块茎　即在块茎的芽眼部位发生不规则凸出，形成瘤状小薯，这种类型对产量和品质影响较小。

② 哑铃形块茎　即在靠近块茎顶部不规则延长，形成长形或葫芦形“细脖”，对产量和品质影响较小。

③ 次生块茎　即在块茎顶芽萌发形成枝条穿出地面，再形成块茎，在块茎上产生新的枝叶，这种类型对产量和品质影响最大。

④ 链状二次生长　即块茎顶芽萌发长出匍匐茎，其顶端膨大形成次生薯，有时次生薯顶芽再萌发形成三次或四次生长，最后形成链状薯，这种类型对产量和品质影响较大。

⑤ 皮层或周皮发生龟裂　这种类型块茎一般淀粉含量不降低，有时还略有增高。

（2）发生原因　产生二次生长的主要原因是高温、干旱与高湿交替出现等。凡是能引起块茎不能正常发育的外界条件，都能引起块茎产生畸形。

品种不同，因二次生长引起的畸形表现也不同。有的品种易出现哑铃形，有的易出现肿瘤形。

在块茎迅速生长期间，由于高温干旱使块茎停止生长，皮层组织产生不同程度的木栓化，甚至造成芽眼休眠。随后由于降雨或浇水，又恢复了适宜块茎生长的条件，叶片制造的有机养料继续向块茎中输送，但是木栓化的周皮组织限制了块茎的继续增长，只有块茎的顶芽或尚幼嫩的部分皮层组织仍然可以继续生长，于是便形成了各种类型的畸形块茎，这些部位主要是芽眼、块茎顶端等处。在高温干旱和湿润低温反复交替变化的情况下，更加剧了二次生长现象的发生。总之，不均衡的营养或水分，极端的温度，以及冰雹、霜冻等灾害，都可导致块茎的二次生长。

当出现二次生长时，有时原形成的块茎里贮存的有机营养如淀粉等，会转化成糖被输送到新生长的小块茎中，从而使原块茎中的淀粉含量下降，品质变劣。由于形状特别，品质降低，就失去了食用价值和种用价值。因此，畸形薯会降低上市商品率，使产值降低。

（3）防止措施　在生产管理上，要特别注意尽量保持生产条件的稳定，主要是保持适宜的块茎膨大条件，即增施有机肥，以增加土壤的保水保肥能力；适当深耕，加强中耕培土，保持土壤良好的透气性；合理密植，株行距配置要均匀一致；注意浇水，适时灌溉，保持适量的水分和较低的地温；注意选用不易发生二次生长的品种。

选用优良品种：马铃薯品种不同，在相同的栽培技术条件下产生畸形薯的概率也不一样。比如郑薯六号和费乌瑞它两个品种，由于郑薯六号的后期膨大速度相对较快，在水分供应不及时的情况下裂薯现象与费乌瑞它相比就较为严重。畸形薯多发生在中熟或中晚熟品种上，因此在种植马铃薯时，尤其是在排水不良或黏重土壤上，或者当地不具备浇水条件，而马铃薯生长期间又高温少雨的地区，应根据当地的栽培条件，因地制宜选用不易发生二次生长的品种。

增施有机肥：有机肥含有马铃薯生长发育所需的各种大量元素和微量元素，施用有机肥，可以使土壤疏松肥沃，改善土壤的通气条件，提高土壤的保水保肥能力，避免土壤过干过湿造成块茎畸形的同时，也使块茎膨大，促使块茎形状整齐，表皮光滑，产量提高。尤其是在黏性土壤上种植马铃薯更要注意增施有机肥，以改善土壤条件。

有机肥一般应作基肥施用，并要求深施，普通肥力的地块每亩一般要求施4000～5000千克，在整地前施入，随犁深翻入土。同时有机肥要与化肥配合施用，充分保证马铃薯整个生长发育期间有足够的养分供给，从而提高产量。有机肥施用前，必须进行充分发酵腐熟，否则极易灼伤马铃薯根系，降低肥效，使地下害虫为害严重、薯块出现虫孔，从而降低商品价值。

适量施肥：马铃薯施肥过量，易导致植株生长旺盛甚至徒长，如果相应的栽培管理措施没有及时跟上，就会抑制块茎的膨大，从而导致畸形。因此，在马铃薯肥料施用上要进行科学施肥和测土配方施肥，应该缺什么施什么，而不是越多越好。

马铃薯是需钾作物，吸收的钾最多，氮次之，磷最少。肥料可以以基肥和追肥两种方式施入，基肥以有机肥为主，但肥力较差的地块每亩可以增施50千克左右复合肥，对提高产量有明显的效果。前期追肥以氮肥为主，以促进地上部茎叶迅速生长，一般每亩追施尿素10～15千克或碳酸氢铵40～50千克，整个生育期追肥1～2次，追肥多少和次数依土壤肥力和植株生长情况而定，严禁施肥过量。结薯期为了促进块茎生长，可以适量补充一些钾肥，采用叶面喷肥的方式，一般使用浓度为0.1％的磷酸二氢钾。

及时浇水：高温干旱是造成畸形薯的主要原因，因此在马铃薯生长期间水分管理是非常重要的。

马铃薯苗期一般情况下不用进行浇水，土壤过于干旱时，必须进行浇水，但浇后要及时进行中耕，破除板结，提高地温。苗期浇水不宜过早，否则往往降低地温，不利于出苗。马铃薯现蕾后，应根据墒情小水勤浇，保证土壤湿润，地皮不干，一般7～10天浇水

1次。浇水后也要及时进行中耕除草。根据土壤情况，一般收获前5～7天停止浇水，利于块茎收获后进行安全储藏。总之，马铃薯既怕旱又怕涝，浇水要及时，以植株不出现萎蔫现象为原则，并应小水勤浇。浇水应结合土壤墒情和当地降雨情况进行，避免生长期间发生干旱，尤其是块茎膨大期发生干旱后再进行浇水，会造成块茎二次生长形成畸形薯。

加强中耕培土：中耕培土的作用主要是改善土壤的通气性，增加土壤保墒保肥的能力，使得薯皮光滑，薯形整齐，降低畸形薯比例。

马铃薯整个生育期根据需要进行2～3次中耕。马铃薯出苗前3～5天应进行第一次中耕，由于此时的杂草刚刚出土，根系较少，可以浅中耕。幼苗出齐后进行第二次中耕，行间中耕4～5厘米，靠近幼苗应逐渐由深变浅，以免伤根。最后一次中耕应在马铃薯封垄前完成。

为了满足块茎膨大的需要，一般在马铃薯生长期需要培土2次。现蕾期匍匐茎尖端开始膨大时，进行第一次培土，防止匍匐茎窜出地面变成新的枝条，培土厚3～4厘米，形成高10厘米左右的高垄。开花初期，马铃薯进入到膨大盛期，为防止块茎露出地面，进行第二次培土，培土厚4～5厘米，形成高25厘米左右的高垄，浇水不淹顶，垄上部不板结，土壤透气性好，有利于块茎膨大。

146. 如何防止马铃薯块茎损伤?

（1）马铃薯块茎损伤的情形　主要有指痕伤、压伤和周皮脱落等。

① 指痕伤　是指收获后的块茎，其表面常有较浅（1～2毫米）指痕状裂纹，多发生在芽眼稀少的部位。指痕伤主要是块茎从高处落地后，接触到硬物或互相强烈撞击、挤压造成的伤害。一般收获较迟、充分成熟的块茎以及经过短期贮藏的块茎更易发生指痕伤。由于伤口较浅，易愈合，很少发生腐烂现象。如能在块茎运输或搬运时，适当提高温度，使其尽快愈合，可以减少危害。

② 压伤　是指块茎入库时操作过猛，或堆积过厚，底部的块

茎承受过大的压力，造成块茎表面凹陷。伤害严重时不能复原，并在伤害部位形成很厚的木栓层，其下部薯肉常有变黑现象。提早收获的块茎，由于淀粉积累较少，更易发生这种压伤。

③ 周皮脱落　是指块茎在收获或收获后的运输、贮藏或其他作业时造成的块茎周皮的局部脱落。脱落的周皮处变暗褐色。周皮脱落的原因是由于土壤湿度过大，或氮素营养过剩，或日照不足，或收获过早等引起，此时块茎周皮稚嫩，尚未充分木栓化，极易损伤。

（2）防止措施　为防止指痕伤和压伤的发生，在收获、运输和贮藏过程中，块茎不要堆积过高。尽量避免各种机械操作和块茎互相撞击。防止周皮脱落，应在马铃薯生育过程中避免过多施用氮肥以及在收获前停止灌溉等。收获后的块茎要进行预贮，促使块茎周皮木栓化。收获和运输过程中，要轻搬轻放，避免块茎之间撞击和摩擦。

147. 如何防止马铃薯皮孔肥大？

（1）发生症状　在正常情况下，块茎的皮孔很小；在马铃薯块茎膨大期或收获前，当土壤水分过多或贮藏期间湿度过大时或通气不良，块茎得不到充足的氧气进行呼吸或气体交换，因而皮孔胀大并突起，使皮孔周围的细胞裸露，易被细菌侵入，导致块茎腐烂。

（2）防止措施　为防止皮孔胀大、细胞裸露，在马铃薯生育期间，要高培土、高起垄；生育后期要控制浇水；多雨天气，及时进行排水，避免田间积水；块茎成熟，及时收获；收获后的块茎要进行预贮；贮藏期间适当通风，避免窖内湿度过大。

148. 如何防止马铃薯梦生薯？

马铃薯在催芽过程中或播种后未出苗在幼芽顶端形成的小薯，叫梦生薯，又叫闷生薯。

（1）形成原因

① 与种薯有关，大多是春播所产的块茎作种时易萌生“梦生薯”，而夏播、秋播所生产的块茎作种则很少发生“梦生薯”现象。

这是因为经过长期贮藏后，春薯早已度过休眠期，而秋薯的休眠期则较长，且对贮藏温度较不敏感的缘故。

② 与贮藏有关　经长期贮藏，到播种前种薯早已度过了休眠期，贮藏后期温度易于升高，更有助于加速度过休眠期，以致种薯已具备了萌芽的内在条件。

③ 与播种情况有关　播种期过早、播种过深或覆土过厚，播后土壤长期低温，均易出现形成“梦生薯”的情况。

④ 与地域有关　“梦生薯”多发生在早春温度较低的北部地区和山区。

综上所述，可以认为产生“梦生薯”的主要原因是：种薯经长期的贮藏，或是贮藏期温度过高，致使种薯在播种前早已度过了休眠期，组织内酶的活动增强，细胞内水解程度增大，已具备幼芽萌动生长的内在生理条件，有的甚至已经萌芽。这样的种薯如在正常的条件下，本可顺利地发芽出苗，成长为正常的植株。但如播种过早，或覆土过深，以致土温过低，虽然不能满足幼芽伸长的温度要求，却具备使薯内营养物质向芽中运送并形成块茎的作用，以致芽积累了大量的营养而形成小块茎即“梦生薯”。

(2) 防止方法　适期播种，不宜过早播种；也不宜播种过深。

第四节　马铃薯主要虫害防治技术

149. 如何防治马铃薯二十八星瓢虫?

马铃薯二十八星瓢虫（彩图 52～彩图 54），有茄二十八星瓢虫和马铃薯二十八星瓢虫两种，属于鞘翅目瓢虫科，俗名“花大姐”、“花包袱”。两种瓢虫形态相似，翅鞘上有 28 个黑色斑点。茄二十八星瓢虫略小，两翅合缝处黑色斑点不相连，马铃薯二十八星瓢虫有 1～2 个黑斑相连。一般年份可使马铃薯减产 10%～20%，严重年份可减产 50%左右，是威胁马铃薯的主要害虫之一。

(1) 为害特点 成虫、幼虫均能为害马铃薯，幼虫的危害程度重于成虫。幼虫群集于马铃薯叶片背面，咬食叶片的叶肉，严重时被害叶片只剩下叶脉，形成有规则的、透明的平行网状细纹，叶片失去叶绿素，不能进行光合作用，植株逐渐枯黄。二十八星瓢虫大发生时，被害植株成片枯死，全田一片枯黄色。除为害叶片外还为害果实、嫩茎以及花器。

(2) 防止措施

① 捕杀成虫，摘除卵块 马铃薯二十八星瓢虫在背风向阳的树洞、墙缝、各种秸秆、杂草、石块下及土缝中群集越冬。在中原地区，越冬成虫4月上旬开始活动，先在杂草上活动取食，后迁入马铃薯田或茄子田为害。

利用成虫群集越冬习性，在冬、春季节检查成虫越冬场所，就地捕杀成虫。或在成虫为害期间，利用其假死性进行人工捕杀，用薄膜承接并叩打植株使之坠落，收集灭之，以中午时间效果较好。

成虫产卵集中，颜色鲜艳，易于发现，卵粒排列稀疏，正面背面均有，可翻转叶片查找消灭。但要注意区别七星瓢虫和异色瓢虫等益虫卵，这些益虫卵个体之间紧密相连，之间没有缝隙。

② 清除残株 马铃薯收获后，及时清除残株并妥善处理，消灭残株上的幼虫。并进行耕地，可消灭趋于缝隙中的虫体。

③ 保护天敌 二十八星瓢虫的天敌有异色瓢虫、龟纹瓢虫等多种瓢虫，其均能取食二十八星瓢虫的卵，应注意保护。

④ 生物防治 在马铃薯大田生长期间，调查如有二十八星瓢虫造成危害时，每亩用生物农药灭幼脲50克兑水30千克于叶面均匀喷雾，喷洒时务必向叶背喷洒。隔7～10天后再以同样浓度药剂喷施1次，连续用药2次以加强防效。

⑤ 土壤处理 在马铃薯播前深翻土地时，每亩用辛硫磷颗粒剂1.5千克均匀撒施于耕地上，并随着土地的翻耕而翻入土壤中。

⑥ 化学防治 防治时期一般在成虫期至幼虫孵化高峰期进行防治，效果最好。首先选用苏云金杆菌7216防治马铃薯瓢虫。7216菌剂原粉含孢子100亿个/克，在马铃薯瓢虫大发生之前喷到马铃薯有露水的植株上，每亩用30千克。也可用50%的敌敌畏乳

油500倍液喷杀，对成虫、幼虫杀伤力都很强，防治效果100%。用60%敌百虫500～800倍液喷杀，或用1000倍乐果溶液喷杀，效果都较好。此外，还可选用2.5%鱼藤酮乳油1000倍液、5%氟啶脲乳剂、50%辛硫磷乳油1000倍液、10%吡虫啉可湿性粉剂1000倍液、2.5%溴氰菊酯乳油、20%氰戊菊酯乳油3000倍液、21%增效氰·马乳油3000倍液、10%联苯菊酯乳油1500倍液、2.5%三氟氯氰菊酯乳油3000倍液、52.25%毒·氯氰乳油2000倍液、48%毒死蜱乳油1000倍液、10%溴·马乳油1500倍液、10%氯氰菊酯乳油1000倍液等喷雾防治。推荐使用新型杀虫剂20%氯虫苯甲酰胺悬浮剂4000～5000倍液进行喷雾，特别要注意喷到叶背面。

发现成虫即开始喷药，每10天喷药1次，在植株生长期连续喷药3次，即可完全控制其为害。马铃薯二十八星瓢虫成虫白天飞翔能力强，最好在早、晚施药，施药时尽量对叶背进行喷施，对杀卵和幼虫有较好的防治效果，在防治上要采取统防统治。

150. 马铃薯田如何防治蚜虫?

蚜虫（彩图55～彩图57）在我国分布广泛，为害马铃薯的蚜虫主要有桃蚜、棉蚜、大长管蚜、茄无网蚜、菜豆根蚜和红腹缢管蚜等。

（1）为害特点　蚜虫为害马铃薯有以下两种方式。

一是群集在嫩叶的背面吸取汁液，严重时叶片卷曲皱缩变形，甚至干枯，严重影响顶部幼芽的正常生长，使植株的生长严重受阻。花蕾和花也是蚜虫密集的部位。

二是在取食过程中传播病毒，间接为害马铃薯，造成种薯退化，大幅度减产。蚜虫传播病毒的危害性远远超过了对马铃薯的直接为害。

（2）防治方法

① 利用冷凉、多风、多湿的自然条件。桃蚜最适取食活动和传播马铃薯Y病毒效率最高的气温是25℃。15℃以下的气温，蚜虫繁殖代数大大减少，同时可阻止蚜虫起飞和传播病毒。因此，冷

凉条件不适于蚜虫繁殖、取食、迁飞和传播病毒，而这样的条件却非常适于马铃薯生长。

② 利用空间隔离。根据蚜虫迁飞和传毒距离，马铃薯原种、一级种薯繁殖基地至少应距马铃薯生产田和其他茄科作物田2000米。

③ 利用时间隔离。各地可根据有翅蚜虫迁飞、传毒时间，安排马铃薯的适宜播种和收获期。

④ 用银灰色聚乙烯膜覆盖，可防止有翅蚜迁来。

⑤ 黄板诱杀有翅蚜。在有翅蚜向薯田迁飞时，田间插上涂有黏胶的黄板诱杀有翅蚜，或在田间插竿拉挂银灰色反光膜条驱避蚜虫。

⑥ 化学防治。一是穴施有内吸作用的杀虫颗粒剂。如有效成分为70%的灭蚜硫磷，每亩用200克，在播种时撒于种薯周围。二是在生长期用药剂喷雾杀蚜，可用10%吡虫啉可湿性粉剂2000倍液，或40%乐果乳剂1000倍液、5%啶虫脒800倍液、50%抗蚜威可湿性粉剂2000倍液、52.5%毒·氯氰乳油1000～1500倍液、2.5%高效氯氟氰菊酯乳油1000～1500倍液等喷雾防治。灭蚜药剂较多，可根据情况选择轮换使用，以免蚜虫产生抗药性。由于蚜虫繁殖快，蔓延迅速，必须及时防治。蚜虫多在心叶、叶背处危害，药剂难于全面喷到，所以在喷药时要周到细致。

151. 马铃薯田如何防治茶黄螨？

茶黄螨，又名侧多食跗线螨，食性杂，可为害黄瓜、茄子、番茄、青椒、豆类、马铃薯等多种蔬菜。由于螨体极小，肉眼难以观察识别，常误认为是生理病害或病毒病害，对马铃薯嫩的茎叶为害较重。特别是在二季作地区秋季发生比较严重，个别田块严重时马铃薯植株油褐色枯死，造成严重减产。温暖多湿的环境有利于茶黄螨的发生。

（1）为害特点　成螨和幼螨集中在幼嫩的茎和叶背刺吸汁液，造成植株叶片畸形。受害叶片背面呈黄褐色，有油质状光泽或呈油浸状，叶片边缘向叶背卷曲。嫩叶受害，叶片变小变窄。嫩茎变成黄褐色，扭曲畸形。严重者植株枯死。

（2）防治方法

① 农业防治　许多杂草是茶黄螨的寄主，应及时清除田间、地边、地头杂草，消灭寄主植物，杜绝虫源。马铃薯种植地块不要与菜豆、茄子、青椒等蔬菜临近，以免传播。增加光照，及时放风，适时灌水，调节温度，降低湿度，营造不利茶黄螨生活的环境条件。

② 化学防治　茶黄螨生活周期较短，繁殖力极强，应特别注意早期防治。可选用73%炔螨特乳油1000倍液，或20%复方浏阳霉素1000倍液、5%噻螨酮乳油1500～2500倍液、25%灭螨猛可湿性粉剂1000～1500倍液、40%乐果乳油1000倍液、2.5%联苯菊酯乳油2000倍液、1.8%阿维菌素乳油3000倍液等交替喷雾防治，5～10天喷药1次，连喷3次才能控制为害。喷药重点在植株幼嫩的叶背和茎的顶尖，并应喷嘴向上，直喷叶子背面效果才好。

152. 如何防治马铃薯块茎蛾?

马铃薯块茎蛾属鳞翅目麦蛾科，又名马铃薯麦蛾、番茄潜叶蛾、烟草叶蛾、马铃薯蛀虫，是世界性重要害虫，也是重要的检疫性害虫之一。为害马铃薯的是块茎蛾的幼虫。主要为害茄科作物，其中以马铃薯、烟草、茄子等受害最重，其次是辣椒、番茄。南方局部有发生。田间马铃薯以5月及11月受害较严重，室内贮存块茎在7～9月受害严重。

（1）为害特点

① 为害叶片　以幼虫潜入叶内，沿叶脉附近蛀入蛀食叶肉，只留上下表皮和粗叶脉，叶片呈半透明状，严重时嫩茎、叶芽也被害枯死，幼苗可全株死亡。

② 为害块茎　在田间或贮藏期，从块茎的芽眼附近打洞钻蛀块茎，粪便排在洞外，呈蜂窝状，甚至全部蛀空，外表皱缩，并引起腐烂或干缩。

（2）防治方法

① 实行检疫制度，严禁从疫区调运薯块。

② 农业防治　选用无虫种薯，在大田生产中及时培土，在田间勿让薯块露出表土，减少成虫产卵的机会。种植要选用无虫种薯，避免与茄科作物连作或邻作。冬季翻耕灭茬，消灭越冬幼虫。块茎收获后马上运回，不使块茎在田间过夜，防止成虫在块茎上产卵。冬季翻耕灭茬消灭越冬幼虫。

③ 贮窖处理　在贮藏前要进行仓库清洁，喷洒药物消灭墙壁缝隙处的害虫，用纱布封闭各门窗及风洞，防止成虫从外面飞进。对有虫的种薯，用溴甲烷、二硫化碳或磷化铝熏蒸，也可用25%喹硫磷乳油1000倍液喷种薯，晾干后再贮存。入窖后薯堆普遍盖3厘米厚沙或在薯堆上用麻袋盖严，严防成虫产卵于薯块上。

磷化铝：片剂或粉剂1千克，均匀放在200千克薯块中，用塑料布盖严，在气温12～15℃时密闭5天，气温在20℃以上时密闭3天。

二硫化碳：在15～20℃的室温下，用药7.5克/立方米，熏蒸75分钟。

以上药剂可熏蒸杀死害虫，而对种薯发芽和食用无影响。

④ 化学防治　在卵孵盛期至幼虫盛发期，每亩用10%氯氰菊酯乳油30～50毫升，或10%氰戊菊酯乳油20～40毫升等，对水喷雾防治。

成虫期，喷洒10%菊·马乳油1500倍液、50%辛硫磷乳油、50%杀螟松乳油、40%乙酰甲胺磷乳油、80%敌百虫可溶性粉剂各1000倍液，2.5%溴氰菊酯乳油、20%氰戊菊酯乳油、2.5%高效氯氟氰菊酯乳油、5%顺式氰戊菊酯乳油、10%氯氰菊酯乳油等2000倍液喷雾。

幼虫初孵期，可选用20%吡虫啉可湿性粉剂2000倍液，或1.8%阿维菌素乳油3500～4000倍液喷雾防治。潜蛀叶肉内的幼虫用25%喹硫磷乳油1000倍液喷雾。

153. 马铃薯田如何防治蓟马?

(1) 为害特点　该虫一般存活于叶片的背面，吸食叶片皮层细胞，使叶面上产生许多银白色的凹陷斑点，为害严重时可使叶片干枯，破坏叶片的光合作用，降低植株生长势，甚至引起植株枯萎，影响产量。

（2）防治方法

① 农业防治　改善生长环境，干旱有利于蓟马的繁殖。马铃薯生产田应及时灌溉，可有效减少蓟马的数量，减轻危害。

② 化学防治　可选用90％敌百虫800～1000倍液，或0.3％印楝素乳油800倍液、10％氯氰菊酯乳油1500～2000倍液等喷雾防治。要对叶片正反两面喷雾。

154. 马铃薯田如何防治潜叶蝇?

（1）为害特点　为害许多作物。潜叶蝇体形很小，为害马铃薯的主要是幼虫，以幼虫潜入叶片表皮下，曲折穿行，取食绿色组织，造成不规则的灰白色线状隧道。为害严重时，叶片组织几乎全部受害，叶片上布满蛀道，尤以植株基部叶片受害为最重，甚至枯萎死亡。成虫还可吸食植物汁液使被吸处成小白点。

（2）防治方法

① 加强植物检疫　美洲斑潜蝇为检疫性害虫，要加强植物检疫，防止随马铃薯调运传入或传出。对已发生为害的地区，应果断防治。

② 农业防治　保护天敌，可大大减少潜叶蝇的为害。特别是过度使用杀虫剂、使潜叶蝇的天敌遭到毁灭性的地区，潜叶蝇是一种严重的马铃薯害虫。作物收获后要深耕翻土，清洁田园，清除残株败叶和田边杂草，以压低虫源基数，减少下一代发生数量；要施用充分腐熟的粪肥，避免使用未经发酵腐熟的粪肥，特别是厩肥。

③ 物理防治　由于潜叶蝇成虫对黄色具有趋性，因此可在开花期采用黄板进行诱杀。

④ 化学防治　掌握在卵孵化高峰期施药。可选用1.8％阿维菌素乳油3000～5000倍液，或48％毒死蜱乳油1000倍液、20％氰戊菊酯乳油3000倍液、20％灭蝇胺乳油2000倍液等喷雾防治。目前市场上出售的阿维·杀单（斑潜净）是一种很有效的药剂，药剂稀释倍数1000～2000倍，每亩用量25～60克。施药间隔5～7天，

连续用药 3～5 次，即可消除潜叶蝇的为害。在清晨或傍晚喷施。喷药时力求均匀、周到，并注意轮换、交替用药。

155. 如何防治马铃薯甲虫?

马铃薯甲虫（彩图 58～彩图 60）又叫蔬菜花斑虫，属鞘翅目叶甲科，是一种极具毁灭性的检疫性害虫，主要以成虫、幼虫为害茄科作物，最适寄主是马铃薯、茄子，其次是番茄、辣椒、烟草等作物，使蔬菜生产损失严重，一般减产 30%～50%，有时高达 90%。马铃薯甲虫因其繁殖力、抗逆性强，扩散蔓延迅速，种群呈明显上升趋势，为害逐年加重。

（1）为害特点　马铃薯甲虫的成幼虫均取食马铃薯叶片或顶尖，通常将叶片取食成缺刻状。为害严重时，茎秆被取食成光秃状。大龄幼虫还可以取食幼嫩的马铃薯薯块。失控的种群，可在薯块开始生长之前将叶片吃光造成绝产，而且能传播褐斑病、环腐病等。

（2）防治方法

① 严格执行调运检疫程序　按照调运检疫程序严格把关，防止疫区的马铃薯块茎、活体植株调出。对来自疫区的其他茄科寄主植物及包装材料按规程进行检疫和除害处理，防止马铃薯甲虫的传出和扩散蔓延。

② 划定疫区和非疫区　在疫情发生区域的边缘种植非茄科作物为隔离带，以控制马铃薯甲虫的传播和蔓延。

③ 农业防治　轮作倒茬。实行与非茄科蔬菜或大豆、玉米、小麦等作物轮作倒茬，恶化其生活环境，中断其食物链，达到逐步降低害虫种群数量的目的。

清除杂草。早春 5 月下旬～6 月上旬，集中铲除或割除田边、地埂或农田附近的天仙子、牛蒡、曼陀罗等马铃薯甲虫喜食的食物。

人工捕杀。利用马铃薯甲虫的假死性和早春成虫出土零星不齐，迁移活动性较弱的特点，从 4 月下旬开始动员和组织农户进行人工捕杀越冬成虫和捏杀叶片背面的卵块，是降低虫源基数的经济有效措施。

集中诱杀。在虫害发生严重的区域，早春集中种植茄子、马铃薯等有显著诱集作用的茄科寄主植物，形成相对集中的诱集带，便于集中统防、统治。

适期晚播。适当推迟播期，避开马铃薯甲虫出土为害及产卵高峰期；加强田间管理，在茄子、马铃薯生长中后期，结合中耕除草深翻土壤，消灭幼虫和蛹。

④ 化学防治　关键是统防、统治和掌握最佳防治时期，以期达到理想的防治效果。根据马铃薯甲虫低龄幼虫聚集为害的特点，药剂防治应在幼虫1～2龄期进行。防治指标为每10株寄主植物上低龄幼虫达200头，高龄幼虫达115头，成虫25头。选用生物农药或高效、低毒、低残留农药，如用苏云金杆菌乳剂500倍液，或2.5%三氟氯氰菊酯乳油1000倍液、2.5%多杀霉素悬浮剂1000～1500倍液、2.5%溴氰菊酯乳油5000倍液、5%虱螨脲乳油1000～1500倍液、48%毒死蜱乳油2000倍液，在低龄幼虫高峰期进行喷雾防治，7天喷1次，根据虫情发生情况连喷2～3次。注意交替用药，以免害虫产生抗药性。

156. 马铃薯田如何防治地老虎?

地老虎（彩图61），属鳞翅目夜蛾科切根夜蛾亚科。以幼虫为害作物，又称切根虫、土蚕。地老虎种类较多，为害马铃薯的主要是小地老虎、黄地老虎和大地老虎等，以小老虎在国内分布最广，为害最重。4月中旬～5月上旬是幼虫为害盛期。

（1）为害特点　以幼虫在夜间活动为害幼苗。1～2龄幼虫食量小，为害幼苗嫩叶，严重时叶片的叶肉被食光，只剩下小叶柄和叶的主脉。3龄后钻入3厘米左右的表土中，为害根、茎。3～6龄食量剧增，咬食（断）叶柄、枝条和主茎，造成缺株断垄。特别对于用实生种子繁殖的实生苗威胁最大。

结薯期为害块茎，将块茎咬食成大小、深浅不等的虫孔，有时幼虫钻入块茎内为害，将块茎食空，造成严重减产和块茎失去商品价值。

(2) 防治方法

① 农业防治　清除田间及周围杂草，减少地老虎雌蛾产卵的场所，减轻幼虫为害。

② 灯光诱杀　利用成虫趋光性，在田间安装黑光灯诱杀。

③ 糖醋液诱杀　红糖6份，白酒1份，醋3份，水10份，90%敌百虫1份，调配均匀，做成诱液装入盆内，放在田间三脚架上，夜间诱杀成虫，白天将盆取回。每隔2～3天补加1次诱杀液。

④ 毒饵诱杀　将炒黄的麦麸（或秕谷、豆饼、玉米碎粒等）5千克加5千克敌百虫水溶液（敌百虫100克加水5千克溶解开）充分搅拌均匀，傍晚撒入田间，防治效果好，并可兼治蝼蛄。每亩需麦麸3千克。拌毒饵也可用40%的乐果乳油或其他杀虫剂。

⑤ 嫩草、菜叶诱杀　灰灰菜或青叶菜切碎，每5千克水加敌百虫100克（用温水溶解开），拌均匀，傍晚撒入田间。

⑥ 化学防治　3龄前幼虫未入土，可选用90%晶体敌百虫800～1000倍液，或50%辛硫磷乳油800倍液、48%毒死蜱乳油1000倍液喷雾。幼虫3龄后入土，每亩可用50%辛硫磷乳油或48%毒死蜱乳油1000～1500倍液灌根，防治效果好。

157. 马铃薯田如何防治蛴螬?

蛴螬（彩图62、彩图63）俗称白地蚕、白土蚕、蛭虫、地漏子，为鞘翅目金龟甲总科幼虫的总称。我国常见的种类很多，主要有大黑金龟子、暗黑金龟子、黄褐金龟子、铜绿金龟子等。主要是其幼虫（蛴螬）为害马铃薯。5～7月份成虫大量出现，黄昏活动，咬食叶片。

(1) 为害特点　金龟子的幼虫，在地下部活动，为害咬食幼嫩的根、茎和块茎，有时会将块茎吃去一半，或食成穴状。当10厘米地温13～18℃时活动最盛，为害也最重。土壤湿度大，或小雨连绵的天气为害严重。对未腐熟的厩肥有强烈的趋性。

(2) 防治方法

① 处理有机肥　有机肥使用前，要经过高温充分发酵，杀死幼虫及虫卵，减轻为害。施用未腐熟的农家肥，易发生蛴螬，使用

前应拌敌百虫或辛硫磷乳油。

② 合理使用化肥　碳酸氢铵、腐殖酸铵、氨水、氨化过磷酸钙等化肥散出的氨气对蛴螬等地下害虫有一定的驱避作用。

③ 防治成虫　当旬平均气温在 12～19℃、10 厘米地温在 18℃时，大部分成虫尚未飞迁，多进行产卵，是消灭成虫的适期。可每 30 亩安装一只频振式杀虫灯诱杀，效果较好。

④ 防治幼虫　可选用 50％辛硫磷乳油 1000 倍液，或 25％增效喹硫磷乳油 1000 倍液、40％乐果乳油 1000 倍液、90％晶体敌百虫乳油 1000 倍液等喷雾或灌杀。

158. 马铃薯田如何防治蝼蛄?

蝼蛄（彩图 64），又叫拉拉蛄、地拉蛄，直翅目蟋蟀总科蝼蛄科。国内分布最广的有非洲蝼蛄和华北蝼蛄。非洲蝼蛄遍布全国，华北蝼蛄分布于长江以北各省。在盐碱地和沙壤土地为害最重，壤土次之，黏土最小。蝼蛄食性很杂。

（1）为害特点　喜食各种蔬菜，对蔬菜苗床和移栽后的菜苗为害尤为严重。蝼蛄成虫和若虫在土中咬食刚播下的种子和幼芽，或将幼苗根、嫩茎咬食断，造成幼苗枯死，受害的根部呈乱麻状。一般在 3～4 月份开始活动，昼伏夜出，在地下活动，将表土穿成许多隧道，使幼苗根部透风和土壤分离，造成幼苗失水干枯致死，缺苗断垄，严重的甚至毁种，使蔬菜大幅度减产。

（2）防治方法

① 深翻土壤、精耕细作造成不利蝼蛄生存的环境，减轻为害；施用腐熟的有机肥料，不施用未腐熟的肥料；在蝼蛄为害期，追施碳酸氢铵等化肥，散出的氨气对蝼蛄有一定驱避作用；秋收后，进行大水灌地，使向深层迁移的蝼蛄被迫向上迁移，在结冻前深翻，把翻上地表的害虫冻死；实行合理轮作，水旱轮作，可消灭大量蝼蛄、减轻为害。

② 毒饵诱杀　将炒黄的麦麸（或秕谷、豆饼、玉米碎粒等）5 千克加 5 千克敌百虫水溶液（敌百虫 100 克加水 5 千克溶解开）充分搅拌均匀，傍晚撒入田间。

③ 黑光灯诱杀　晚上19～22时在无作物的地块进行，在天气闷热的雨前夜晚效果更好。

④ 马粪诱杀　在被为害的田块地头、地边堆积新鲜的马粪，诱集后扑杀。

⑤ 人工捕杀　结合田间操作，对新拱起的蝼蛄隧道，采用人工挖洞捕杀虫、卵。

⑥ 种子处理　播种前用50%辛硫磷乳油，按种子重量0.1%～0.2%拌种，堆闷12～24小时后播种。

第五章

马铃薯采后处理及贮藏技术

第一节　马铃薯收获与采后处理

159. 如何搞好马铃薯的收获?

马铃薯收获，是栽培过程中田间作业的最后一个环节。收获的迟早与产量的高低和利用价值的好坏密切相关。

（1）适时收获，不宜过早过晚　马铃薯块茎的成熟度与植株的生长发育密切相关。一般当茎叶枯黄，植株停止生长时，块茎中的淀粉、蛋白质、灰分等干物质含量达到最高限度，水分含量下降，薯皮粗糙老化，薯块容易脱落，这时就是马铃薯的成熟和适宜收获期。

收获过早，块茎成熟度不够，干物质积累少，影响产量，薯皮幼嫩容易损伤，对贮藏和加工都不利；收获过晚，二季作区春马铃薯6～7月份温度高，湿度大，由于薯块成熟度高，遇到阴雨天，薯块会烂在土壤里，造成绝收；11月份温度逐渐下降，地里会上冻，有时会下雪，秋薯收获的晚，很容易受冻害，影响贮藏和食用品质。

一季作区收获的晚，更容易受冻。因此，马铃薯的收获时期应以栽培目的、气候条件和品种特性而定。但无论任何情况下，收获工作必须在霜冻前收获完毕。

（2）栽培目的不同，收获期不同　食用和加工薯以达到成熟期收获为宜，在生理成熟期时收获产量最高。马铃薯生理成熟标志是：叶色变黄转枯，块茎脐部易与匍匐茎脱离，块茎表皮韧性大，皮层厚，色泽正常。

作为种薯应适当提早收获，一般可提前5～7天收获，以利提高种用价值，减少病毒侵染。病毒侵染马铃薯植株后，首先在被感染的细胞中增殖，再侵染附近的细胞。病毒在细胞间的转运速度是很慢的，每小时只有几微米，等病毒到达维管束的韧皮部后，就能以快得多的速度（每小时十几微米）向块茎转运。可见，病毒从侵染上部到侵染块茎要相当长的时间。如能根据蚜虫预报所估计的病毒侵染时间，来确定种薯的适宜收获期，可在有病毒侵染的条件下获得无毒的种薯。

（3）品种不同，收获期有异　中、早熟品种，可在植株枯黄成熟时收获。而晚熟品种和秋播马铃薯，常常不等茎叶枯黄成熟即遇早霜，所以在不影响后作和块茎不会受冻的情况下，可适当延迟收获期。

（4）提早准备，正确收获　收获前要割掉茎叶，清除田间残留子叶。收获马铃薯应选择晴朗的天气。盛块茎的筐篓要有足够的数量，有条件的要用条筐或塑料筐装运，最好不用麻袋或草袋，以免新收的块茎表皮擦伤。还要准备好入窖前种薯和商品薯的临时预贮场所等。可用机械收获，也可用木犁翻、人力挖掘等。用机械收或畜力犁收后应再复查或耙地捡净。收获时要先收种薯后收商品薯，如果品种不同，也应注意分别收获。特别是种薯，应保持绝对纯度。

在收获过程中，要耐心细致，认真调试犁和挖掘机的深浅，及振动筛的振动大小，防止犁伤和机械创伤；人工捡拾时，要轻拿轻放和低放，要像拿放鸡蛋一样加倍小心，绝对避免远距离投放和高距离落地，防止摔伤。轻微摔伤，当时一般看不出来，实际薯肉表层细胞已死亡。贮存中如温湿度合适，伤处愈合，但死亡细胞不能逆转，形成痂，去皮后表现黑斑。如果温度高、湿度大则会腐烂。

（5）及时运藏　刚收获的薯块，最好先放在阴凉通风处风干，把病、烂、破、伤薯挑出来，收获的块茎要及时装筐运回，不能放在露地，更不宜用发病的薯秧遮盖。要防止雨淋和日光曝晒，以免堆内发热腐烂和外部薯皮变绿。同时，要注意先装运种薯后装运商品薯。要轻装轻卸，不要使薯皮大量擦伤和碰伤，并应把种薯和商品薯存放的地方分开，防止混杂。

160. 用于直接食用或加工的早熟马铃薯如何进行预冷和冷藏运输?

关于用于直接食用或用于加工的早熟马铃薯的预冷和冷藏运输，国家制定了相应标准，即 GB/T 25686—2010。现摘要如下。

（1）预冷　为了保证早熟马铃薯的质量和外观，应对收获后远距离运输或销售前需要存放 2～3 天以上的早熟马铃薯进行预冷处理。

预冷或冷藏运输的早熟马铃薯应在收获期间就予以保护，避免在户外的日晒、风吹和雨淋的损害。

早熟马铃薯收获后，应使用有帆布遮盖的运输车辆直接运送到分级、包装、预冷和配送的站点。分级和包装后的早熟马铃薯应立即用冷藏车送往冷藏和配送站点。为了使早熟马铃薯块茎的外皮能抵抗机械伤害，在热带（或亚热带）气候之下新收获的早熟马铃薯应在 20℃和 70％的相对湿度条件下，在田间阴凉处堆放 3～5 天。

预冷适用于具有商业标准规定的最低质量和规格大小并适当包装的早熟马铃薯。

进行预冷和冷藏运输的早熟马铃薯应使用网兜、麻袋或纸箱包装，单体包装应达到 50 千克，或使用 2 千克装的打孔塑料袋包装，以便于短期贮藏期间的通风。

预冷的温度为 10～14℃。此温度有利于使清洗、挑选、分级和包装操作期间受损害的马铃薯外皮愈伤，同时可抑制褐变和生理病害的发生。

（2）冷藏运输　运输的适宜温度为 10～12℃，相对湿度为 85％～95％。不应将温度降低到 10℃以下或将相对湿度提高到

95%以上。

麻袋、纸箱或其他包装在运输车中的排列应达到满载时能够通风，并在运输期间维持适宜的温度和相对湿度。

在运输期间，为防止温度和相对湿度波动，应进行连续监控。

161. 用于贮藏的马铃薯怎样进行采后处理?

（1）晾晒　薯块收获后，在田间就地稍加晾晒，散发部分水分以便贮运，一般晾晒4小时，晾晒时间过长，薯块将失水萎蔫，不利贮藏。

（2）预贮　夏季收获的马铃薯，正值高温季节，收获后应将薯块置于阴凉而通风良好的场所摊开，但薯堆不要太厚，上面应用苇草或草帘遮光。如果薯堆太厚（超过66厘米），堆中应设有通气管，或在薯堆上部每隔数尺竖立一捆秆（高粱或玉米秆），以利通气排热。预贮的适宜温度为10～15℃，空气相对湿度为80%～90%，预贮时间一般为2～3周，使块茎表面水分蒸发，伤口愈合，薯皮木栓化。

（3）挑选　预贮后要进行挑选，剔除病虫害、机械损伤、萎蔫薯块、石头及畸形薯等，要注意轻拿轻放。并对薯块进行大小分级。袋装种薯不宜太满，微型种薯每网袋不得超过2.5千克，食用的块茎尽量放在暗处，通风要好。

（4）药物处理　用化学药剂进行适当处理，可抑制薯块发芽，杀菌防腐。

抑芽丹：在马铃薯收获前2～4周内，用浓度为0.25%～0.3%的抑芽丹药液喷洒植株，可抑制薯块贮藏期间发芽，但喷药后48小时（春作）至72小时（秋作）内遇雨则效果明显下降，应该补喷。

α-萘乙酸甲酯或乙酯：南方夏秋季收获的马铃薯，采收后可用α-萘乙酸甲酯或乙酯处理薯块，也可防止发芽。一般采用3%的浓度，在收获前2周喷洒植株。也可在贮藏时取市售98%的上述药剂150～250克溶于300毫升酒精或丙酮中，拌在10～12千克粉状细土中，均匀地撒在5000千克薯堆上。北方冬季长期贮藏马铃薯，应在休眠中期处理，用药过晚则效果不佳。该法宜在贮藏的密闭库中进行，块茎取出后，摊在通风场所，让块茎里残留的药剂挥发掉，可解除药效。

苯诺米尔和噻苯咪唑：这2种药剂可采用0.05%的浓度，浸泡刚收获的块茎，有消毒防腐作用。

氨基丁烷：在贮藏中采用氨基丁烷熏蒸块茎，可起到灭菌和减少腐烂作用。

应用植物生长调节剂要掌握好药液的配制浓度，若使用浓度太低，则效果不显著；浓度过高，往往会造成药害；要掌握好喷药时间和方法；用调节剂处理的马铃薯块茎不宜作种。

（5）短期贮藏　室内堆藏：一般用筐装薯块在室内码垛堆藏。将薯块放在室内、竹楼或其他楼板上，也有用棕作成袋子将薯块装入，堆或挂在楼板上的，此法简单，但难以控制发芽，配合药物处理或辐射处理可提高贮藏效果。也可用覆盖遮光的办法抑制发芽，此法对多雨季收获的马铃薯贮藏较为理想。大规模贮藏，可选择通风良好，场地干燥的仓库，用甲醛和高锰酸钾混合后进行熏蒸消毒，然后将经过挑选和预处理的马铃薯进库堆放，四周用木板等围好。

垒窖贮藏：南方温暖地区，可在避光、阴凉、通风、干燥的室内或室外荫棚下，用砖砌长方形窖，池壁留孔成花墙式，上面覆盖细沙土10～15厘米，稍加压实即可。窖藏马铃薯易在薯块堆表面出汗，可在严寒季节于薯堆表面铺放草帘。入窖后一般不倒动。

通风库贮藏：各城市多用通风库贮藏，块茎堆高不超过2米，堆内放置通风塔，搞好前期降温，也可装筐码垛，贮量大、通风好，有条件的可在库内设专用木条柜装薯块，便于通风，贮量大，但成本高。

冷藏：有冷库条件的地方，可将薯块装入筐或木条箱中，先在预冷间预冷，待块茎温度接近贮藏温度时，再转入冷藏间贮藏，库温保持0～2℃，在筐（箱）码垛时，要留有适当的通气道，使堆内温度、湿度均匀。贮藏期间定期检查。

第二节 马铃薯贮藏技术

162. 马铃薯贮前怎样进行预处理?

马铃薯收获后有明显的生理休眠期，一般为 2～3 个月，休眠期间新陈代谢减弱，抗性增强。即使处在适宜的条件下也不萌芽，这对贮藏很有利。

马铃薯品种较多，按皮色可分白皮、红皮、黄皮和紫皮四种类型。其中以红皮种和黄皮种较耐贮藏。作为长期贮藏的马铃薯，应选用休眠期长的品种。栽培时首先要选择优势的种薯，做好种薯消毒工作。施肥时注意增施磷、钾肥。生育后期要减少灌水，特别要防止积水。收获前一周要停止浇水，以减少含水量，促使薯皮老化，以利于及早进入休眠和减少病害。

夏收的马铃薯应在雨季到来之前、秋收的马铃薯在霜冻到来之前，选择晴天和土壤干爽时收获，并在田间稍行晾晒。

马铃薯和甘薯一样需要进行愈伤处理，采收后在较高的温湿条件下（10～15℃，相对湿度 95%）放置 10～15 天，以便恢复收获时的机械损伤，然后在 3～5℃温度条件下进行贮藏。经过愈伤处理的块茎可以明显降低贮藏中的自然损耗和腐败病引起的腐烂。

此外，马铃薯贮藏前还要严格挑选，去除病、烂、受伤及有麻斑和受潮的不良薯块。

163. 马铃薯贮藏需要什么条件?

马铃薯收获以后，仍然是一个活动的有机体，在贮藏、运输、销售过程中，仍进行着新陈代谢，故称之为休眠期。休眠期是影响马铃薯贮藏和新鲜度的主要因素，可以分为三个阶段：

第一个阶段为收获后的 20～35 天，称为薯块成熟期，也即贮藏早期。刚收获的薯块由于表皮尚未完全木栓化，薯块内的水分迅速向外蒸发，再加上呼吸作用旺盛和水分蒸发显著增多，使薯块重量显著减少，加以温度较高，很容易积聚水汽而引发薯块腐烂，不能稳定贮藏。而通过这一阶段的后熟作用后，可以使马铃薯表皮充分木栓化，随着蒸发强度和呼吸强度逐渐减弱，从而转入休眠状态。

第二个阶段为深休眠期或薯块静止期，即贮藏中期。一般 2 个月左右，最长可达 4 个多月。经过前一段时间的后熟作用，薯块呼吸作用已经减慢，养分消耗也减低到最低程度，这时给予适宜的低温条件，可使这种休眠状态保持较长的时间，甚至可以延长休眠期，转为被迫休眠。

第三个阶段称为休眠后期，也称萌芽期，即贮藏晚期。这一阶段休眠状态终止，呼吸作用转旺，产生的热量积聚而使贮藏场所温度升高，加快了薯块发芽速度。此时，薯块重量减轻程度与萌芽程度成正比。因此，必须保持一定的低温条件，并加强贮藏场所的通风，维持周围环境中氧气和二氧化碳浓度在适宜的范围之内，从而使薯块处于被迫休眠状态，延迟其发芽。这一点对增加马铃薯的保鲜贮藏期非常重要。

另外，品种不同，休眠期的长短也不同，一般早熟品种休眠期长，晚熟品种休眠期短。此外，成熟度对休眠期的长短也有影响，尚未成熟的马铃薯茎的休眠期比成熟的长。贮藏温度也影响休眠期的长短，低温对延长休眠期十分有利。

马铃薯适宜的贮藏温度为 3～5℃，相对湿度 90%～95%，马铃薯在 3℃以下贮藏会受冷变甜或者产生褐变。4℃是大部分品种的最适贮藏温度。此时块茎不易发芽或发芽很少，也不易皱缩，其他损失也小。马铃薯在 4℃贮藏比在 28～30℃贮藏休眠期长，特别是贮藏初期的低温对延长休眠期十分有利。一般马铃薯在 10～15℃下 2～3 个月可保持不发芽，但 2～3 个月后则会发芽。

马铃薯在相对湿度 90%以上时失水量少，但过湿容易腐烂或提早发芽，过干会变软而皱缩。为了防止马铃薯表面形成凝结水，要进行适当的通风，通风的同时也给块茎提供了适当的氧气，可防止长霉和黑心。

马铃薯贮藏应通风、避光。因为马铃薯如长期受到阳光照射，表皮容易变绿。光能促进马铃薯萌芽，发芽后的马铃薯品质下降，芽眼部位形成大量的茄碱苷，如超过正常含量（0.02%）便能引起人畜中毒，所以马铃薯应避光贮藏。

气调贮藏一般不能延长马铃薯的贮藏期。

164. 马铃薯常用的贮藏方法有哪些?

马铃薯贮藏宜选择休眠期长的早熟种，或在寒冷地区栽培，以红皮种和黄皮种较耐贮藏。栽培中要注意生长后期少灌水，增施磷、钾肥，选晴天，土壤适当干燥后适时收获，刚采集的薯块，外皮柔嫩，应放在地面晾晒 1～2 小时，待表面稍干后收集。但夏季收获的不能久晒，收后应放到阴凉通风的室内、窖内或荫棚下堆放预贮，薯堆不高于 0.5 米，宽不超过 2 米，在堆中放一排通风管通风降温，并用草苫遮光，预贮期间视天气情况，不定期检查倒动薯堆以免伤热。贮藏前应剔除病变损伤、虫咬、雨淋、受冻以及表皮有角斑等不良薯块。

（1）堆藏　选择通风良好、场地干燥的仓库，用甲醛和高锰酸钾混合进行熏蒸消毒，经 2～4 小时待烟雾消散后，即可将经过挑选和预冷的马铃薯进仓堆桩贮藏。每平方米可着地散堆 750 千克，四周用板条箱、箩筐或木板围好，高约 1.5 米，当中放进若干竹制通气筒通风散热。此法适用于短期贮藏和气温较低时秋马铃薯的贮藏。

（2）埋藏　马铃薯怕热、怕冻、怕碰，挖出的马铃薯应放在阴凉处停放 20 天左右，待表皮干燥后再进行埋藏。一般挖宽 1.2 米、深 1.5～2.0 米坑，长不限，底部垫层干沙，将马铃薯覆盖 5～10 厘米干沙。埋三层，表面盖上稻草，再盖土 20 厘米。沟内每隔 1 米左右放置一个用秸秆编织的气筒通风透气，通气筒高出地面40～50 厘米。严冬季节增加盖土厚度，并用草帘等将通气筒封闭堵塞，防雨雪侵入。

（3）辐射贮藏　用 γ 射线同位素处理，能抑制马铃薯发芽。经 γ 射线处理后，薯块生长点及生长素的合成遭到破坏，使呼吸作用减弱。所用剂量为1万～2万伦琴。留种薯勿用γ射线处理。

（4）萘乙酸甲酯处理贮藏　南方地区夏秋季收获的马铃薯，由于缺乏适宜的贮藏条件，在其休眠期过后，就会萌芽。为抑制萌芽，可将98%的纯萘乙酸甲酯15克，溶解在30克丙酮或酒精中，再缓缓拌入预先准备好的1～1.25千克干细泥中，尽快充分拌匀后装入纱布或粗麻布袋中。然后将配制好的药物均匀地撒在500千克薯块上，注意药物要现配现用，撒药均匀。将处理后的马铃薯进行散堆或装箱堆桩，并在四周遮盖1～2层旧报纸或牛皮纸。一般情况下，药物剂量越大，抑制发芽的时间越长。

（5）窖藏　选地势高、干燥、土质坚实、背风向阳的地方建窖。若是旧窖，要先晾窖7～8天降低窖内温度，入窖前2天，把窖打扫干净，最好把窖壁、窖底的旧土刮掉3～5厘米厚，用石灰水消毒地面和墙壁。对于种薯要严格选去烂薯、病薯和伤薯，将泥土清理干净，堆放在避光通风处。马铃薯种薯在窖内的堆放方法有堆积黑暗贮藏、薄摊散光贮藏、架藏、箱藏等等。可贮藏3000～3500千克，但注意不能装得太满，以装到窖内容积的1/2为宜，最多不超过2/3，并注意窖口的启闭。窖藏马铃薯易在薯堆表面出汗，可在严寒季节于薯堆表面堆放草苫。

窖藏马铃薯入窖后，一般不倒动，窖藏期间的管理办法如下。

① 温度管理　马铃薯在贮藏期间与温度的关系最为密切，作为种薯的贮藏，一般要求在较低的温度条件下贮藏可以保证种用品质，使田间生育健壮和取得较高的产量。10～11月，马铃薯正处在后熟期，呼吸旺盛，分解出较多的二氧化碳、水分和热量，容易出现高温高湿，这时应以降温散热、通风换气为主，最适温度应在4℃；贮藏中期的12月至第二年2月，正是气温处于严寒低温季节，薯块已进入完全休眠状态，易受冻害，这一阶段应是防冻保暖，温度控制在1～3℃；贮藏末期3～4月份，气温转暖，窖温升高，种薯开始萌芽，这时应注意通风，温度控制在4℃。

② 湿度管理　在马铃薯块茎的贮藏期间，保持窖内适宜的湿度，可以减少自然损耗和有利于块茎保持新鲜度。因此，当贮藏温度在1～3℃时，湿度最好控制在85%～90%之间，湿度变化的安

全范围为80%～93%，在这样的湿度范围内，块茎失水不多，不会造成萎蔫，同时也不会因湿度过大而造成块茎的腐烂。

③ 空气管理　马铃薯块茎的贮藏窖内，必须保证有流通的清洁空气，以减少窖内的二氧化碳。如果通风不良，窖内积聚太多的二氧化碳，会妨碍块茎的正常呼吸。种薯长期贮藏在二氧化碳较多的窖内，就会增加田间的缺株率，和长时期植株发育不良，结果导致产量下降。通风又可以调节贮藏窖内的温度和湿度，把外面清洁而新鲜的空气通入窖内，而把同体积的二氧化碳等排出窖外。

④ 定期消毒　入窖后用高锰酸钾和甲醛溶液熏蒸消毒杀菌（每120平方米用500克高锰酸钾对700克甲醛溶液），每月熏蒸一次，防止块茎腐烂和病害的蔓延。并且每周用甲酚皂溶液将过道消毒一次，以防止交叉感染。

另外种薯贮藏期，老鼠的为害也不容忽视。

165. 怎样进行马铃薯通风库贮藏?

对于种用、食用或加工用马铃薯在通风贮藏库中的贮藏，国家制定了标准GB/T25872－2010，该标准给出的贮藏方法有利于种用马铃薯在生长潜力和出芽率，以及食用马铃薯的良好烹饪品质（如特有的香味，油炸不变色等）。

（1）预处理

① 收获　用于贮藏的马铃薯应在完全成熟时收获。用手搓外皮，视其脱离的难易程度来决定成熟度。在收获期间，应特别注意避免马铃薯的机械损伤，对于马铃薯在贮藏期间维持低的呼吸作用非常重要。不宜将已收获的马铃薯堆放在露天条件下，避免雨淋和日晒。

② 质量要求　用于贮藏的马铃薯不能有以下缺陷：被晚期枯萎病或软腐病菌感染；受冻害；每堆马铃薯中受损害的超过10%；每堆马铃薯中含杂物（如附着或脱落的泥土，已分离的发育嫩芽和其他外来物质）超过5%。

③ 贮藏前的准备　马铃薯入库前，应对贮藏库进行清扫，并用国家批准的化学药物进行消毒。贮藏库的外墙和屋顶应是隔热和

密封的，以消除外界空气的影响。防潮层应放在贮藏库（外墙）温度较高的一侧，以减少水蒸气的渗透。库房宜备有以下设施：装载、卸载和运输装置；通风、温度和湿度控制装置和通风控制系统；电力设施（照明和动力）；分级设备。

④ 注意事项　直接食用的马铃薯应避免光照，应使用低度的电灯照明。种用马铃薯可贮藏在光照条件下。为抑制发芽和防止腐烂而采用的化学药剂应符合国家的有关规定。

（2）贮藏

① 贮藏方法　马铃薯可直接堆放贮藏，高度为3～5米；也可装筐堆码贮藏，高度不超过6米。堆垛与库顶间的距离不宜低于1米。马铃薯的装载、卸载和分级操作过程中应注意避免机械损伤。应注意不要将不同种类的马铃薯混在一起。

② 贮藏条件　贮藏的5个阶段，第一阶段，干燥。马铃薯需要干燥，应在外界空气温度不低于0℃的条件下，利用外界空气的流通使马铃薯干燥。

第二阶段，成熟和愈伤。马铃薯入库后，要进行大约两周的成熟和愈伤。温度应控制在12～18℃，相对湿度应控制在90%～95%。

第三阶段，降温。在成熟和愈伤结束后的2～3周内应尽快使贮藏库降到适宜的温度。相对湿度应控制在90%～95%。

第四阶段，长期贮藏。根据马铃薯最终的用途不同，贮藏条件如下：种用马铃薯，温度应控制在2～4℃；菜用的马铃薯，温度应控制在4～5℃；加工用马铃薯，温度应控制在6～10℃。相对湿度应控制在85%～90%。

第五阶段，出库前的准备。根据马铃薯最终的用途不同，使用前马铃薯应保持以下的条件：种用马铃薯，升温到10～15℃，维持3～5周以上以刺激发芽，相对湿度应控制在75%～80%，最小照明75勒克斯；菜用马铃薯，升温到12℃，维持2周以上；加工用马铃薯，如马铃薯的糖分太高或颜色太暗，升温到15～18℃，维持2～4周以上。

温度和相对湿度的控制可通过内部和外部空气的流动或混合空气的流通来达到。只有当外界温度比贮藏库内温度至少低2℃时才可利用外部空气的流动来调节温度和湿度。内部空气的流通是为了减少堆垛顶部和底部的温度差异，温度差不宜超过1℃。外界引入空气的变化速度或循环空气的循环率应依据当地的气候条件而定。

（3）检验

① 一般检验　包括检查设备和测量工具以及检验马铃薯的外观（潮湿或腐烂）。

② 详细检验和通风检验　如使用机械通风，应遵守以下规则：在每次通风操作前，应测量贮藏库内的温度，至少要测量两个点（堆垛的上层和下层），根据测量结果决定是否需要通风以及采用的空气来源；在利用外部空气或混合空气通风时应对温度进行监控，并应适当控制外部空气的引入量；当达到要求的温度时，应停止通风，所有的通风口应完全封闭；在利用外部或混合空气通风时，直接吹到堆垛前的空气温度应不低于0℃。

③ 检验后的操作　检验后应进行的三种操作：如顶层的马铃薯是潮湿的，应采用内部空气通风；如顶层的马铃薯出现腐烂，应立即去除腐烂的马铃薯；如腐烂发生在堆垛或筐内，应立即处理。

（4）标识　贮藏的每个堆垛都应单独建立贮藏标识，包括以下信息：堆垛号；马铃薯的品质；种类和用途；生产者的名字；马铃薯的入库日期；检验日期和温度、相对湿度的测量结果；品质注释；搬移马铃薯的日期和数量。

166. 马铃薯冬贮中易出现哪些问题，如何解决？

马铃薯冬贮的过程中经常出现冻窖、发芽、烂窖、萎蔫、黑心等现象，要注意提前预防。

（1）冻窖　每年12月至翌年2月正值严寒冬季，外界气温低，马铃薯块茎正处于深度休眠状态，呼吸弱，放出热量少，极易发生冻窖。

防止办法：应及时密封窖口和气眼，定期检查窖温，最好在薯堆上加盖草帘、秸秆、麻袋等防潮、防寒；适当的时候可以在窖内安放火炉增温。火炉多放于距第一窖门不远处的走廊上。根据块茎在贮藏期间的生理变化及块茎的不同用途要求，种薯贮藏窖温保持在2～4℃为宜，商品薯4～5℃为适；工业加工用薯短期贮藏窖温保持在10～15℃为适，长期贮藏7～8℃为适。

（2）发芽　块茎在贮藏过程中发芽，将严重影响种薯翌年的发芽势及生长势，降低鲜薯食用和加工品质。窖温高是导致发芽的主要原因。入窖初期外界气温高、开春之后气温迅速回升都易使种薯发芽。短时间窖内温度偏高并无大碍，长期的高窖温会使块茎大量发芽。休眠期的长短也是块茎贮藏期间能否发芽的另一个主要因素。

防止办法：秋季应适当降低堆高，一般不超过窖内有效空间（起拱窖不算拱高）的2/3，以窖高的1/2为最适，这样可以保证良好的空气对流，使块茎能进行正常的呼吸；春季应防止热空气进入窖内提高窖内温度而使块茎发芽。商品薯或加工用薯可喷抑芽剂延长块茎的休眠期，抑制发芽。但种薯忌用抑芽剂。

（3）烂窖　刚收获的块茎处于浅休眠状态，表面湿度大，周皮还未完全木栓化，伤口没有完全愈合，加之块茎自身所含的水分和呼吸产生的水汽，通过薯皮的渗透和蒸发，易使薯堆内温度及水汽含量增高，同时，窖内通风不良，外界气温较高，如果窖内混入个别感染晚疫病、黑胫病等病害的块茎，极易造成烂窖。种薯在贮藏期间，由于薯堆内的温度较高，含水量较大的空气逸出薯堆，与薯堆表面冷空气相遇使多余水汽凝结成小水珠，即所谓的“出汗”。若窖的四壁及棚顶也长时间凝有水滴，加之窖温偏高，则块茎极易腐烂。

防止办法：挑选健康完整的块茎入窖，淘汰病、烂、有机械伤的块茎。种薯贮藏初期应加强窖内外空气的流通，有条件的可在窖中安装排风扇，以防薯堆过热，并使窖内湿度保持在80%～93%。在密封气眼、窖口之后的深冬时节，在薯堆上面加盖一定厚度的草帘或秸秆、麻袋等，使薯堆顶部的块茎较温暖，从而缓和薯堆顶部的冷热差距，避免堆顶块茎凝水结成的湿度过大而引起腐烂，并且覆盖物还可以阻挡由窖顶融化的霜水。

（4）萎蔫　窖贮过程中湿度过小会导致萎蔫，影响块茎的新鲜程度，此种情况在窖贮中较少出现。

防止办法：在入窖时不除去块茎上所粘附的泥土，直接入窖，翌年春季出窖时块茎非常新鲜。

（5）黑心　在块茎贮藏期间，特别是在深冬时节，贮藏窖的气眼和窖口封严之后，窖内空气流通不畅，加之长时间的贮存耗氧量大，会使窖内通气不良，引起块茎缺氧呼吸，不仅养分消耗增多，还会引起组织窒息从而产生“黑心”。若用这种黑心的块茎作种薯，易导致缺苗和产量下降。

防止办法：在运输过程中或贮藏期间，特别是贮藏初期，保证空气流通，促进气体交换是避免黑心的重要环节，必要时应配备通风设备。选择较轻质土壤种植，并在适宜天气和土壤湿度下进行收获，以保证块茎的清洁；若种植的地块土壤黏滞，或收获时赶上阴雨天，块茎携带的泥土会大幅度地增加，薯堆内的泥土会增加空气流通阻力，且泥土覆盖薯皮也会影响热量的散失，这样的块茎不宜直接入窖，最好经过晾晒处理后再入窖。在贮藏后期，外界气温升高，温暖空气的进入会提高窖温，加速块茎萌芽。因此，阻止和减少空气的流通是有效的办法。

167. 马铃薯怎样进行夏季贮藏?

马铃薯二季作区的春薯栽培，收薯正处在炎热的夏季，一时不能上市的薯块也需进行贮藏保鲜。夏季贮藏马铃薯与秋冬贮藏是不同的，应特别注意贮藏的场所要严格消毒，贮藏过化肥、农药、油类物品的地方，不能再贮藏马铃薯，也不能和葱蒜类蔬菜放在一起贮藏，否则易引起块茎腐烂。

食用薯贮藏应尽量保持低温，尽量避光保存。设法降低自然损耗。长时间的见光薯块必然变绿，结果常使薯块食味发麻，甚至失去食用价值。食用薯的贮藏技术要点和方法如下。

（1）温湿适宜　马铃薯贮藏适宜的温度为3～5℃，相对湿度为90％～95％。马铃薯在3℃以下贮藏会受冷变甜或者产生褐变。4℃是大部分品种的最适贮藏温度。因为在4℃下，块茎不发芽或很少发芽，皱缩少，其他损失也少。马铃薯在相对湿度90％以上时失水最少，但过湿容易腐烂或提早发芽，过干会变软而皱缩。为了防止马铃薯表面形成凝结水，要进行适当的通风，通风的同时也给块茎提供了适当的氧气，可防止长霉和黑心。

（2）采前准备　长期贮藏的马铃薯，应选用休眠期长的品种。栽培时，首先要选择优质的种薯，做好种薯消毒。施肥中注意增施磷肥、钾肥。生育后期要减少灌水，特别要防止积水。收获前一周停止浇水，使块茎含水量减少，薯皮充分老化，以利于及早进入休眠和减少软腐病及晚疫病的传染。

（3）贮前处理　经过愈伤处理的块茎可以明显降低贮藏中的自然损耗和腐败病菌引起的腐烂。马铃薯在贮藏条件适宜时，贮藏期可达8～12个月。马铃薯和甘薯一样，采收后需要在较高的温湿度条件下进行愈伤处理，以恢复被破坏了的表面保护结构。一般在10～15℃、95%相对湿度条件下，放置10～15天。然后在3～5℃温度条件下进行贮藏。

（4）收后预贮　春播夏收的马铃薯，在6～7月收获。收获后尚有3个月以上的时间处在高温条件下，若无冷库贮藏条件，则需先在阴凉通风的室内，或荫棚下堆放预贮。薯堆一般不高于0.5米，宽不超过2米。在堆中放一排通气筒以便于通风降温，并用草苫遮光。要视天气情况不定期检查和倒动。倒动时，要轻拿轻放，避免机械损伤。等到气温变冷后要转移到保温较好的贮藏窖内进行冬季贮藏（或进行沟藏和通风库贮藏）。

（5）通风库贮藏　将马铃薯装筐码于库内，每筐约25千克。薯筐不要装得过满，以防被压伤，同时也利于通风散热。垛的高度以5～6筐高为宜。另外也可以散堆于库内，堆高为1.3～1.7米，薯堆与库顶之间需有60～80厘米的空间。薯堆中每隔2～3米放一个通风筒。为了加速排除薯堆中的热量和湿气，可在薯堆底部设通风道与通气筒连接，用鼓风机吹入冷风。秋季至初冬，夜间应打开通风系统，让冷空气进入，白天则关闭，使室内保持低温。冬季应注意保温，必要时加温。春季气温上升后可采用夜间短时放风、白天关闭的方法，延缓库温上升。

（6）棚窖贮藏　用于贮藏马铃薯的棚窖，其结构与大白菜窖相似，但由于马铃薯贮藏适温（4℃）高于大白菜（0℃），所以窖身要加深，窖顶覆盖增厚，以提高保温性能。通风面积也可略小于白菜窖。马铃薯可以在窖内堆放，也可装筐后码成垛。薯堆厚度一般不超过1.5米。薯堆中每隔2～3米应设置一个通气筒。通气筒可用竹条做成带格空心圆柱形，以利于通风散热。窖藏马铃薯一般不需倒动，但在窖温较高时，除了加强通风降温外，可酌情倒动1～2次。严冬季节则特别要注意保温防冻。春季天气转暖后可采用夜间放风、白天封窖的办法控制温度。

但种薯贮藏不能放在低温处，准备秋播的马铃薯更应注意，以免到秋季播种时块茎没有度过休眠期，影响播种质量，不出苗或出苗晚，降低产量和品质。夏季贮藏一般都在薯堆上盖上薄薄的一层沙，也可盖些报纸或薄的草毡。室内贮存时白天应关闭窗户，并在窗户上搭上荫棚，避免烈日高温，晚上开窗通风。贮藏地面可铺干沙5厘米，薯块精选后放在上面，厚度不要超过30厘米，且应不断检查，随时剔除烂薯。夏秋季节，贮藏室温度往往在30℃以上，必须设法通风降温，保持25℃左右，相对湿度保持80%左右。特别是贮藏前期，块茎呼吸作用旺盛，放出大量水分、二氧化碳和热量，会引起贮藏室的高温高湿，造成烂薯。所以通风降温，保持空气干燥非常要紧，最少每隔20天要全面检查一次，以确保贮藏安全。

168. 马铃薯种薯贮藏要点有哪些?

（1）种薯收获、预处理和选择

① 适期收获　当田间大部分茎、叶由绿转黄，达到枯萎，块茎易与植株脱离而停止膨大时开始采收。

② 田间晾晒　种薯收获后，在田间以小堆堆放，稍加晾晒至表皮干燥，泥土自然脱落。切忌曝晒、冷冻。

③ 愈伤处理　在通风良好的室内、荫棚下或库房中，将种薯放至薯皮干爽、表皮木栓化。在不同温度下需要的愈伤处理（或创伤愈合）时间如下：18℃左右约14天；15℃左右约20天；12℃左右约30天。

④ 药剂拌种　结合后期晒种进行，用广谱性防治细菌性和真

菌性病害的药剂，按正常剂量均匀喷洒在种薯表面，要求洒均匀，并晾干。常用的药剂有多菌灵·代森锰锌（病克净）加硫酸链霉素，百菌清加硫酸链霉素或恶霜灵加硫酸链霉素。

⑤ 选薯　选择“一干六无”的种薯入库（房、窖）贮藏，即薯皮干燥，无病块、无烂薯、无伤口、无破皮、无冻伤、无泥土及其他杂质。按照分品种、分级别的要求，选择品种纯度一致的种薯入库（房、窖）贮藏。

（2）种薯贮藏方式

① 薄摊散光贮藏　选择通风、透光、干燥的库（房）。放置竹制或木制多层架床，架高不超过库（房）高度的2/3。将种薯摊放于架层上，每层厚度不超过30厘米，架层间及架四周留一定空隙，便于通风、透光、散热。充分利用库（房）内的散射光抑制种薯发芽。避免直射光照射种薯。

② 筐（袋）堆藏　将种薯装入竹或木筐中，堆码于库（房、窖）内，每筐约25千克，垛高以5～6筐为宜；也可将种薯装入尼龙丝网袋中，根据库（房、窖）的实际大小，参照50千克/袋，6袋/垛，3垛/排，每10排空一排的标准堆放，并在库（房、窖）中间和四周设通风道。

③ 冷藏　有条件的最好采用冷藏。种薯进入冷藏库后，用14天左右时间将库温缓慢降至贮藏适宜温度2～5℃，库内采用筐（袋）堆藏的，贮藏期间翻筐（袋）一次，以提供适当的氧气。

④ 窖藏　选择地势高、地下水位低、排水良好和土质坚实的地方做窖。种薯入窖前，需打开窖口，对贮藏窖进行通风。

（3）种薯贮藏要求

① 种薯贮藏量　种薯的堆积高度不超过贮藏库（房、窖）高度的2/3，种薯容积约占贮藏窖容积的60%～65%。按照种薯的重量为650～750千克/立方米，根据贮藏窖的总容积，由以下公式计算出种薯贮藏的适宜数量：

$W=V\times(650\times0.65)$，或 $W=V\times(750\times0.65)$

W：种薯的适宜贮藏量，千克；V：贮藏库（房、窖）的总容积（长×高×宽），立方米。

② 贮藏库（房、窖）的消毒　种薯在入贮藏库（房、窖）前，将贮藏库（房、窖）的内壁和地面清扫干净，封闭通风孔和门口，用高锰酸钾和甲醛溶液进行消毒，每立方米用高锰酸钾 4.2 克，甲醛溶液 5.8 克，将高锰酸钾与甲醛溶液混合，对贮藏库（房、窖）进行熏蒸消毒，24 小时后打开通气即可。贮藏期间每周用 2%～5%的甲酚皂（来苏尔）对贮藏库（房、窖）内的过道进行一次喷雾消毒。还可以用生石灰对贮藏场所进行消毒。

③ 温湿度　冷藏方式温度保持在 2～5℃，其余各贮藏方式温度均保持在 5～8℃。各贮藏方式相对湿度保持在 80%～90%。贮藏期间，尽量利用室外空气通风。夏季阻止热空气进入贮藏库（房、窖）。冬季在种薯表面加覆盖物，如稻草、麦秸和旧麻袋片等，以保温散湿。

④ 防鼠灭鼠　经常检查贮藏库（房、窖），及时堵塞鼠洞，或用 2%～5%磷化锌拌成新鲜食饵灭鼠。

去除烂、病薯：适时翻薯、翻筐（袋），及时去除烂、病薯。

（4）抑制发芽处理　根据实际需要决定是否进行抑芽处理。建议对休眠期较短品种、收获期离播期时间较长的种薯，进行抑芽处理。

① 贮藏前抑芽　在种薯收获前 14～28 天，用 0.25%的青鲜素（马来酰肼）水溶液叶面喷洒一次。

② 贮藏中抑芽　收获后种薯从伤口愈合完成到休眠期结束前，用 0.5%～1%氯苯胺灵熏蒸，每次熏蒸的时间在 48 小时左右。或用 α-萘乙酸甲酯处理，方法是：每 10 吨种薯用药 0.4～0.5 千克，加 15～30 千克细土，快速拌匀后，装入纱布或细麻布袋中，均匀地抖撒在种薯上，药物要现用现配。

（5）注意事项

① 防止混杂　无论在北方还是在南方地区，农民一般只有一个贮藏窖或贮藏库，往往将不同品种的种薯和食用商品薯贮藏在一起，很容易造成混杂。为了防止混杂，可以将种薯用不同颜色的网袋包装，最好能在每袋种薯内放入一个简易的标签，写上种薯的品种名称。当一个农户种植一个以上品种时，这种方法尤其重要。

② 保持适合的贮藏温度和湿度　在北方地区，由于冬季气温较低，要防止种薯受冻害。当最低温度在1℃以下时，关闭所有通气孔，必要时可生火加热或利用其他加热措施，也可在薯块表面盖草帘，以缓冲上下温差，防止薯块表皮“出汗”，注意观察窖内温度，窖顶有水珠但未结冰即可。在南方地区，由于贮藏期间温度过高，种薯容易发芽，加上湿度过大，种薯容易腐烂。

③ 防止贮藏期间的病虫害　在种薯入窖前应确认所保存的种薯不带活虫，特别是金针虫等。在出窖前，如果种薯已萌芽，还要防止蚜虫的为害，如果窖内存在活动的蚜虫，它们同样可以起到传播病毒的作用。

④ 防止与带病的商品薯接触　在搬运和倒窖（倒库）时，应避免种薯和商品薯接触，以避免商品薯所带的病毒侵染种薯。种薯存放位置应当相对独立，保证搬运商品薯时，不易接触到种薯。

169. 如何进行马铃薯的抑芽处理?

（1）预处理　薯块在收获后，可在田间就地稍加晾晒，散发部分水分，以便贮运。一般晾晒4小时，就能明显降低贮藏发病率，日晒时间过长，薯块将失去萎蔫，不利于贮藏。夏秋季节收获的马铃薯都需先堆放在阴凉通风的室内、棚窖内或荫棚下预贮，然后进行挑选，剔除病害、机械损伤、萎蔫、腐烂薯块。在搬运中最好整箱或整垛地移动，尽量避免机械损伤。

（2）防腐处理　苯诺米尔、噻苯咪唑、氨基丁烷熏蒸剂等多用于马铃薯的防腐保鲜及果蔬加工中。仲丁胺也是一种新型的安全的仿生型马铃薯防腐剂，洗薯时，每千克50%的仲丁胺商品制剂用水稀释后，可洗块茎20000千克，熏蒸时，按每立方米薯块60毫克至14克50%仲丁胺使用，熏蒸时间12分钟以上，防腐效果良好。

（3）抑制发芽处理　根据马铃薯的休眠特性，自然度过休眠期后，它就具备了发芽条件，特别是温度条件在5℃以上就可以发芽，而且在超过5℃的条件下，长时间贮藏更有利于它度过休眠期。然而，加工用薯的贮藏，又需要7～10℃的窖温，搞不好就会有大量块茎发芽，影响块茎品质，降低使用价值。为了解决高温贮藏和块茎发芽的矛盾，应用马铃薯抑芽剂（氯苯胺灵），效果十分理想。该药高效、低毒、低残留，通用名为氯苯胺灵，也称CIPC，化学名是3-氯苯胺基甲酸异丙酯，属于芳香胺基甲酸酯类植物生长调节剂，是世界上最广泛使用的马铃薯化学抑芽保鲜剂。

抑芽剂的剂型：马铃薯抑芽剂（氯苯胺灵）的剂型有两种，一种是粉剂，为淡黄色粉末，无味，含有效成分0.7%或2.5%；另一种是气雾剂，为半透明稍黏的液体，稍微加热后即挥发为气雾，含有效成分49.65%。

施用时间：用药时间在块茎解除休眠期之前，即将进入萌芽时是施药的最佳时间。同时还要根据贮藏的温度条件做具体安排。比如，窖温一直保持2～3℃，温度就可以强制块茎休眠，在这种情况下，可在窖温随外界气温上升到6℃之前施药。如果窖温一直保持在7℃左右，可在块茎入窖后1～2个月的时间内施药。一般说，从块茎伤口愈合后（收获后2～3周）到萌芽之前的任何时候，都可以施用，均能收到抑芽的效果。

剂量：用粉剂，以药粉重量计算。比如用0.7%的粉剂，药粉和块茎的重量比是（1.4～1.5）∶1000，即用1.4～1.5千克药粉，可以处理1000千克块茎。若用2.5%的粉剂，药粉和块茎重量比是（0.4～0.8）∶1000，即用0.4～0.8千克药粉，可以处理1000千克块茎。

用气雾剂，以有效成分计算，浓度以3/100000为好。按药液计算，每1000千克块茎用药液60毫升。还可以根据计划贮藏时间，适当调整使用浓度。贮藏3个月以内（从施药算起）的，可用2/100000的浓度，贮藏半年以上的，可用4/100000的浓度。

施药方法：对于粉剂，根据处理块茎数量的多少，采用不同的方法。如果处理数量在100千克以下，可把药粉直接均匀地撒于装在筐、篓、箱或堆在地上的块茎上面。若数量大，可以分层撒施。有通风管道的窖，可将药粉随鼓入的风吹进薯堆里边，并在堆上面再撒一些。用手撒或喷粉器将药粉喷入堆内也均可。药粉有效成分挥发成气体，便可起到抑芽作用。无论哪种方法，撒上药粉后要密封24～48小时。处理薯块，数量少的，可用麻袋、塑料布等覆盖，数量大的要封闭窖门、屋门和通气孔。

对于气雾剂，目前只适用于贮藏10吨以上并有通风管的窖内。用1台热力气雾发生器（用小汽油机带动），将计算好数量的抑芽剂药液，装入气雾发生器中，开动机器加热产生气雾，使之随通风管道吹入薯块。药液全部用完好，关闭窖门和通风口，密闭24～48小时。在施用抑芽剂60天后，检查窖中块茎，芽眼若有萌幼迹象，要再施1次，用量可按最低量，方法同前。

注意事项：块茎伤口愈合或表皮木栓化后才可使用抑芽剂，因为抑芽剂有阻碍块茎损伤组织愈合及表皮木栓化的作用，所以块茎收获后，必须经过2～3周时间，使损伤组织自然愈合后才能施用。

抑芽剂不宜用于种薯，因为抑芽剂可长期抑制块茎的发芽，不宜处理种薯，在有种薯贮藏的窖内也不能利用抑芽剂，以免影响种薯的发芽，给生产造成损失。

粉剂只能用干粉不能加水往块茎上喷施。

170. 如何预防马铃薯贮藏期间的生理性病害?

（1）生理性病害的种类　马铃薯块茎贮藏期间影响其商品性的生理性病害主要有低温冷害、通风不畅和高温所造成的块茎黑心病，另外还有薯块指痕伤和压伤、周皮损伤和脱落等症状。这些生理性病害都将影响马铃薯块茎的商品性。

（2）生理性病害发生原因　马铃薯块茎在贮藏中如果长期处于0℃左右的低温下，淀粉大量转化成糖分，影响种薯质量和加工品质；急剧的降温达到0℃以下，会使块茎的维管束变褐或薯肉变黑，严重时，薯肉薄壁细胞结冰，造成薯肉脱水、萎缩。马铃薯块茎在贮藏时如遇高温和通风不畅，内部供氧不足，会产生黑色心腐病。黑心病的出现与温度关系密切，在温度较低，缺氧的情况下，由于薯块的呼吸强度减弱，黑心症状发展较慢。高温缺氧的条件下，黑心腐病发展很快，40～42℃的高温，1～2天；36℃时，3天；27～30℃时，6～12天即能发生黑心腐病。种薯发生黑心腐病时，如果播种，播后薯块将大部分腐烂而不能出苗。商品薯发病后，将失去商品性，无法进行加工和食用。

（3）块茎黑色心腐病的发生及预防　防止块茎黑色心腐病，要在块茎贮藏和运输过程中，避免高温和通风不良；贮藏期间薯层不能堆积过厚，同时薯层之间要留通风道，保持良好的通气性，并保持适宜的贮藏温度。

（4）块茎的指痕伤害和压伤及预防　马铃薯块茎的指痕状伤害是指收获后的块茎，其表面常有1～2毫米的痕状裂纹，多发生在芽眼稀少的部位。指痕伤主要是块茎从高处落地后，接触到硬物或互相强烈撞击、挤压造成的伤害。由于指痕伤的伤口较浅，易于愈合，很少发生腐烂现象，如能在块茎运输和搬运时适当提高温度，使其尽快愈合，可以减少危害。

压伤的发生是块茎入库时操作过猛，或堆积过厚，底部的块茎承受过大的压力，造成块茎表面凹陷。伤害严重时则不能复原，并在伤害部位形成很厚的木栓层，其下部薯肉常有变黑现象。提早收获的块茎，由于淀粉积累较少，更易发生这种压伤。

为防止指痕伤和压伤的发生，在收获、运输和贮藏过程中，块茎不要堆积过高。尽量避免各种机械损伤和块茎互相撞击。

（5）块茎的周皮损伤、脱落及预防　块茎周皮脱落是指块茎在收获时或收获后的运输、贮藏或其他作业时，造成块茎周皮的局部损伤或脱落。脱落的周皮处变暗褐色，影响块茎商品性。

周皮脱落的原因是由于土壤湿度过大，或氮素营养过多，或日照不足，或收获过早等，块茎周皮很嫩，尚未充分木栓化，易于损伤。

防止周皮脱落，应在马铃薯生育过程中避免过多施用氮肥、收获前停止灌溉等。收获后的块茎要进行预贮，促使块茎周皮木栓化。收获和运输过程中，要轻搬轻放，避免块茎之间撞击和摩擦。

主要参考文献

[1] 王迪轩，何永梅．马铃薯优质高产问答［M］．北京：化学工业出版社，2012.
[2] 王迪轩．薯芋类蔬菜优质高效栽培技术问答［M］．北京：化学工业出版社，2014.
[3] 鲁剑巍，李荣等．马铃薯常见缺素症状图谱及矫正技术［M］．北京：中国农业出版社，2015.
[4] 魏章焕，张庆．马铃薯高效栽培与加工技术［M］．北京：中国农业科学技术出版社，2015.
[5] 张炳炎．马铃薯病虫害及防治原色图册［M］．北京：金盾出版社，2010.
[6] 吴焕章，郭赵娟，史小强．根茎类蔬菜病虫防治原色图谱［M］．郑州：河南科学技术出版社，2012.
[7] 张新明，曹先维．南方冬闲田马铃薯平衡施肥技术探索与实践［M］．北京：气象出版社，2014.
[8] 谭宗九，丁明亚，李济宸．马铃薯高效栽培技术第二版［M］．北京：金盾出版社，2010.
[9] 靳伟，李世云．现代马铃薯产业生产与经营［M］．北京：中国农业科学技术出版社，2015.
[10] 庞淑敏，方贯娜，李建欣．提高马铃薯商品性栽培技术问答［M］．北京：金盾出版社，2009.
[11] 李兵．马铃薯测土配方施肥研究与应用初探［J］．农民致富之友，2013.9：56.
[12] 姜巍，刘文志．马铃薯测土配方施肥技术研究现状［J］．现代农业，2013.3：11～13.
[13] 朱英等．宁夏马铃薯连作障碍机理及防治途径［J］．农业科学研究，2013.34（2）：85～87.
[14] 黄振霖．重庆市马铃薯连阴雨灾害减灾技术措施［J］．南方农业，2013.6：136～137.
[15] 王成．马铃薯生理性病害种类及防治措施［J］．黑龙江科技信息，2013.8：234.
[16] 刘征．马铃薯受冻后不要轻易毁掉重种［J］．科学种养，2011.3：14～15.
[17] 黄萍、马朝宏，颜谦．马铃薯退化及防治措施［J］．种子，2014.12：117～118.
[18] 侯忠艳．马铃薯干腐病的发生与防治［J］．现代农业科技，2012.10：173～174.
[19] 陈云，岳新丽，王玉春．马铃薯环腐病的特征及综合防治［J］．山西农业科学，2010.7（38）：140～140.
[20] 方贯娜，庞淑敏，李建新．马铃薯畸形薯形成原因及防治措施［J］．长江蔬菜，2010.7：37～38.
[21] 王宇．浅淡大棚马铃薯高产栽培技术［J］．农村实用科技信息，2011.12：23.
[22] 林长治．马铃薯大棚套黑膜覆盖栽培技术［J］．中国马铃薯，2013.6（27）：345～347.
[23] 温海霞等．马铃薯—西瓜—绿菜花高产连作模式［J］．农村经济与科技，2010.3（21）：102～103.

［24］张杰等．春播马铃薯速生栽培技术［J］．现代农业科技，2009.18：104～110.
［25］黄进明．水肥一体化技术在马铃薯栽培中的应用［J］．南方农业，2015.24：55～57.
［26］宋丹丽等．水肥一体化技术在马铃薯栽培中的应用［J］．广东农业科学，2011.15：46～48.
［27］郝智勇．浅析马铃薯免耕栽培技术［J］．安徽农学通报，2014.20（18）：43～44.
［28］徐劲松．春播马铃薯选种有讲究［J］．农家顾问，2010.4：39～40.
［29］国家标准 GB/T 25868—2010．早熟马铃薯　预冷和冷藏运输指南．
［30］国家标准 GB/T 25872—2010．马铃薯　通风库贮藏指南．
［31］行业标准 NY/T 2383—2013．马铃薯主要病虫害防治技术规程．
［32］行业标准 NY/T 1783—2009．马铃薯晚疫病防治技术规范．
［33］行业标准 NY/T 1066—2006．马铃薯等级规格．
［34］安徽省地方标准 DB34/T 1136—2010．绿色食品　马铃薯稻草覆盖栽培技术规程．
［35］黑龙江省地方标准 DB23/T 1032—2006．有机食品马铃薯生产技术操作规程．
［36］四川省地方标准 DB51/T 809—2008．马铃薯种薯贮藏技术规程．